縮刷本

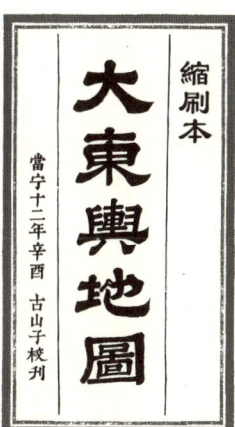

大東輿地圖

當宁十二年辛酉 古山子校刊

地圖類說
八道行政統計
都城圖
京兆五部
一·一 慶源
一·二 穩城, 鐘城, 慶源
二·一 慶興, 穩城
二·二 會寧, 鐘城
二·三 茂山
二·四 白頭山
二·五 厚州
二·六 厚州
三·一 鐘城
三·二 富寧, 鏡城
三·三 茂山
三·四 茂山, 甲山
三·五 厚州, 三水
三·六 厚州
三·七 厚州
四·一 鏡城
四·二 茂山, 鏡城, 吉州
四·三 甲山
四·四 三水, 長津
四·五 厚州, 長津, 江界
四·六 江界, 厚州
四·七 渭原
五·一 明川
五·二 吉州, 端川
五·三 端川, 甲山
五·四 長津, 甲山
五·五 長津, 江界
五·六 江界, 渭原
五·七 渭原, 楚山
六·一 明川
六·二 端川, 吉州
六·三 北青, 利原, 端川
六·四 長津, 咸興
六·五 長津, 江界
六·六 江界, 熙川
六·七 碧潼, 楚山
六·八 昌城, 碧潼
七·一 北青, 洪原
七·二 咸興, 洪原
七·三 寧遠, 咸興, 定平
七·四 熙川, 寧邊, 寧遠
七·五 雲山, 昌城
七·六 朔州, 龜城, 義州
七·七 義州
八·一 定平, 永興
八·二 永興, 孟山
八·三 德川, 孟山, 价川
八·四 寧邊, 安州, 泰川
八·五 鐵山, 宣川, 定州
八·六 龍川, 義州
九·一 高原, 文川, 德源
九·二 陽德, 高原, 文川
九·三 成川, 殷山, 江東
九·四 肅川, 永柔, 順安
十·一 通川
十·二 安邊, 淮陽, 通川
十·三 安邊, 谷山, 伊川
十·四 遂安, 谷山, 祥原
十·五 平壤, 江西, 黃州
十·六 三和
十一·一 高城, 杆城
十一·二 金城, 淮陽
十一·三 平康, 鐵原, 伊川
十一·四 新溪, 瑞興, 平山
十一·五 鳳山, 載寧, 松禾
十一·六 豊川, 長淵
十二·一 杆城, 襄陽, 麟蹄
十二·二 楊口, 麟蹄, 春川
十二·三 永平, 漣川, 抱川
十二·四 開城, 長湍, 白川
十二·五 海州, 康翎, 甕津
十二·六 長淵, 甕津
十三·一 江陵
十三·二 江陵, 平昌
十三·三 洪川, 橫城
十三·四 楊州, 廣州, 楊根
十三·五 江華, 金浦, 仁川
十三·六 海州, 康翎
十四·一 鬱陵島, 于山島
十四·二 三陟, 蔚珍
十四·三 旌善, 寧越, 永春
十四·四 原州, 堤川, 忠州
十四·五 龍仁, 安城, 驪州
十四·六 南陽, 唐津, 沔川
十五·一 蔚珍, 平海, 寧海
十五·二 安東, 英陽, 榮川
十五·三 聞慶, 槐山, 報恩
十五·四 天安, 清州, 公州
十五·五 禮山, 瑞山, 保寧
十五·六 泰安
十六·一 盈德, 清河, 興海
十六·二 義城, 軍威, 義興
十六·三 尙州, 善山, 茂朱
十六·四 沃川, 連山, 益山
十六·五 扶餘, 舒川, 沃溝
十六·六 洪州
十七·一 慶州, 迎日, 長鬐
十七·二 大邱, 永川, 清道
十七·三 星州, 陜川, 居昌
十七·四 全州, 鎭安, 任實
十七·五 萬頃, 扶安, 井邑
十八·一 蔚山, 彦陽, 梁山
十八·二 密陽, 昌原, 金海
十八·三 晉州, 宜寧, 咸陽
十八·四 南原, 求禮, 潭陽
十八·五 光州, 長城, 靈光
十八·六 靈光
十九·一 東萊
十九·二 鎭海, 固城, 熊川
十九·三 泗川, 河東, 南海
十九·四 順天, 樂安, 寶城
十九·五 羅州, 靈岩, 長興
十九·六 羅州
二十·一 巨濟
二十·二 南海, 順天
二十·三 興陽
二十·四 海南, 康津
二十·五 珍島
二十一 靈岩, 濟州
二十二 濟州, 大靜, 旌義

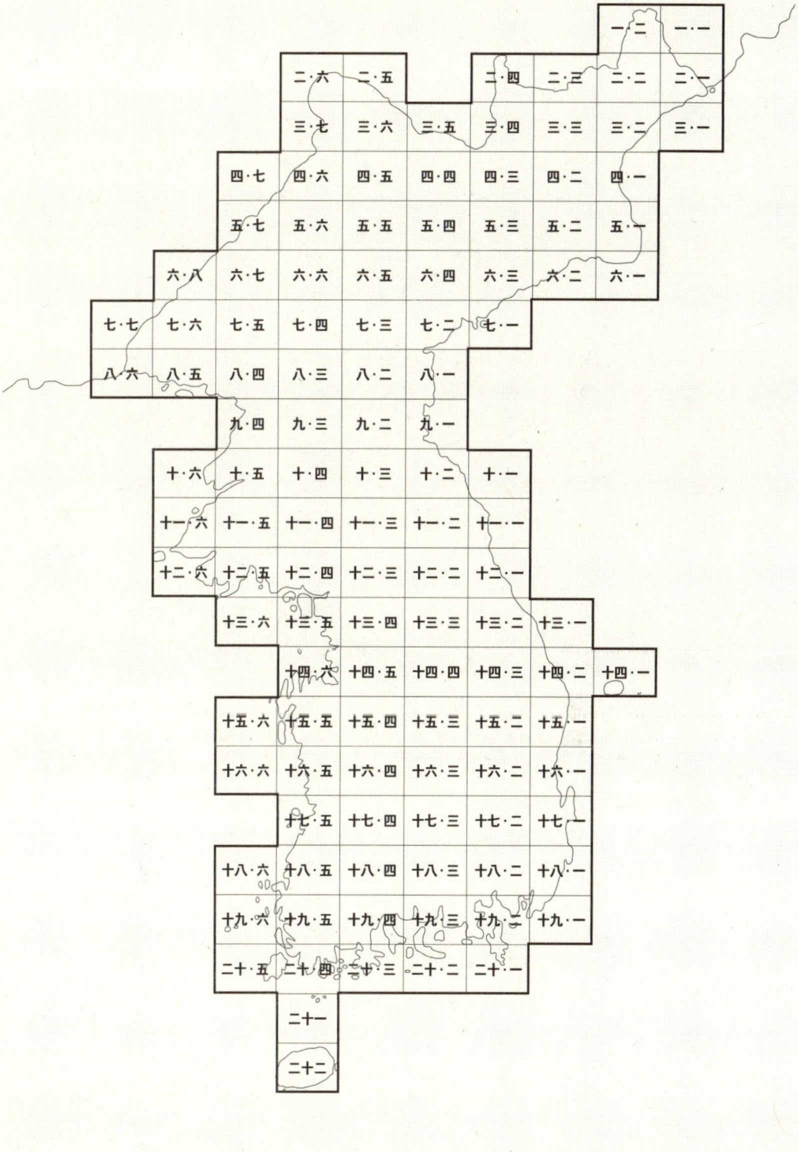

一·二
一·一
二·六
二·五
二·四
二·三
二·二
二·一
三·七
三·六
三·五
三·四
三·三
三·二
三·一
四·七
四·六
四·五
四·四
四·三
四·二
四·一
五·七
五·六
五·五
五·四
五·三
五·二
五·一
六·八
六·七
六·六
六·五
六·四
六·三
六·二
六·一
七·七
七·六
七·五
七·四
七·三
七·二
七·一
八·六
八·五
八·四
八·三
八·二
八·一
九·四
九·三
九·二
九·一
十·六
十·五
十·四
十·三
十·二
十·一
十一·六
十一·五
十一·四
十一·三
十一·二
十一·一
十二·六
十二·五
十二·四
十二·三
十二·二
十二·一
十三·六
十三·五
十三·四
十三·三
十三·二
十三·一
十四·六
十四·五
十四·四
十四·三
十四·二
十四·一
十五·六
十五·五
十五·四
十五·三
十五·二
十五·一
十六·六
十六·五
十六·四
十六·三
十六·二
十六·一
十七·五
十七·四
十七·三
十七·二
十七·一
十八·六
十八·五
十八·四
十八·三
十八·二
十八·一
十九·六
十九·五
十九·四
十九·三
十九·二
十九·一
二十·五
二十·四
二十·三
二十·二
二十·一
二十一
二十二

地圖類說

說者曰風后受圖九州始布此輿圖之始也山海有經爲篇十三此地志之始也周禮大司徒以下職方司書司險之官俱以地圖周知險阻辨正名物戰國時蘇秦甘茂之徒皆據圖而言天下險易蕭何入關先收圖籍鄧禹馬援亦以此事光武成功名儒者自鄭玄孔安國以下皆得見圖籍驗周漢山川蓋圖以察其象書以昭其數左圖右書真學者事也

晉裴秀制地圖論畧曰圖書之設由來尚矣自古垂象立制而賴其用三代置其官史掌其職又曰制地圖之體有六一曰分率所以辨廣輪之度也(周禮云東西爲廣南北爲輪)二曰準望所以正彼此之體也三曰道里所以定所由之數也四曰高下五曰方邪六曰迂直此六者各因地而制形所以校夷險之故也有圖象而無分率則無以審遠近之差有分率而無準望雖得之於一隅必失之於他方有準望而無道里則施於山海絕隔之地不能

以相通有道里而無高下方邪迂直之校則徑路之數必與遠近之實相違而失準望之正故必以此六者參以考之然後遠近之實定於分率彼此之實定於道里度數之實定於高下方邪迂直之筭故雖有峻山巨海之隔絕域殊方之迥登降詭曲之因皆可得舉而正者準望之法旣定與曲直遠近無所隱其形

宋呂祖謙漢輿地圖序曰輿地之有圖古也自成周大司徒掌天下土地之圖以周知廣輪之數而職方氏之圖後加詳焉迨漢滅秦蕭何先收其圖書始具知天下隘塞戶口多少之差然則尚矣

方輿紀要云正方位辨里道二者方輿之眉目也而或則略之嘗謂言東則東南東北皆可謂之東審求之則方同而里道叅差里同而山川回互圖繪可憑也而未可憑記載可信也而未可信惟神明其中者始能通其意耳若井方隅里道而去之與面牆何異乎

名山支山山之大端也其間有特峙者焉有並峙者焉連峙疊峙者焉
經川支流水之大端也其間有滙流者焉有分流者焉并流絶流者焉
方輿紀要云孫子有言不知山林險阻沮澤之形者不能行軍不用鄉導
者不能得地利然不得吾書亦不可以用鄉導鄉導其可恃乎哉何也鄉
導用之于臨時者也地利知之于平日者也平日未嘗于九州之形勢四
方之險易一一辨其大綱識其條貫而欲取信于臨時之鄉導安在不爲
敵所愚也故辨要害之處審緩急之機奇正斷于胷中死生變于掌上因
地利之所在而爲權衡焉　且不獨行軍之一端也天子内撫萬國外莅
四夷枝幹強弱之分邊腹重輕之勢不可以不知也宰相佐天子以經邦
凡邊塞利病之處兵戎措置之宜皆不可以不知也百司庶府爲天子綜
里民物則財賦之所出軍國之所資皆不可以不知也監司守令受天子

民社之實則彊域之盤錯山澤之藪慝與夫耕桑水泉之利民情風俗之理皆不可以不知也四民行役往來凡水陸之所經險夷趨避之實皆不可以不知也世世亂則由此而佐折衝勦強暴時平則以此而經邦國理人民皆將於吾書有取焉耳

文獻備考云三海沿兩江沿總一萬九百三十里 三海沿凡一百二十八邑總八千四百十三里 兩江沿總二千八百八十七里 以邊邑相距計之

東北起慶興南至機張三千六百十五里

東自機張西至海南一千八十里 巨濟南海不入

南自海南北至通津一千六百六十里 濟州珍島江華不入

西北自義州南至通津一千六百八十六里 喬桐不入

鴨綠江沿二千三十四里

豆滿江沿八百四十四里

京都 坊五十六 津堡二 烽七 驛二 戶四万四千 口十八万七千

	州縣	大小營	鎭堡	山城	烽燧	驛站	坊面
京畿	三十七	十二	二十七	五	四十	四十九	四百七十六
忠清	五十四	八	五	二	四十四	七十一	五百六十二
慶尚	七十一	十一	三十	七	一百三十四	一百六十一	九百四十七
全羅	五十六	十	二十八	六	四十三	五十九	七百七十七
江原	二十六	五	二		十一	八十一	二百三十九
黃海	二十三	八	十四	六	四十六	二十九	三百十七
咸鏡	二十五	十一	四十一		一百五十一	六十	二百八十一
平安	四十二	十二	五十七	九	一百二十七	四十四	四百七十九

	田賦	民戶	人口	軍摠	牧場	倉庫	穀摠
京畿	八万六千結	十一万三千	四十六万一千	九万三千	二十一	六十六	三十七万
忠清	二十五万六千	二十一万七千	八十六万八千	十七万一千	三	一百三十七	八十六万
慶尚	三十三万七千	三十三万五千	一百四十四万七千	三十九万二千	十一	三百十二	一百八十二万
全羅	三十四万一千	二十四万七千	九十一万七千	二十九万六千	五十	三百六十六	一百七十二万
江原	四万二千	八万一千	三十四万三千	四万八千		九十三	十八万
黃海	十三万二千	十二万四千	五十三万三千	十六万七千	五	一百二十五	三十七万
咸鏡	十一万八千	十一万九千	七十一万三千	十五万六千	五	二百六十一	一百二十七万
平安	十一万九千	十九万七千	七十八万一千	二十八万五千	五	四百三十四	一百十万

濟州 面二十七 海堡十 烽二十七 牧所十四

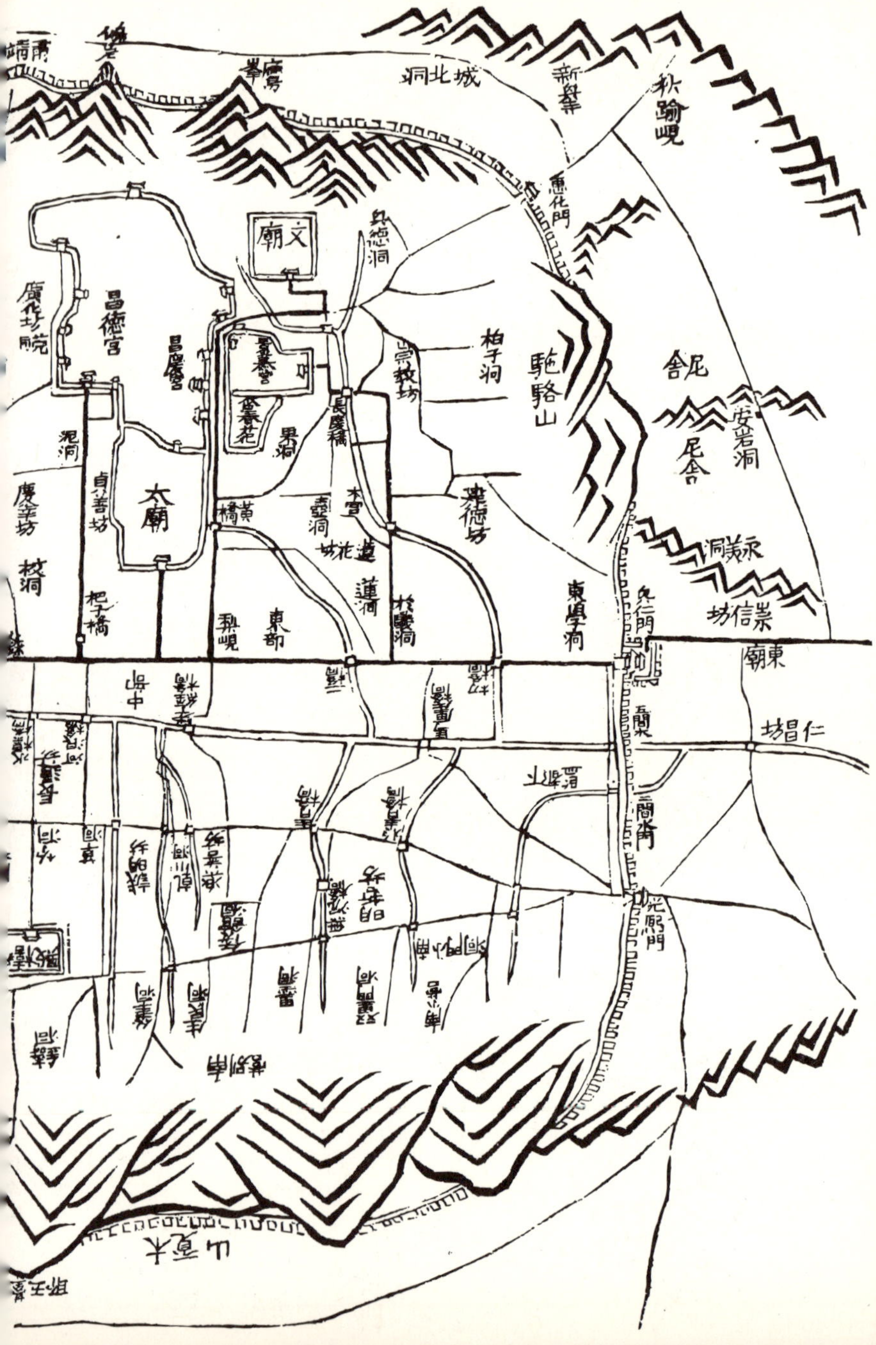
城北洞
惠化門
文廟
昌德宮
昌慶宮
太廟
柏子洞
駝駱山
崇敎坊
長慶橋
尼舍
安岩洞
永美洞
崇信坊
東學洞
東廟
仁昌坊
蓮洞
東部
梨峴
黃橋
把子橋
校洞
泥洞
貞善坊
中部
光熙門

都城圖

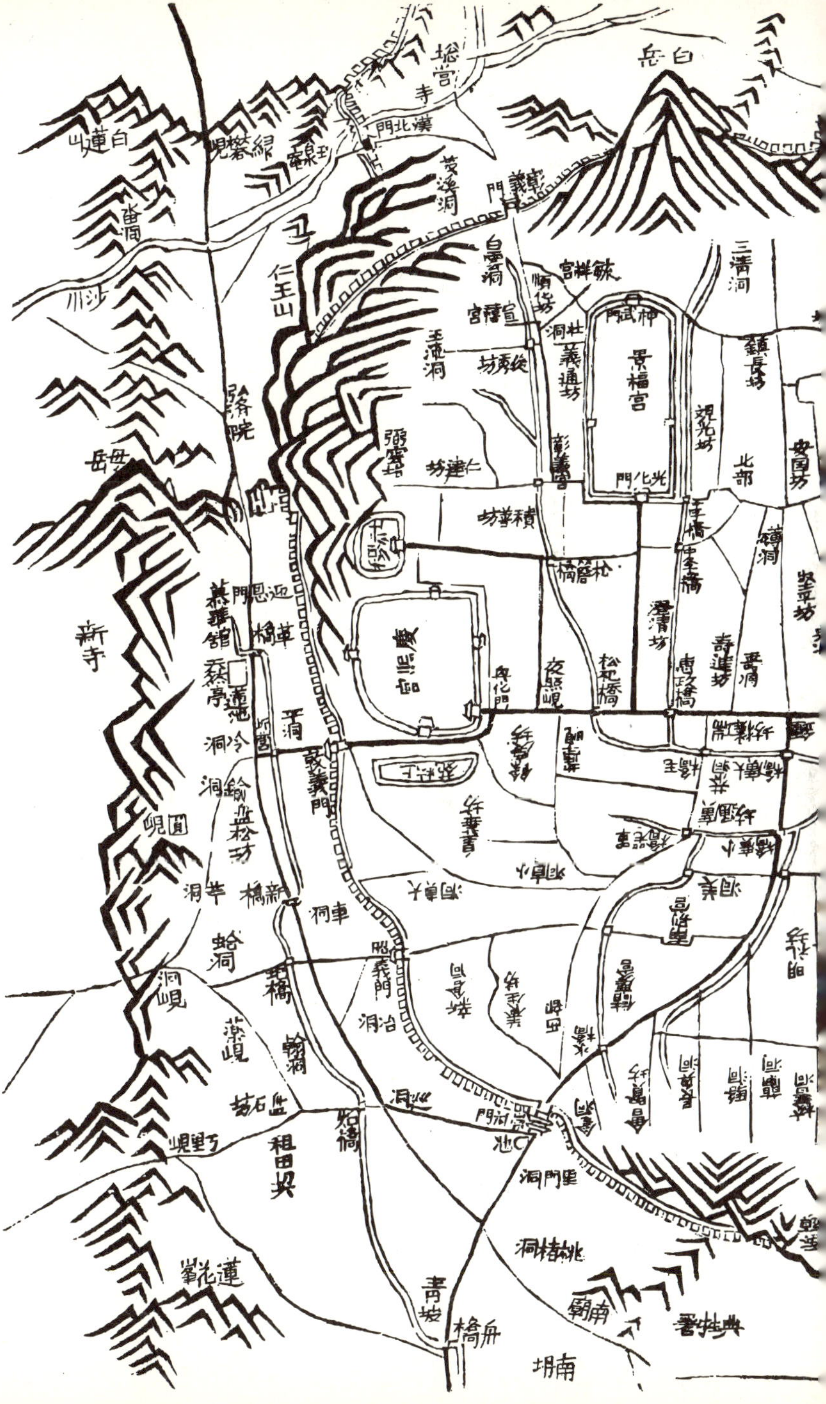

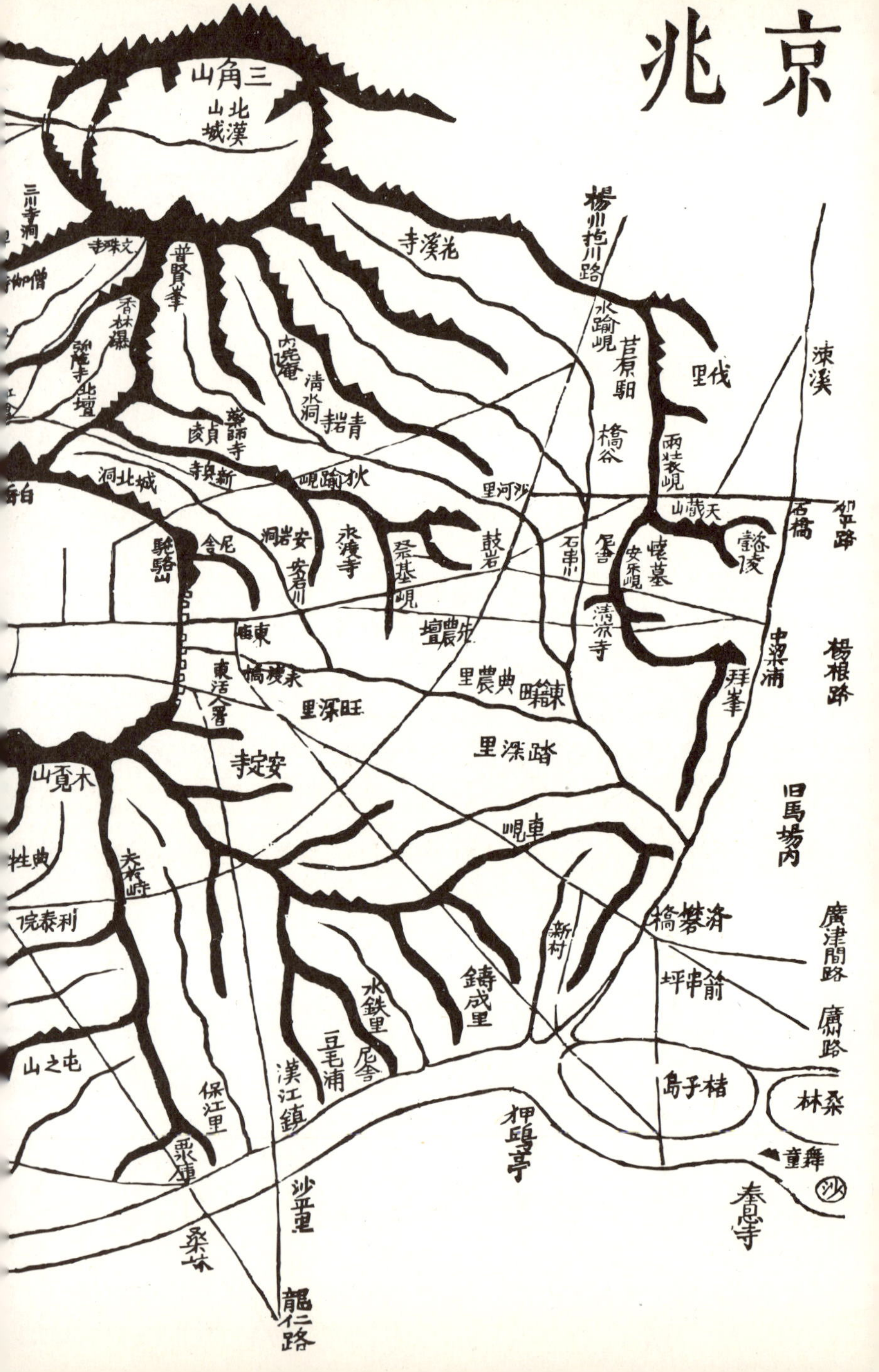
京兆
三角山
北漢山城
花溪寺
文殊寺
普賢峯
香林瀑
抱川路
水踰峴
伐里
涑溪
橋谷
天藏山
石橋
懿陵
懷墓
安岩洞
安岩川
永渡寺
鼓岩
石串川
清凉寺
沙河里
城北洞
新興寺
駝駱山
先農壇
東廟
典農里
中梁浦
楊根路
拜峯
永渡橋
東活人署
安定寺
木覓山
車峴
濟磐橋
廣津間路
廣州路
新村
箭串坪
鑄成里
水鐵里
豆毛浦
尼舍
漢江鎮
楮子島
桑林
舞童
狎鷗亭
奉恩寺
沙平里
龍仁路
利泰院

五部

京兆五部

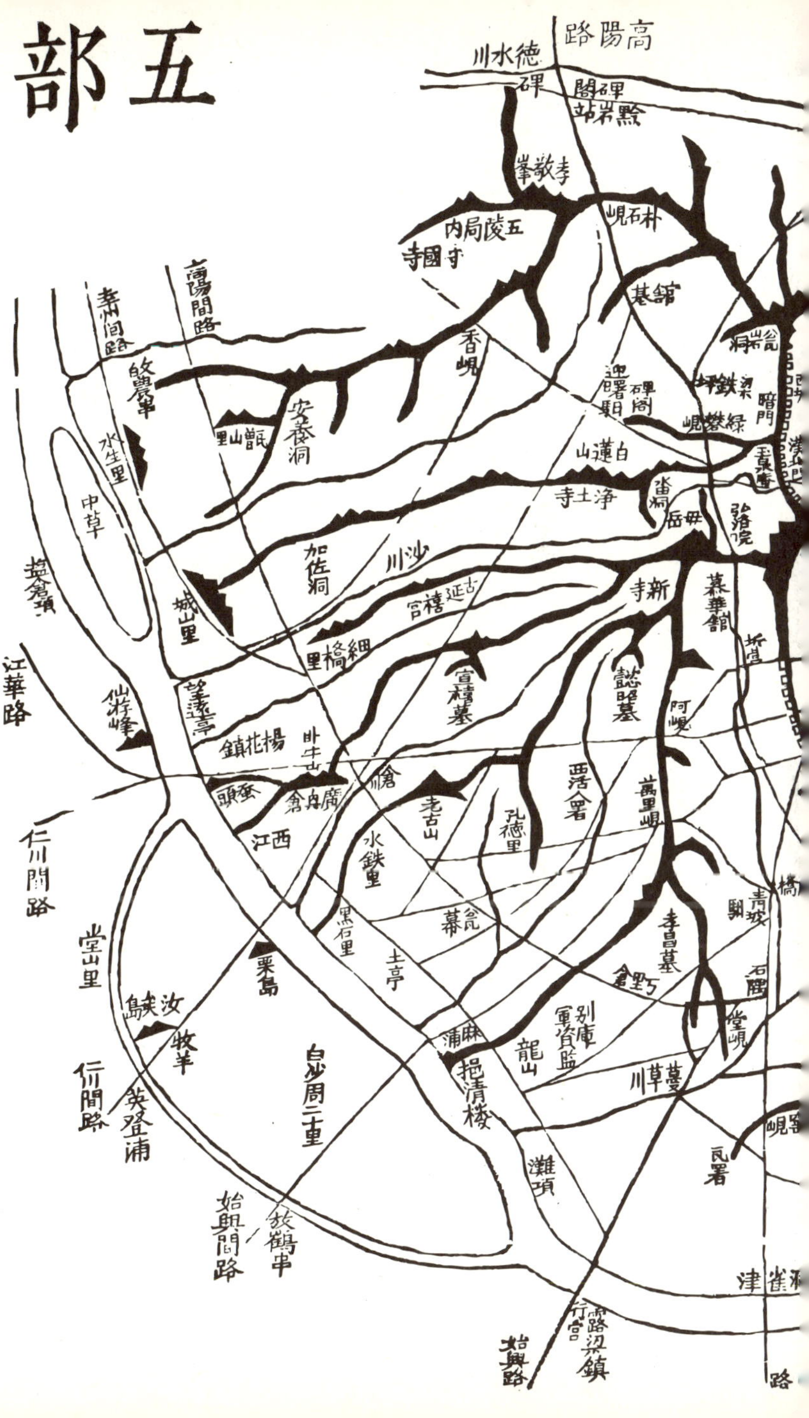

高陽路
德水川
碑閣
黔岩站
孝敬峯
五陵局内
高陽間路
幸州間路
安養洞
水生里
中草
白蓮山
淨土寺
加佐洞
沙川
古延禧宮
細橋里
城山里
新寺
慕華館
迎曙驛
望遠亭
楊花鎮
江華路
仁川間路
蠶頭
江西
老古山
孔德里
西江署
萬里峴
水鐵里
黑石里
土亭
孝昌墓
栗島
堂山里
汝矣島
龍山
別軍資監
蔓草川
麻浦
挹清樓
英登浦
白沙周二十里
灘項
始興間路
放鶴串
露梁鎮
行宮
始興路
瓦署
懿昭墓
青坡驛

每方十里

每片

縱一百二十里

橫八十里

十四里

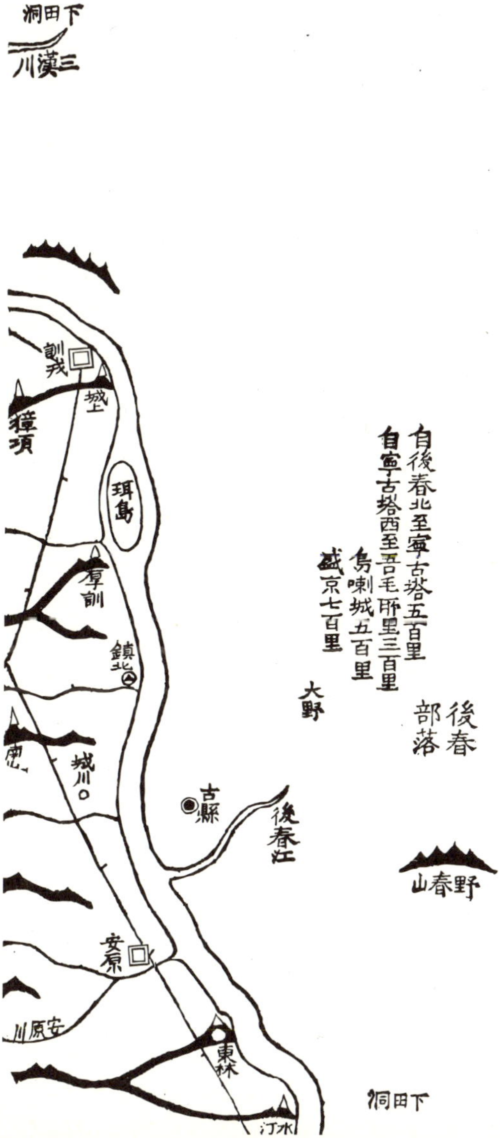
下田洞
三漢川
訓戎
上城
獐項
珥島
厚訓
鎮北
城川
古縣
後春江
大野
後春部落
自後春北至寧古塔五百里
自寧古塔西至吾毛所里三百里
烏喇城五百里
盛京七百里
野春山
安原
安原川
東林
水汀
下田洞

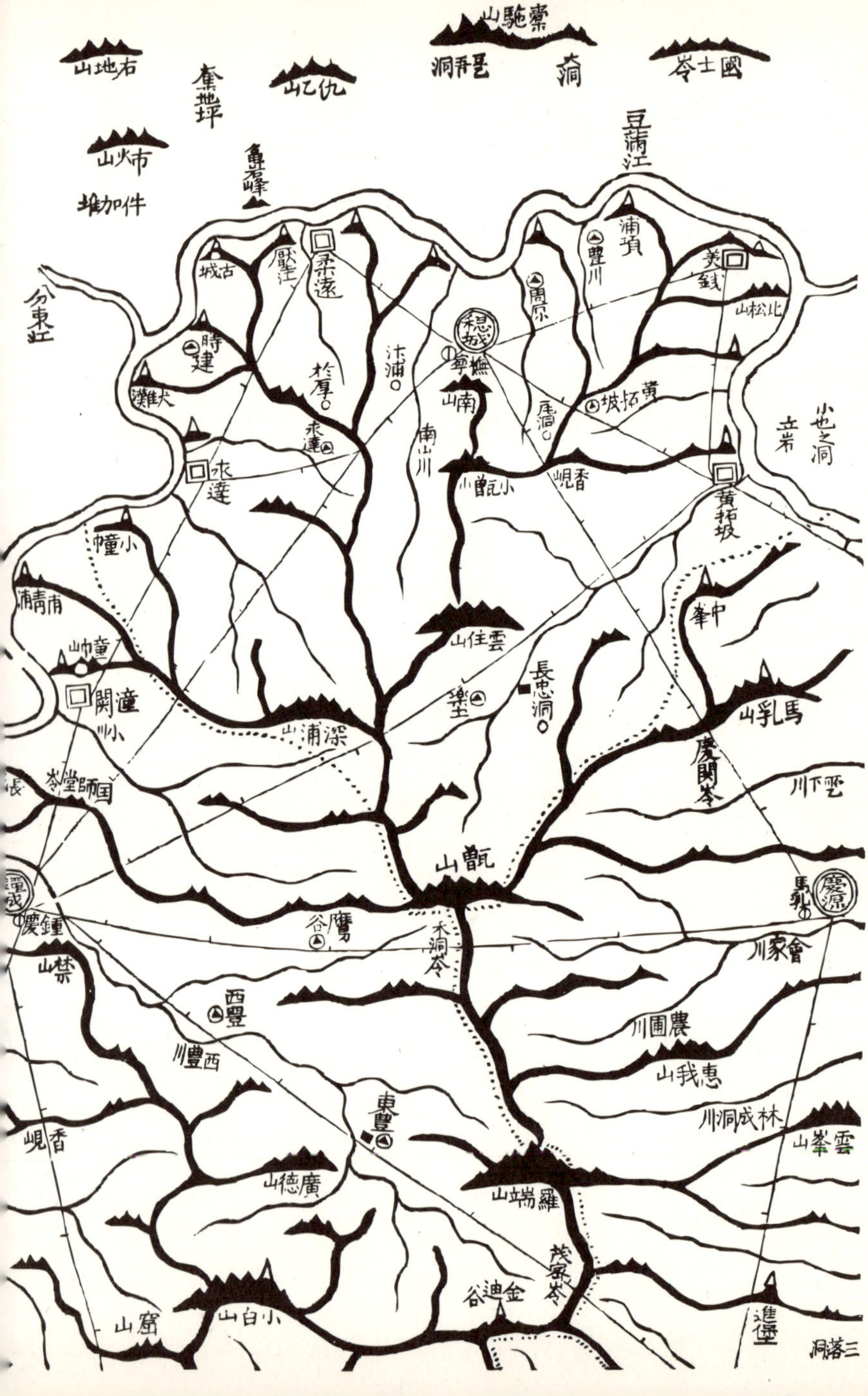

槖駝山
右地山
仇乙山
國士岑
市火山
豆滿江
穩城
美錢
北松山
南山
甑山
雲住山
馬乳山
深浦山
慶源
會家川
農圃川
惠我山
林成洞川
雲峯山
羅端立山
廣德山
小白山
金迪谷
西豐川
東豐
長忠洞

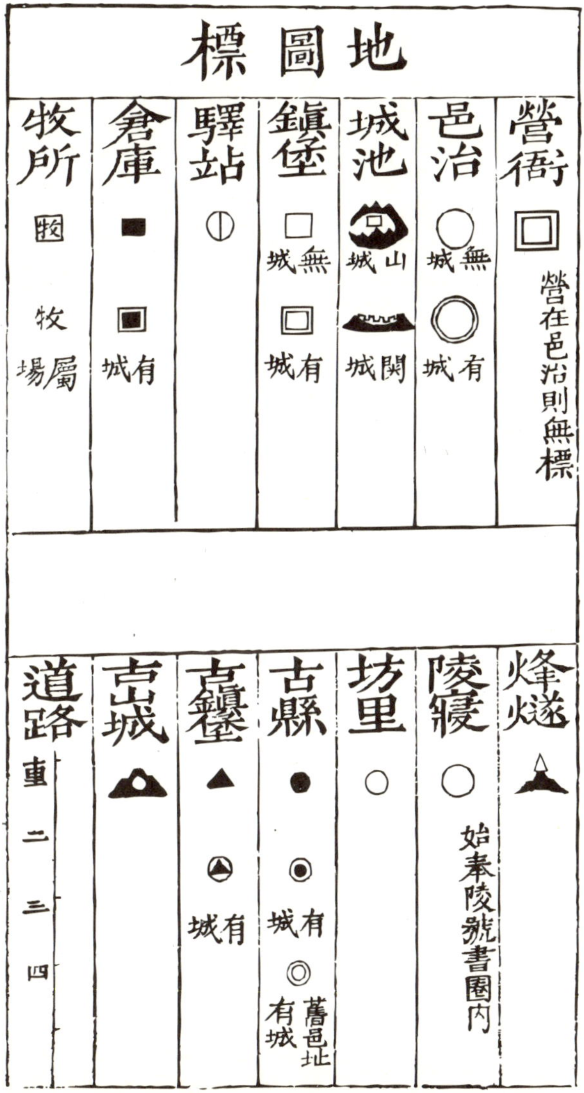
地圖標
營衙
營在邑治則無標
邑治
無城
有城
城池
山城
關城
鎭堡
無城
有城
驛站
倉庫
有城
牧所
牧
屬牧場
烽燧
陵寢
始奉陵號書圈內
坊里
古縣
有城
舊邑址有城
古鎭堡
有城
古城
道路
二
三
四

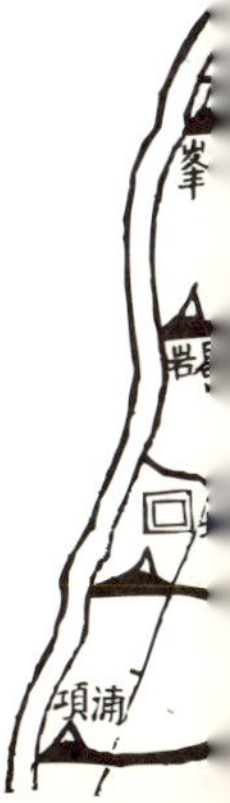

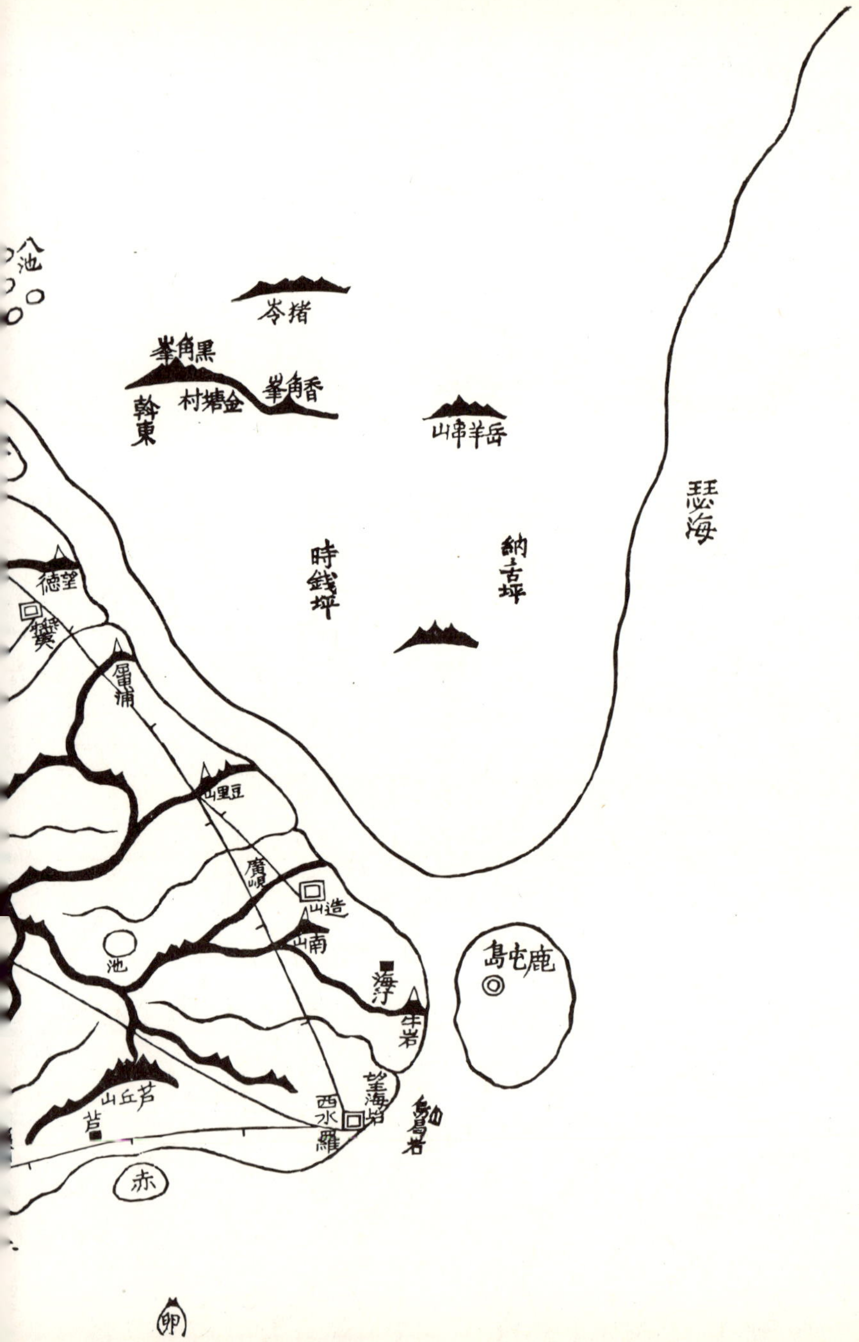

八池
猪岺
黑角峯
香角峯
金塘村
斡東
時錢坪
納吉坪
瑟海
豆里山
造山
南山
池
海汀
牛岩
鹿屯島
西水羅
芦丘山
赤
卯

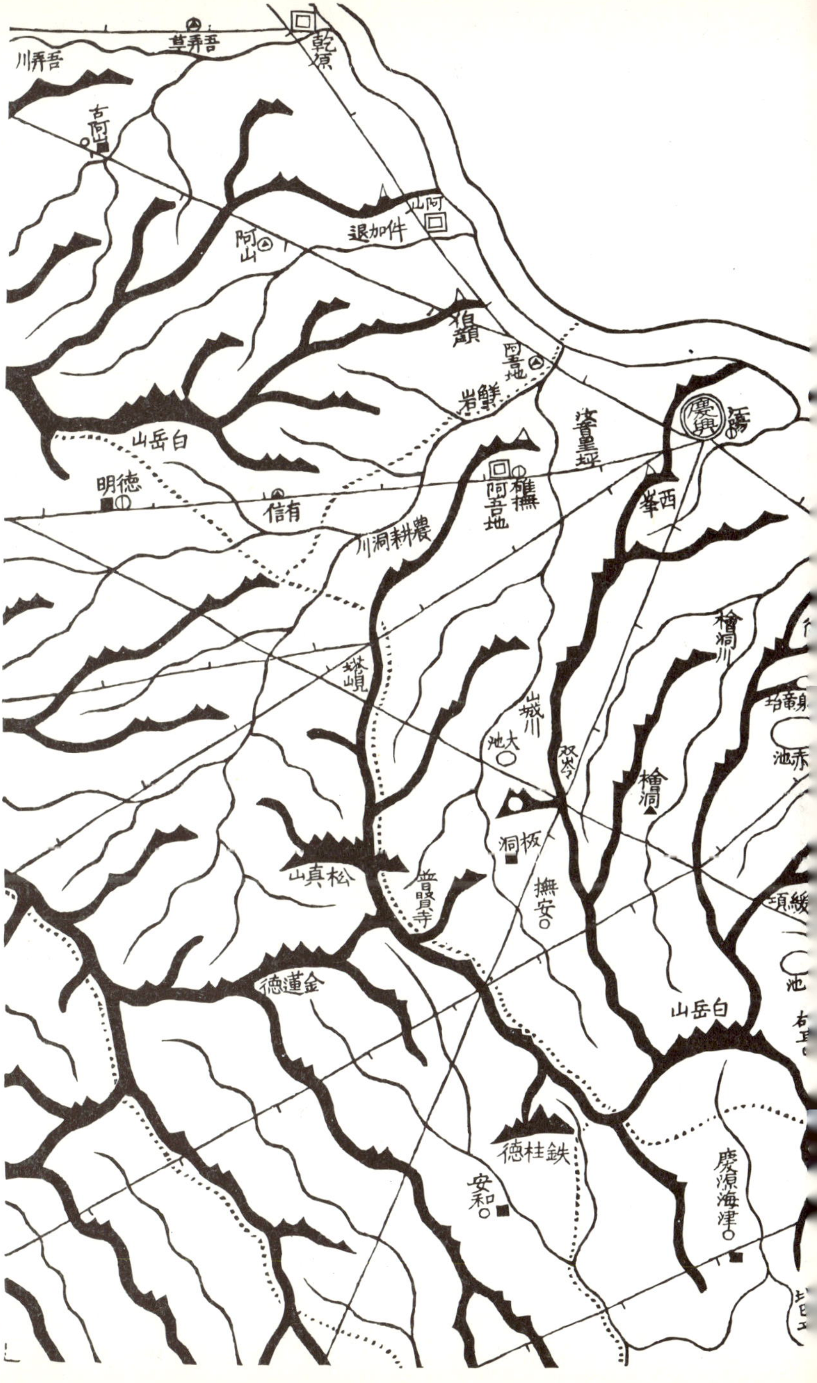
吾弄川
吾弄草
乾原
古阿山
阿山
件加退
阿吾地
鮮岩
白岳山
德明
有信
農耕洞川
阿吾地
西峯
慶興
檜洞川
山城川
大池
檜洞
板洞
松真山
普賢寺
撫安
金蓮德
白岳山
鐵柱德
安和
慶源海津
赤池

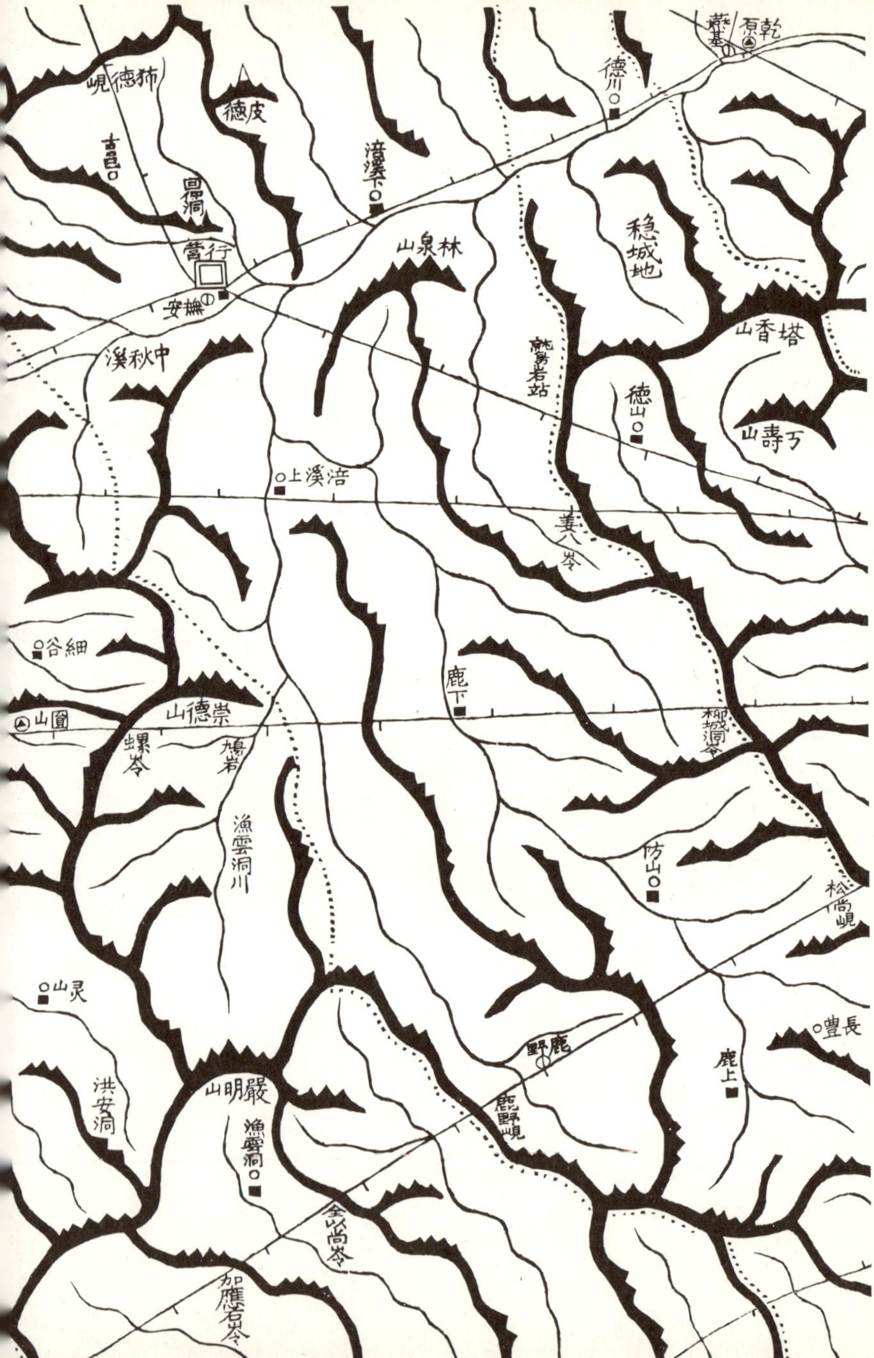

柹德峴
皮德
吉邑
行營
撫安
中秋溪
涪溪下
林泉山
德川
乾原
穩城地
塔香山
德山
万壽山
涪溪上
姜八岺
細谷
崇德山
圓山
螺岺
鳩岩
鹿下
漁雲洞川
防山
松尙峴
長豊
鹿上
鹿野
鹿野峴
巖明山
漁雲洞
洪安洞
加應石岺

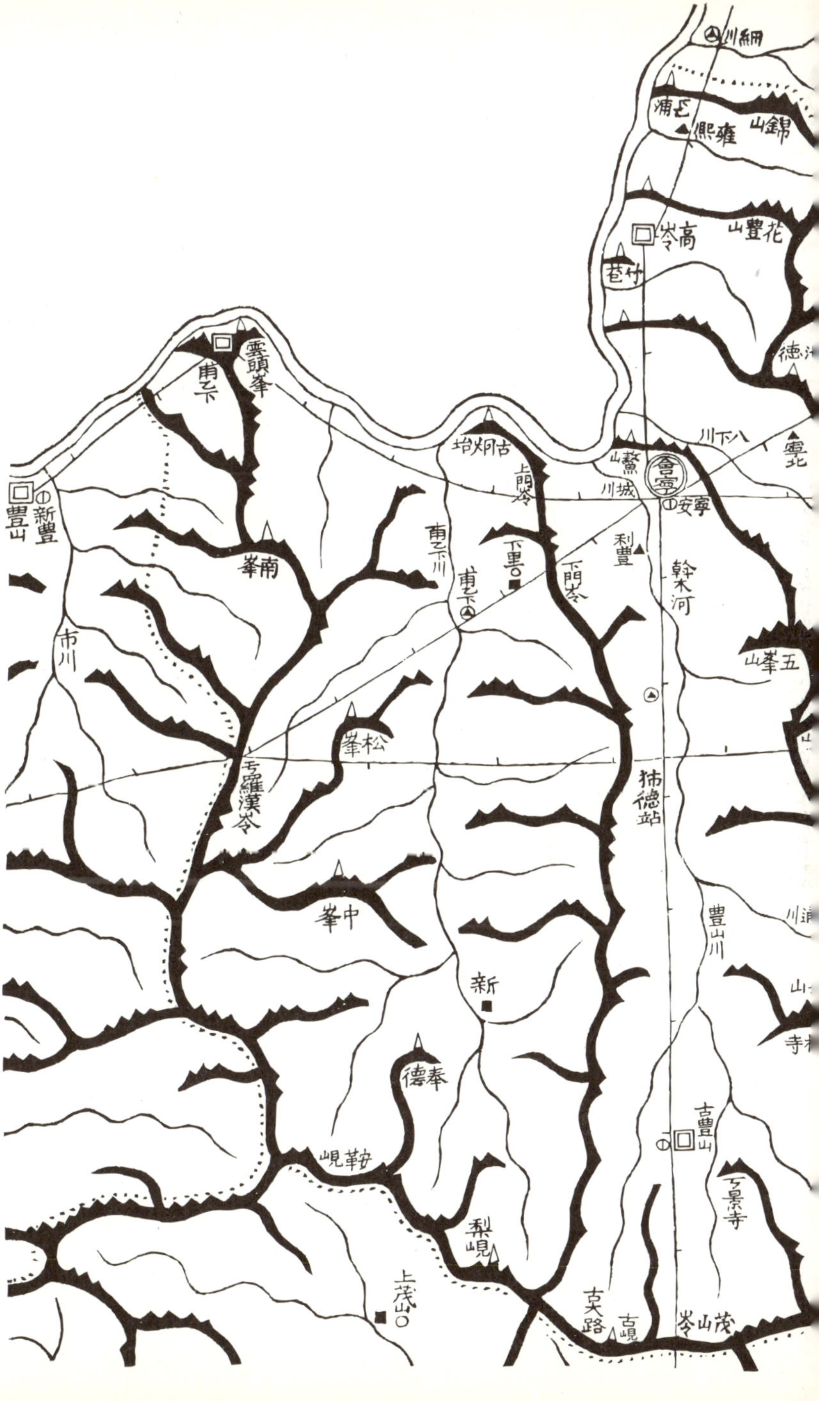
細川
雍熙
錦山
高令
花豊山
竹巷
雲頭峯
南峯
新豊
豊山
市川
會寧
安寧
城川
八下川
利豊
斡木河
五峯山
松峯
羅漢令
猪德站
中峯
豊山川
新
奉德
安革峴
梨峴
上茂山
古豊山
古大路
古峴
茂山令

茂溪
龍面
北村
大岩
西峴
曲江
錚峴
陣下峴
茂山
城川
鶴栖山
南谷
三峯坪
東下
上東
車踰嶺

二一三 茂山

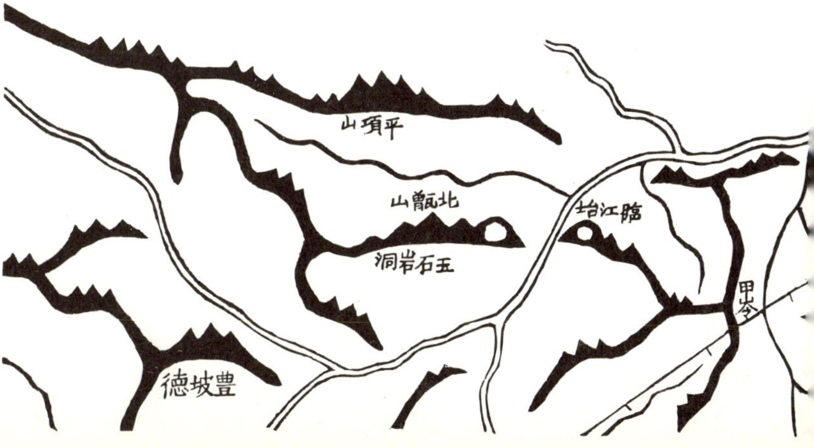

白頭山
康熙壬辰定界
距茂山府二百八十餘里
乾川
石堆
木柵
大角峯
小白山
笠帽峯
分界江上流
甘土峯
天坪
泉浦
芦坪

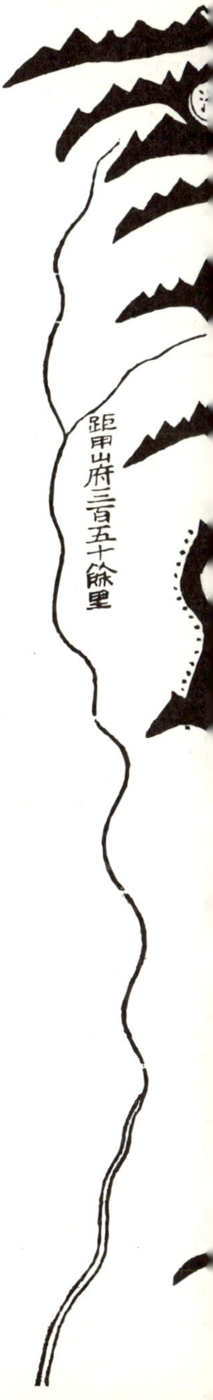
距甲山府三百五十餘里

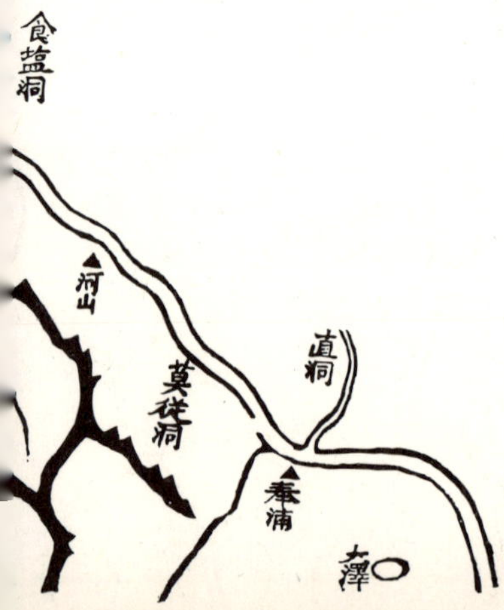
食塩洞
河山
莫從洞
直洞
春浦
大澤

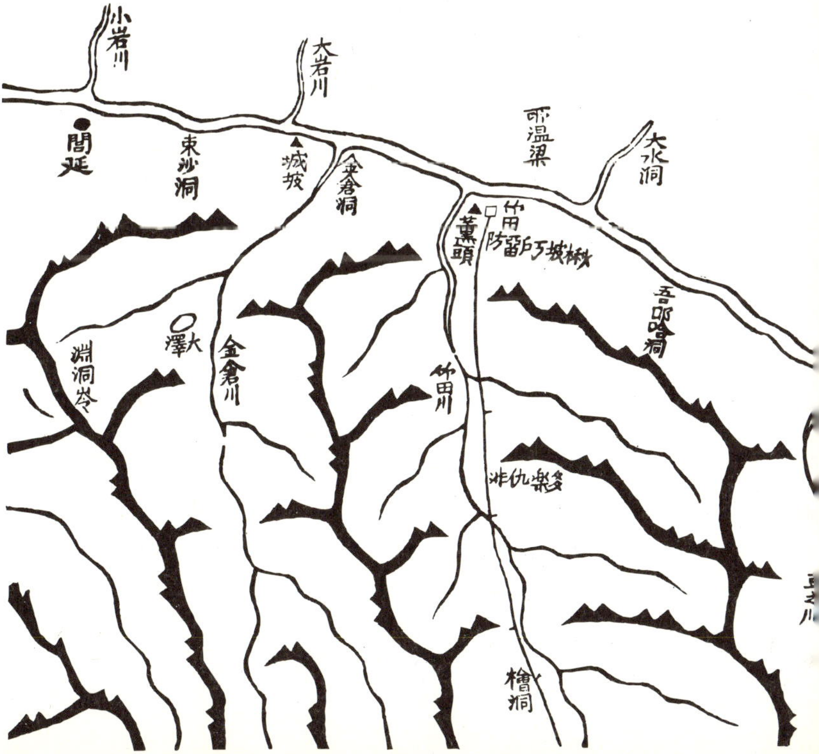
小岩川
大岩川
閭延
東沙洞
城坡
大水洞
竹田
薰頭
淵洞嶺
大澤
金倉川
竹田川
檜洞

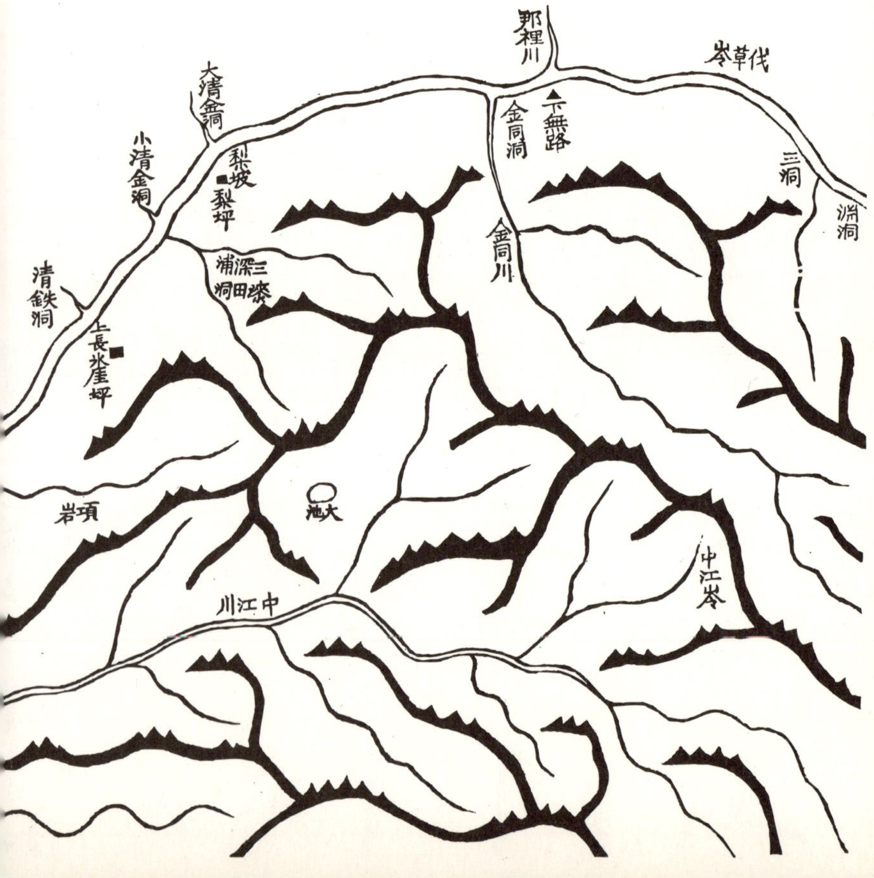

那裡川
代草岑
大清金洞
小清金洞
梨坡
梨坪
下無路
金同洞
三洞
淵洞
金同川
三深浦
漆田洞
清鉄洞
上長氷崖坪
項岩
大池
中江川
中江岑

間谷洞
大竹岩洞
浦者

三一一 鐘城

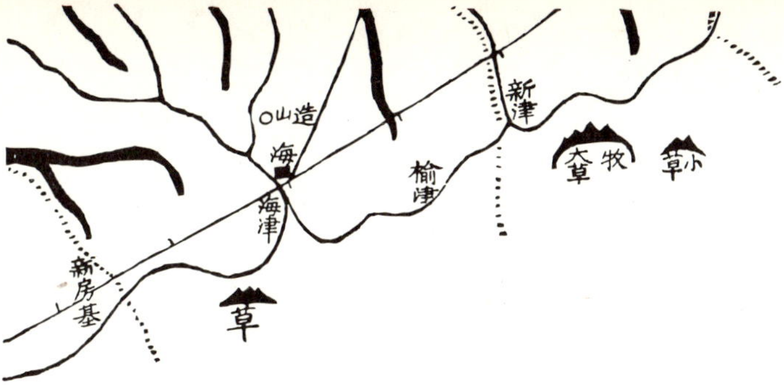

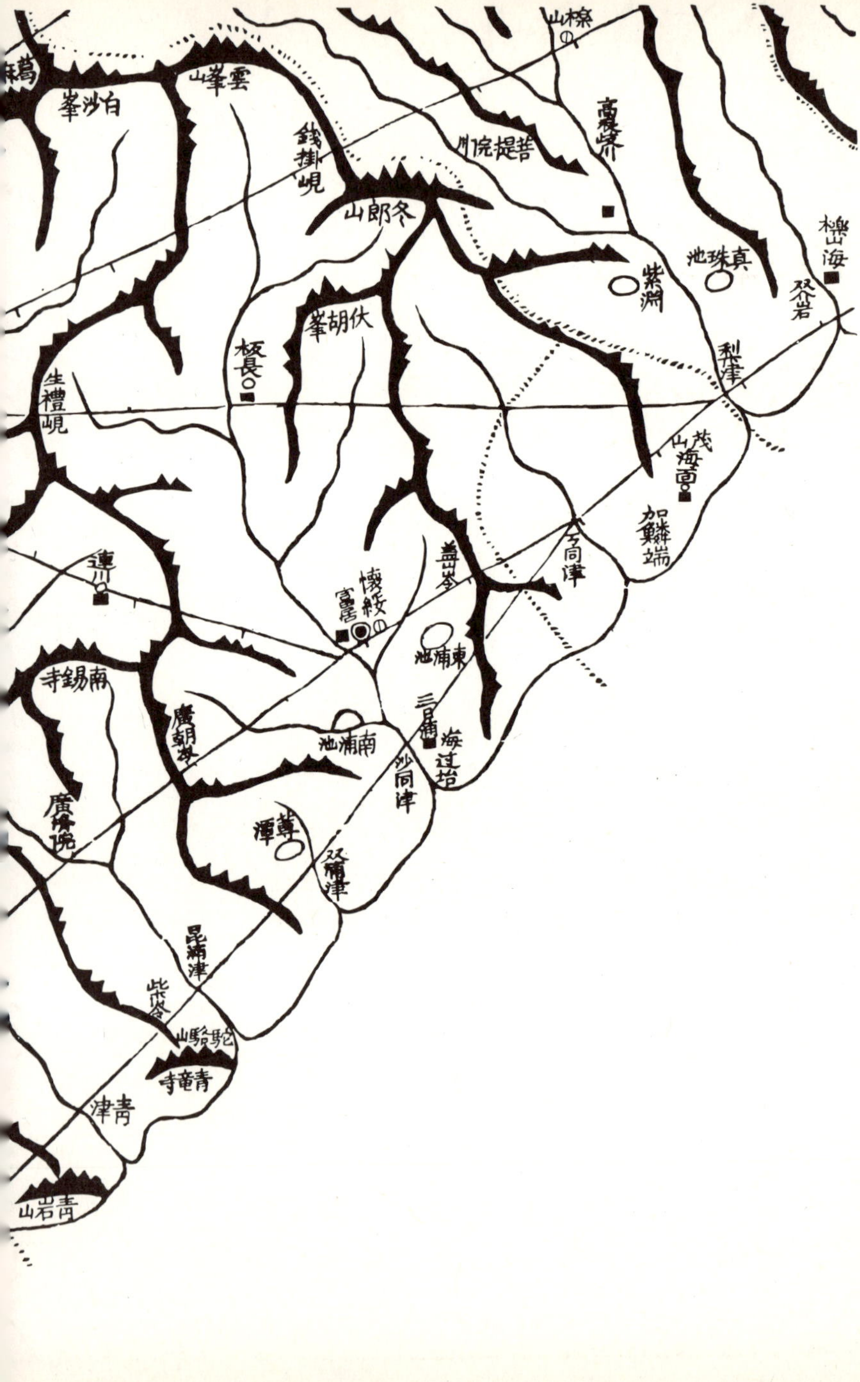

雲峯山
白沙峯
錢掛峴
菩提院川
冬郎山
真珠池
紫淵
伏胡峯
生禮峴
梨津
加鱗端
連川
懷綏
富居
東浦池
南錫寺
南浦池
沙同津
青竜寺
青津
青岩山

舞袖
廢茂山
黑毛老
茂山
千水岩
富寧
西川
南峯
石幕山
豆里山
虛通洞
大川
兄弟岩
仇正坂
偵探岑
泉
石幕
漆田山
老峯
資社潭
松谷峴
雲峯山
立岩
遮山
魚游洞
長浦池
姜德
獐項
五培岩

白沙峰
夫有世岑
虛修羅川
檢德山
漁南
馬踰岑

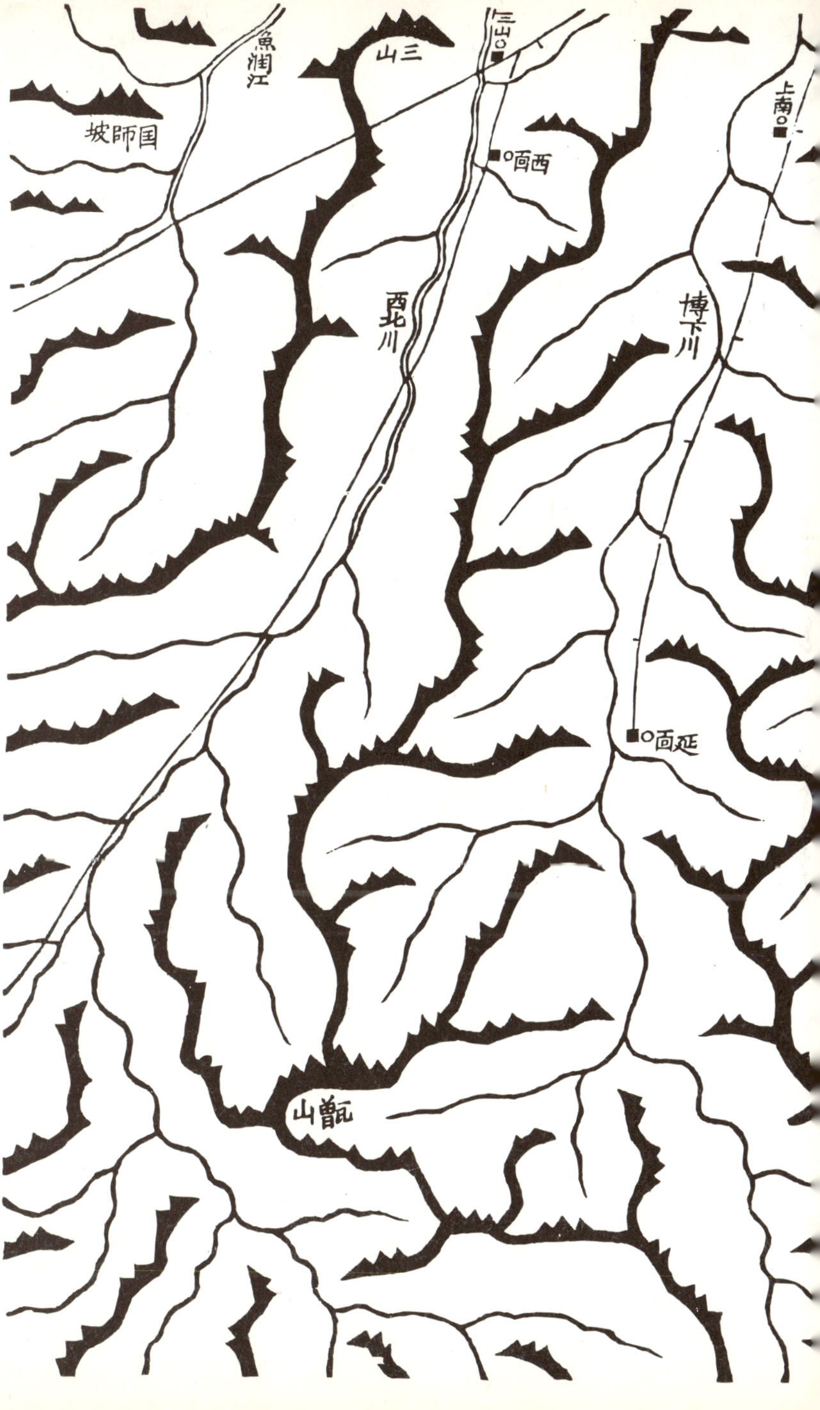
魚潤江
三山
三山
国師坡
西面
上南
西北川
博下川
延面
甑山

枕峯
三池
南甑山
芦隱山
虛項岺
大紅丹水
長坡徳
半橋
三台峯
宝多會山
芐坪
沙伊峯
蘩岩
平野
加德峯

三-四 茂山·甲山

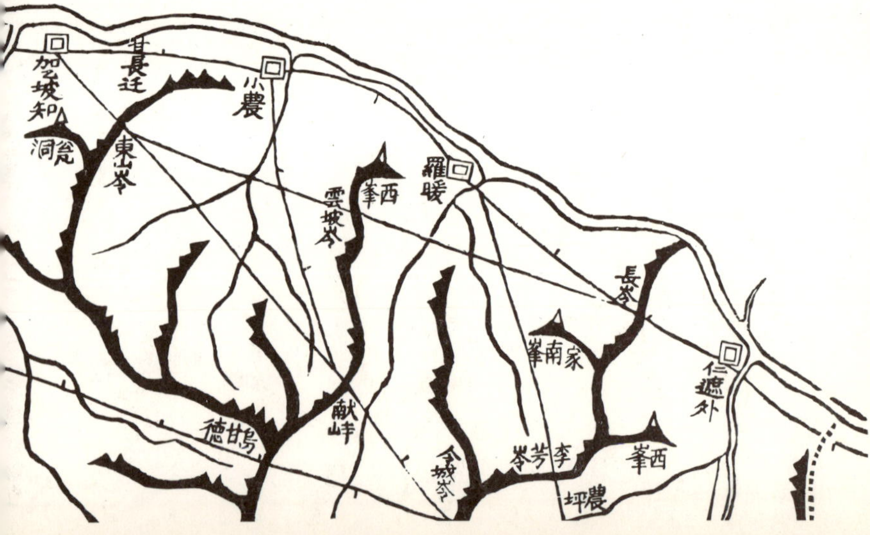
小農
東山岑
獻峙
長岑
仁遮外

三-五 厚州·三水

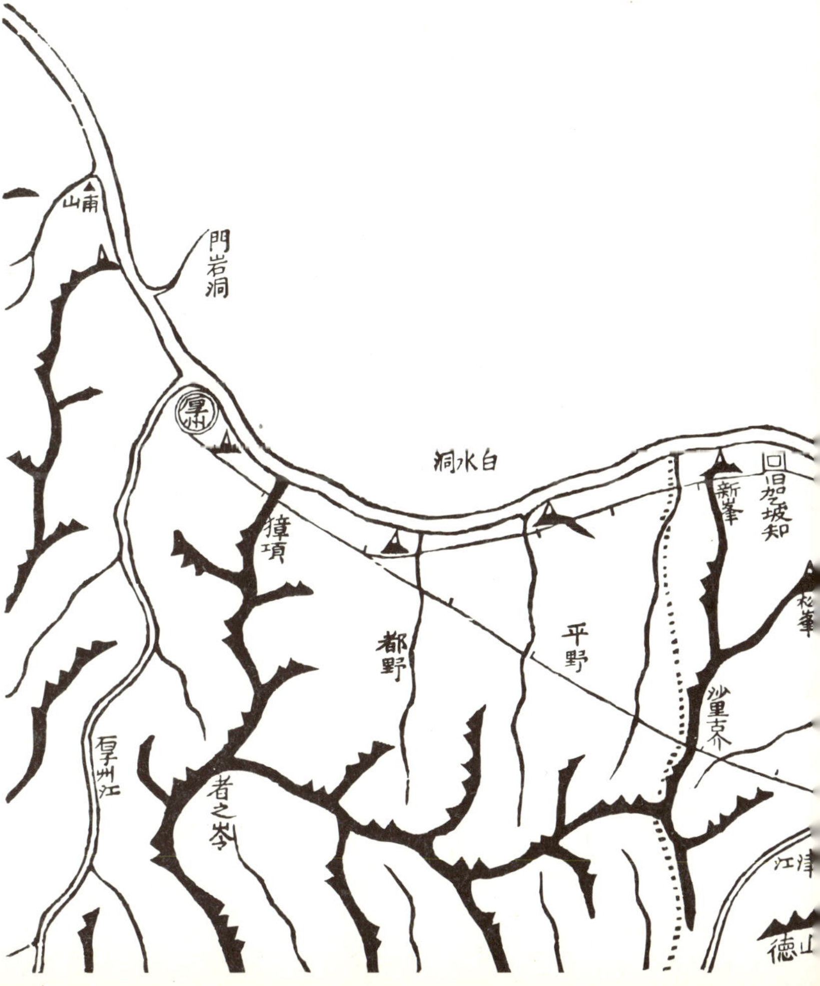

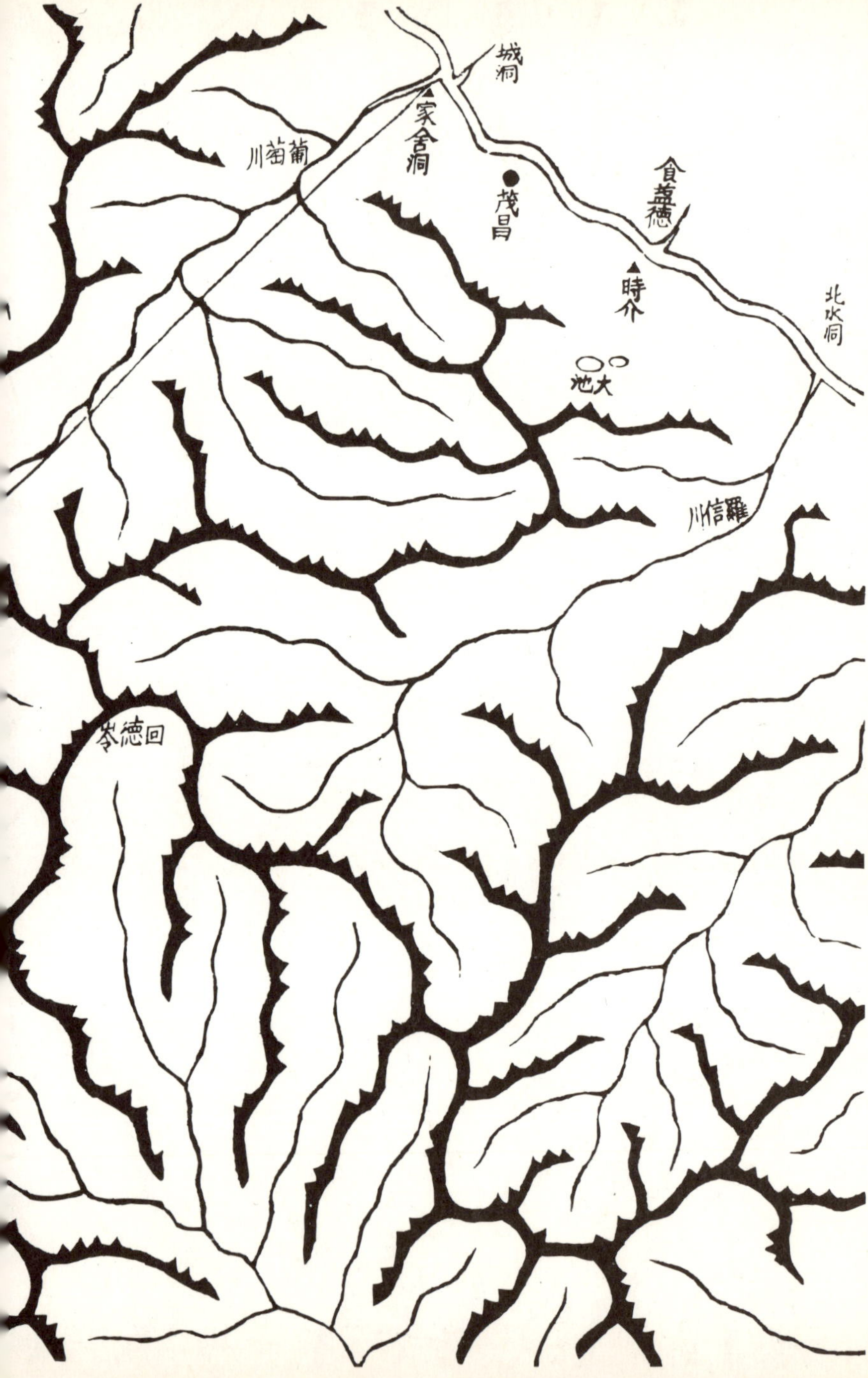
城洞
家舍洞
葡萄川
茂昌
食蓋德
時介
北水洞
大池
羅信川
回德岑

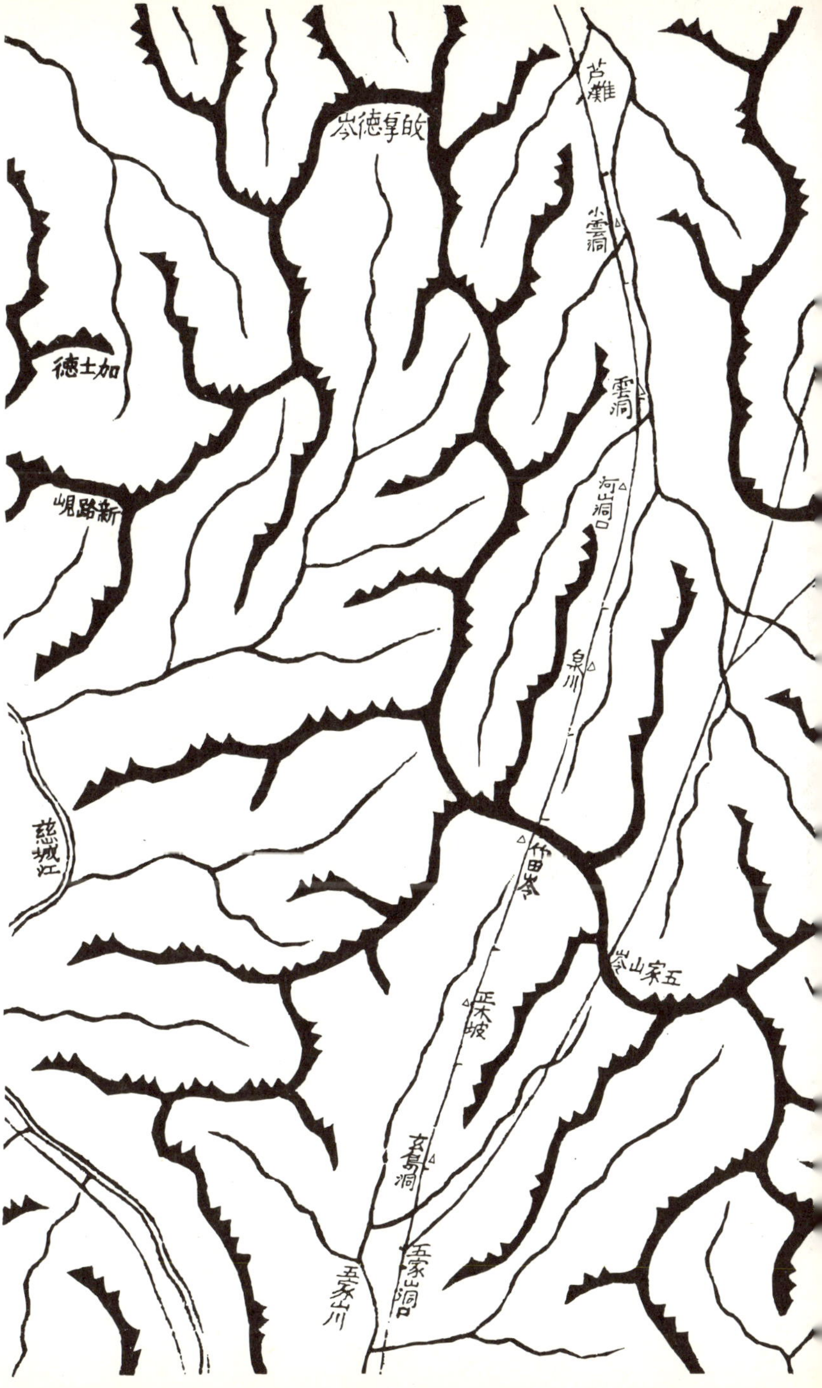
芦灘
敀阜徳岑
小雲洞
雲洞
加士徳
新路峴
河山洞口
泉川
慈城江
竹田岑
五家山岑
正木坡
玄鳥洞
五家山洞口
五家山川

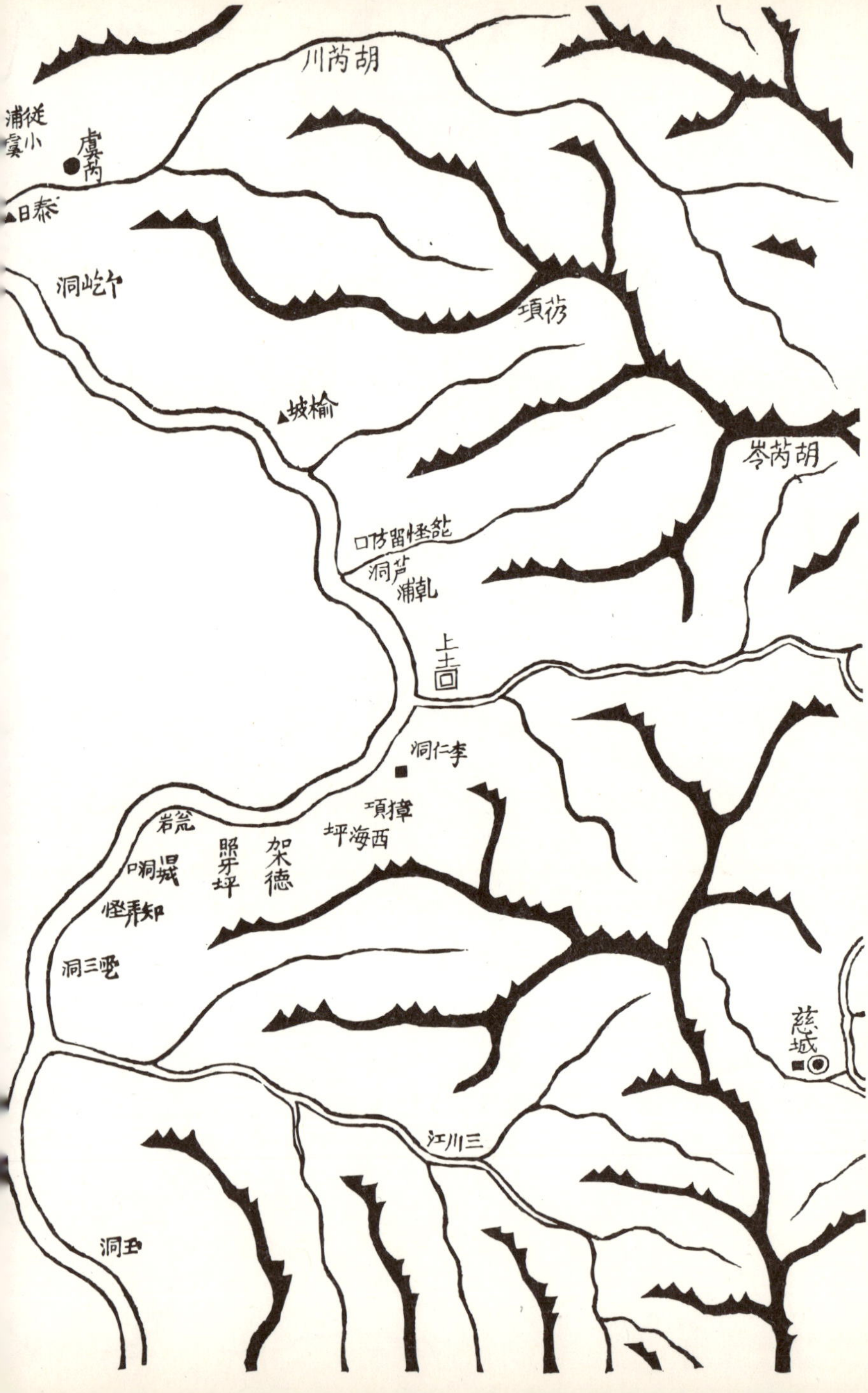
胡芮川
從小浦
虞芮
泰日
竹屹洞
榆坡
胡芮岑
飽怪留防口
芦洞
乾浦
上土
李仁洞
樟項
西海坪
荒岩
城洞口
架德
照牙坪
知乘怪
三洞
慈城
三川江
玉洞

三一七 厚州

四-一 鏡城

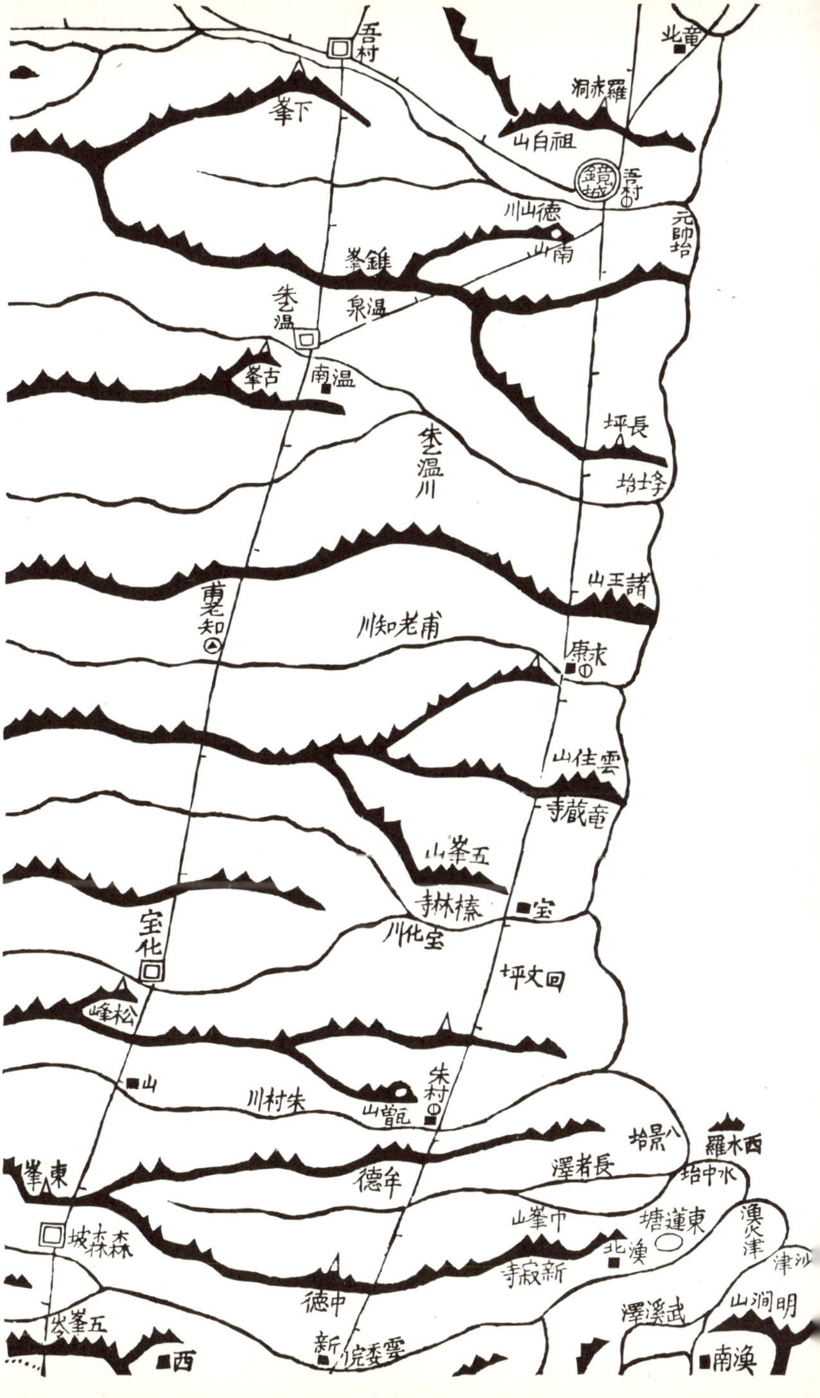

吾村
竜北
羅赤洞
祖白山
下峯
鏡城
吾村
德山川
南山
元帥坮
朱乙温
温泉
古峯
温南
朱乙温川
長坪
諸王山
東老知
甫老知川
永康
雲住山
竜藏寺
五峯山
榛林寺
宝
宝化川
宝化
回文坪
松峯
山
朱村川
朱村
八景坮
西水羅
長者澤
水中坮
東峯
牟德
東蓮塘
中峯山
漁火津
森森城
漁北
新寂寺
沙津
中德
明涧山
武溪澤
五峯
新
西
漁南

桑坪
北阿時洞
西阿時洞
南阿時洞
大長鼓項
針亇洞川
卜岩
温泉
雲加委川

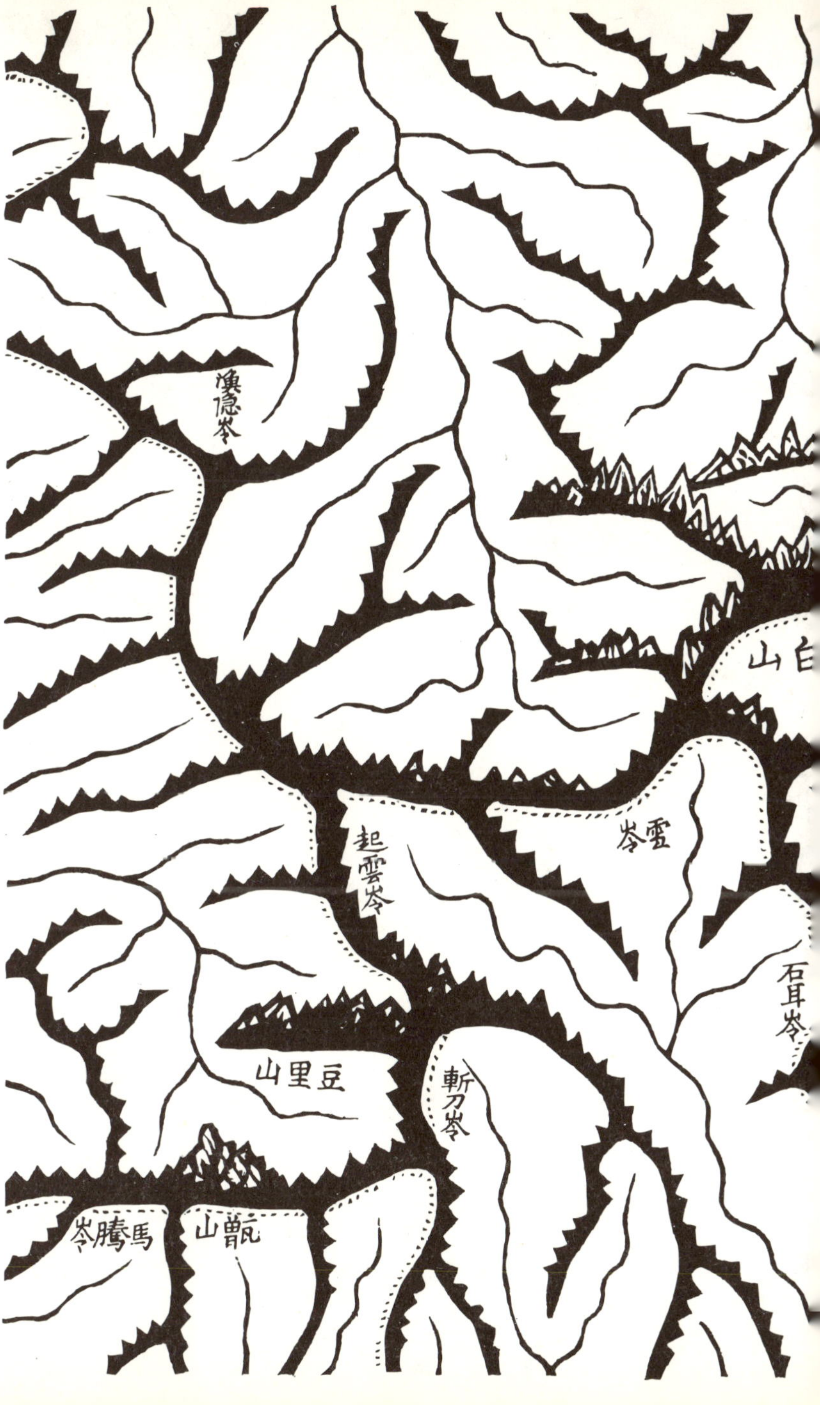
澳隱岺
白山
起雲岺
雲岺
石耳岺
豆里山
斬刀岺
馬騰岺
甑山

甘平
馬山岺
雲坡舘
緩項岺
綠磐峴
二里川
掛山岺

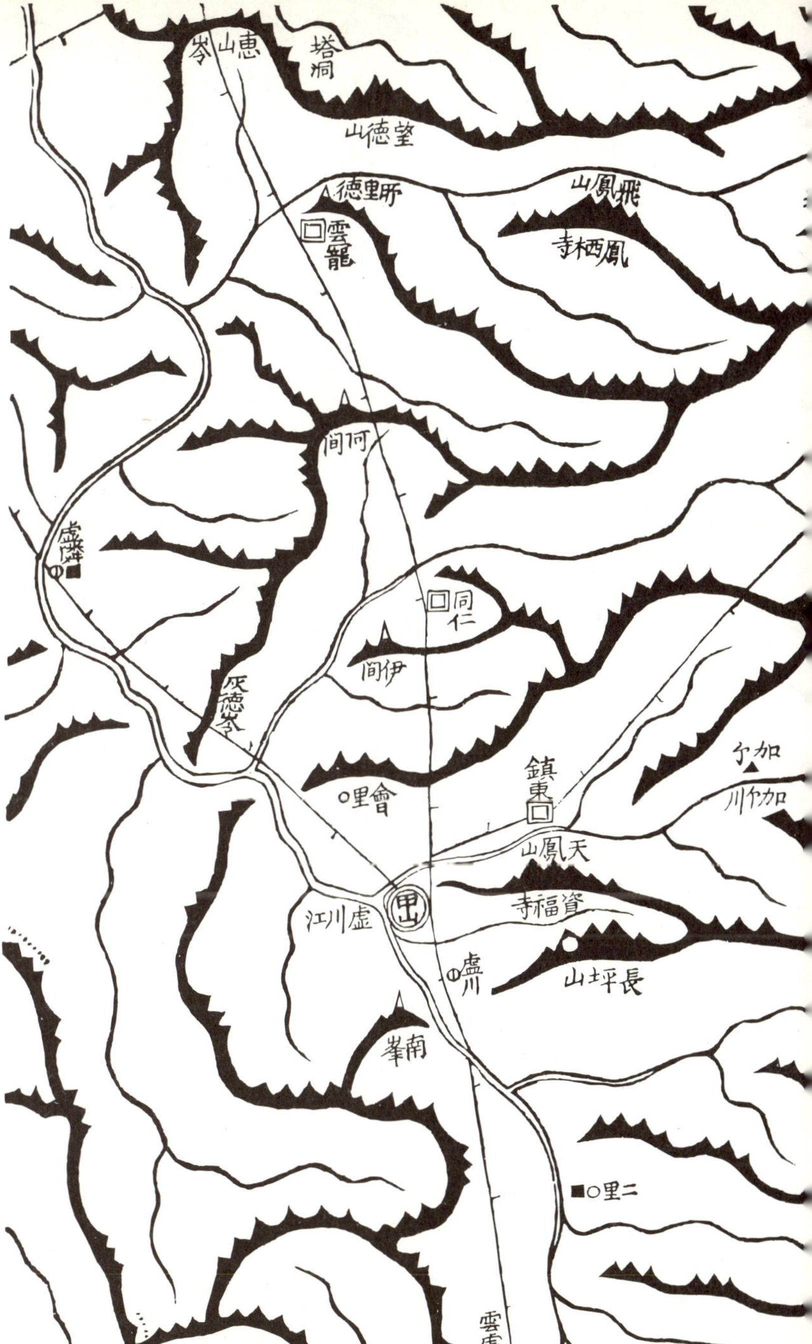
惠山岑
塔洞
望德山
所里德
雲龍
飛鳳山
鳳栖寺
河間
同仁
伊間
會里
鎭東
天鳳山
資福寺
虛川江
長坪山
南峯
二里

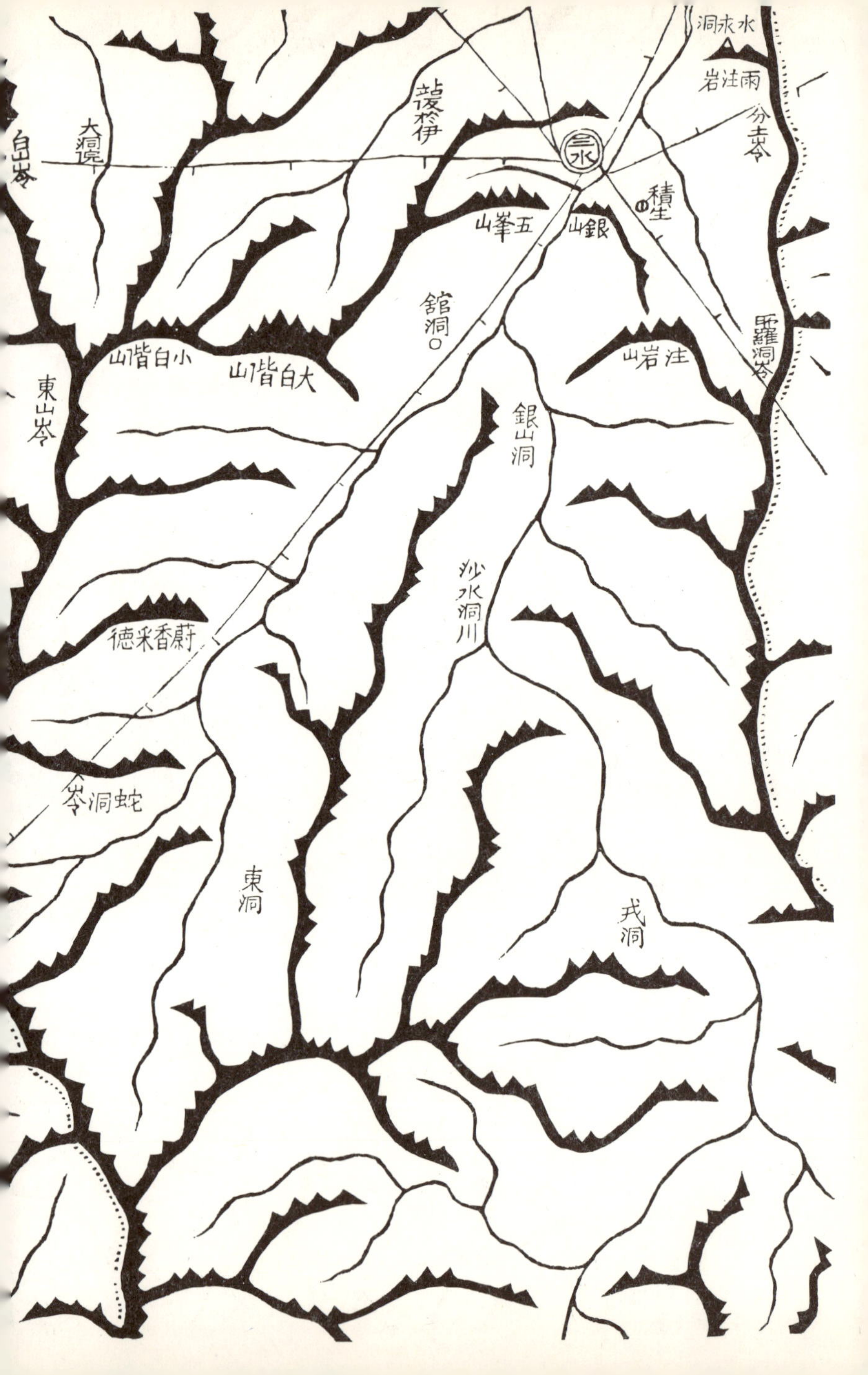
水永洞
雨注岩
積生
銀山
五峰山
館洞
東山岺
注岩山
銀山洞
羅洞岺
蔚香采德
蛇洞岺
東洞
戎洞

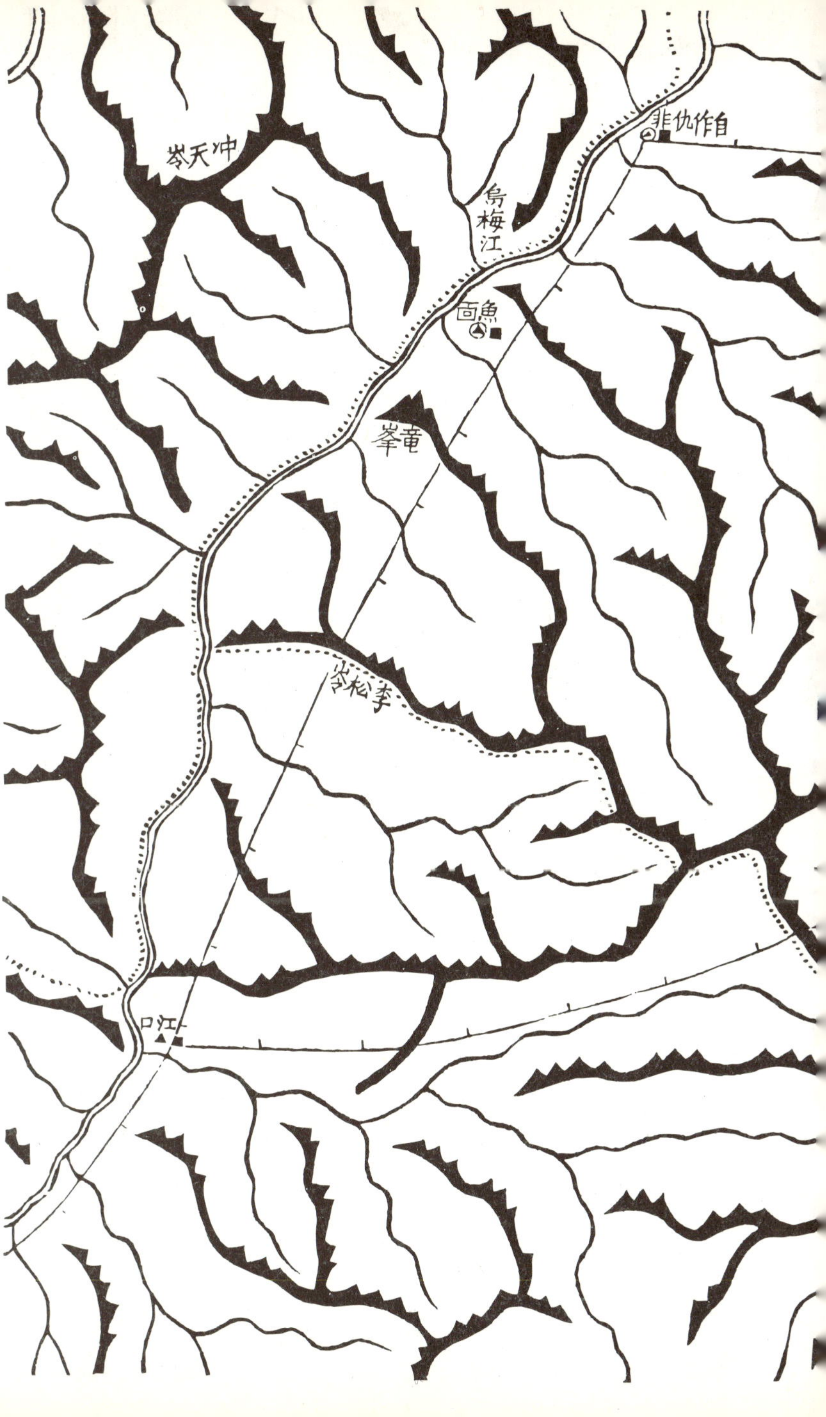
岺天冲
烏梅江
非仇作自
面魚
峯竜
岺松李
口江

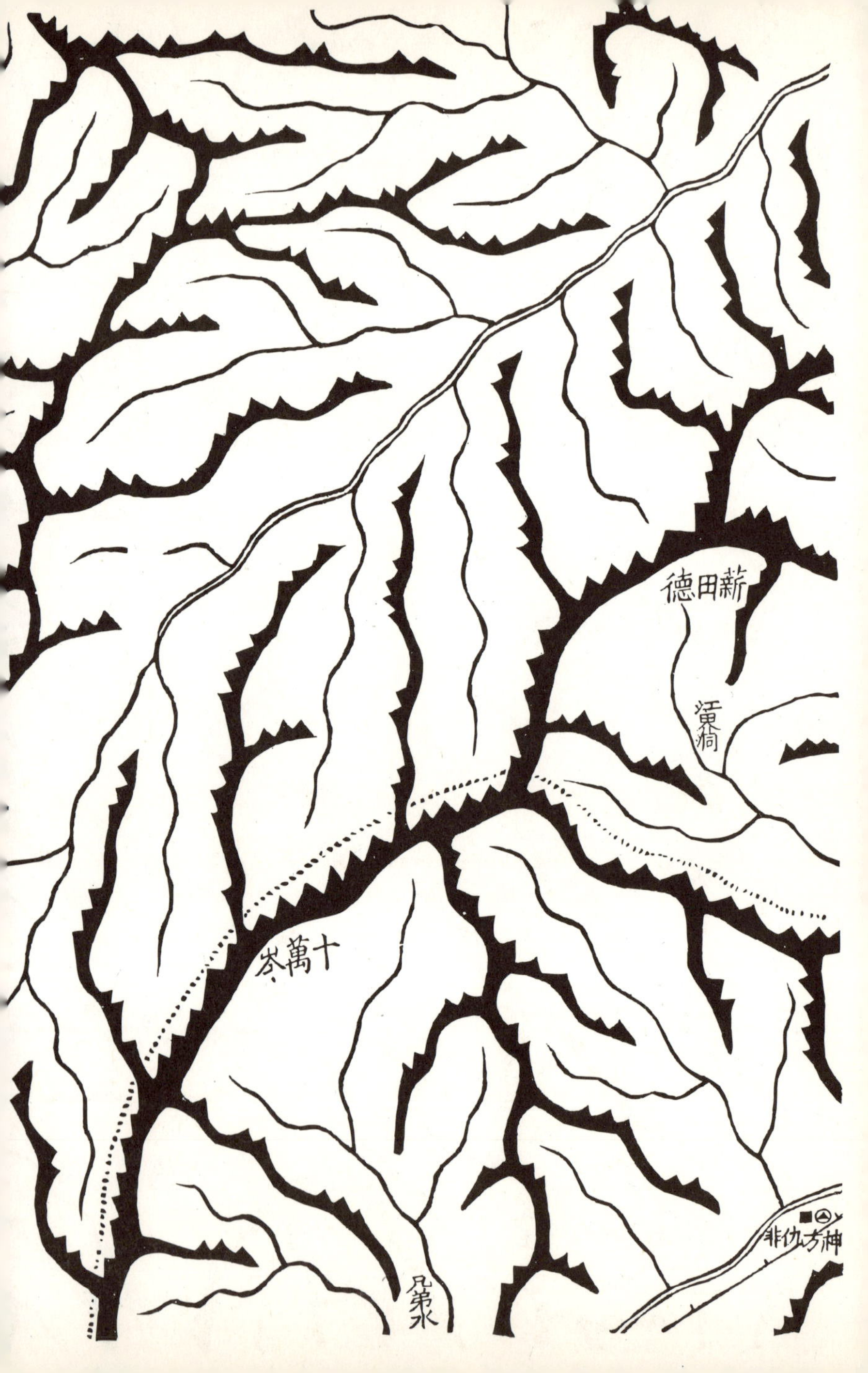
新田德
江東洞
十萬岑
兄弟水
神方仇非

四一五 厚州・長津・江界

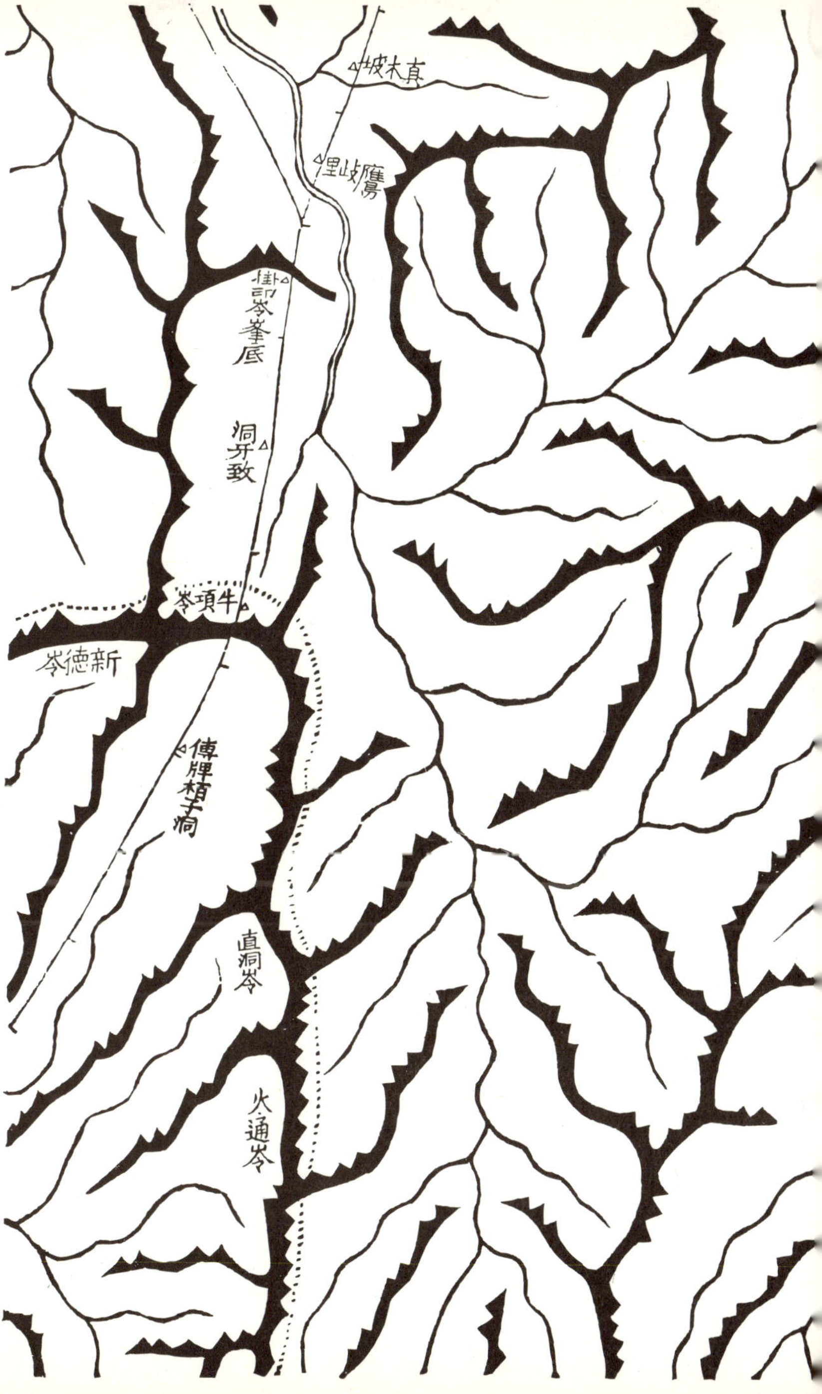

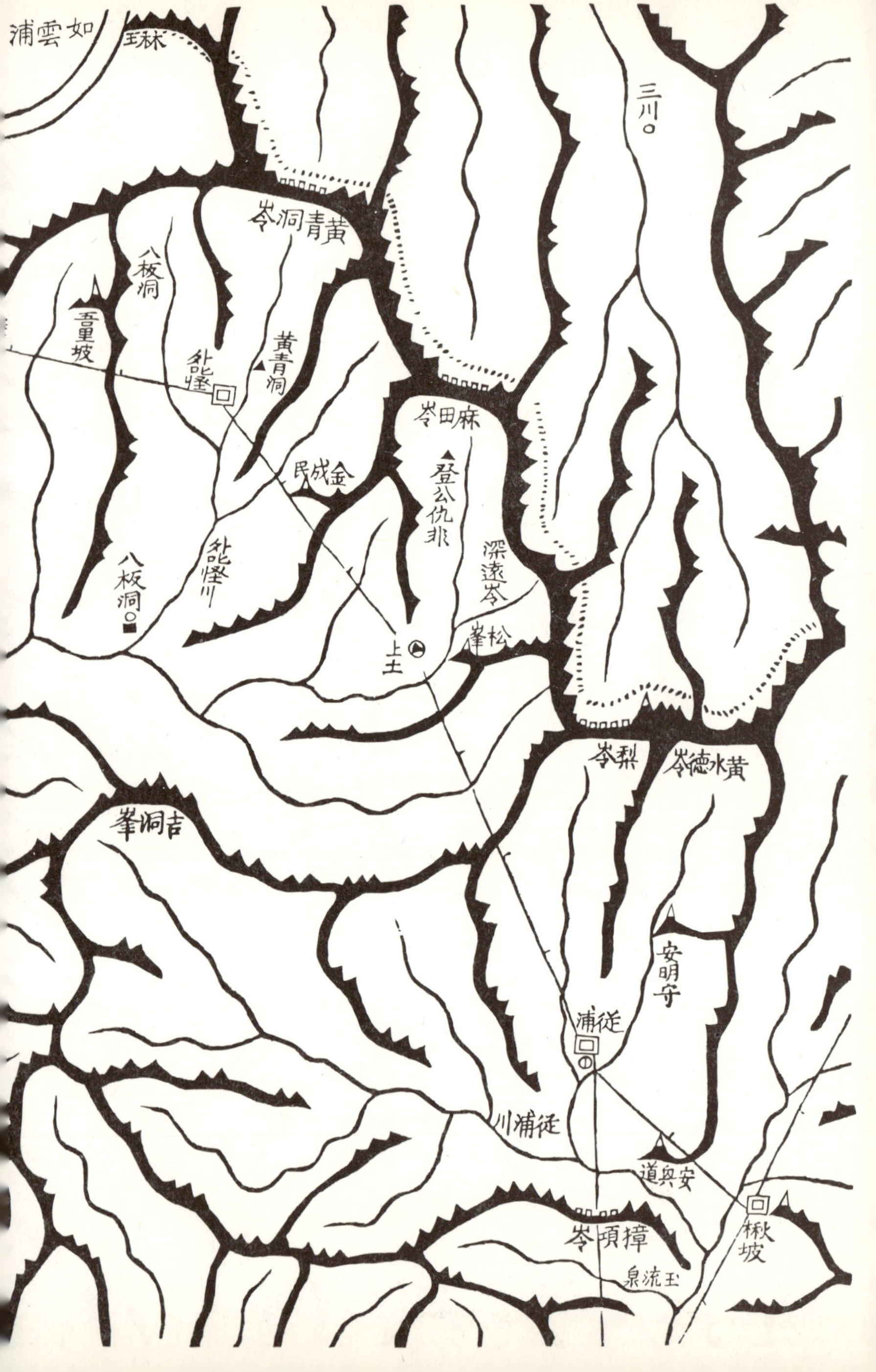
如雲浦
林王
三川
黃青洞岺
八板洞
吾里坡
黃青洞
乺能怪
麻田岺
金成民
登公仇非
乺能怪川
深遠岺
八板洞
松峯
上土
梨岺
黃水德岺
吉洞峯
安明守
従浦
従浦川
安興道
楸坡
獐項岺
玉流泉

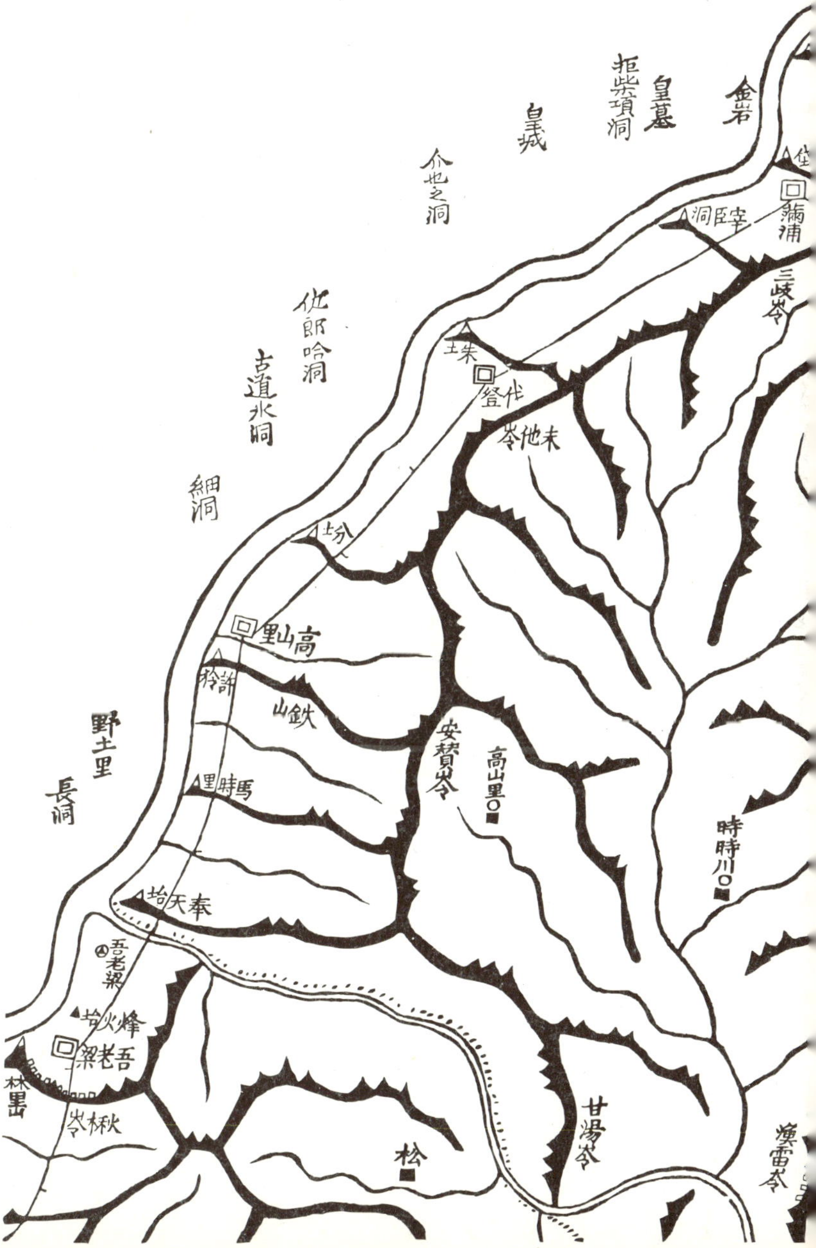
金岩
皇墓
拒柴項洞
皇城
介也之洞
滿浦
辛臣洞
三岐岺
佐郎哈洞
古道水洞
代登
末他岺
細洞
高山里
鉄山
安賛岺
高山里
野土里
長洞
馬時里
時時川
奉天坮
吾老梁
烽火坮
吾老梁
秋林岺
松
甘湯岺

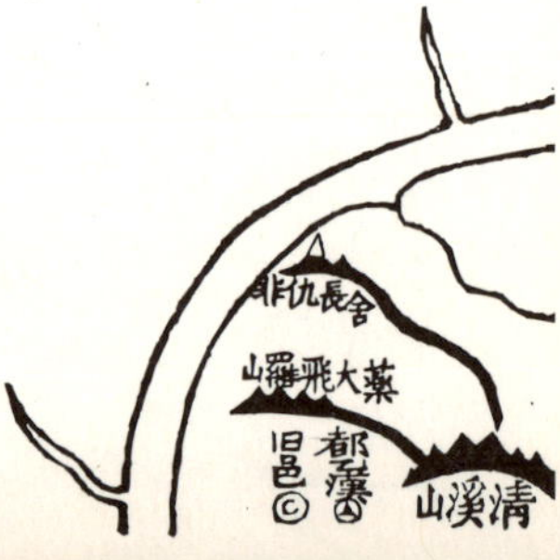
舍長九
山羅飛大藥
都
山溪清

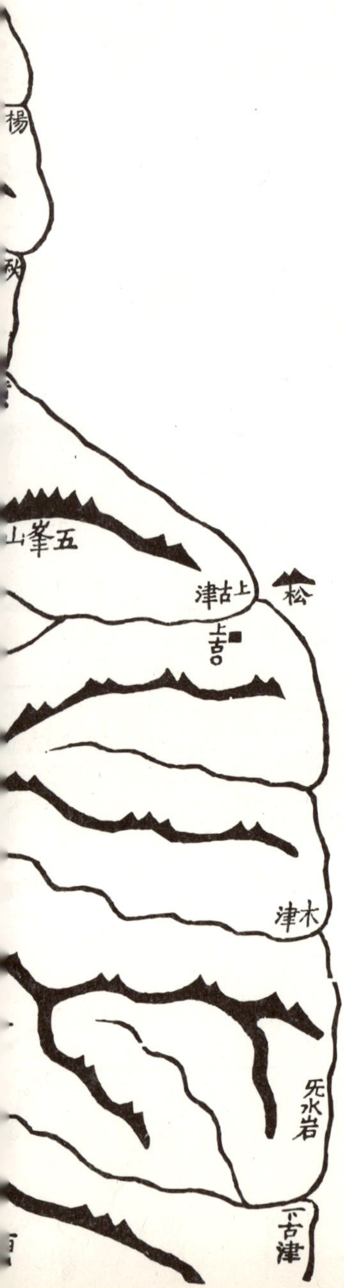

楊
五峯山
上古津
松
上吉
木津
岩水充
下古津

鬼門関
小斜介洞
在德
豆里山
德
北峯
明源
明川
汚禾川
甑山川
双溪寺
大寺
坪
甑山
項浦洞
在德
七寶川
楸洞
古站峴
永平山
古站
七寶山
河間
永豊岑
開心寺
德泉
金藏寺
河間川
新

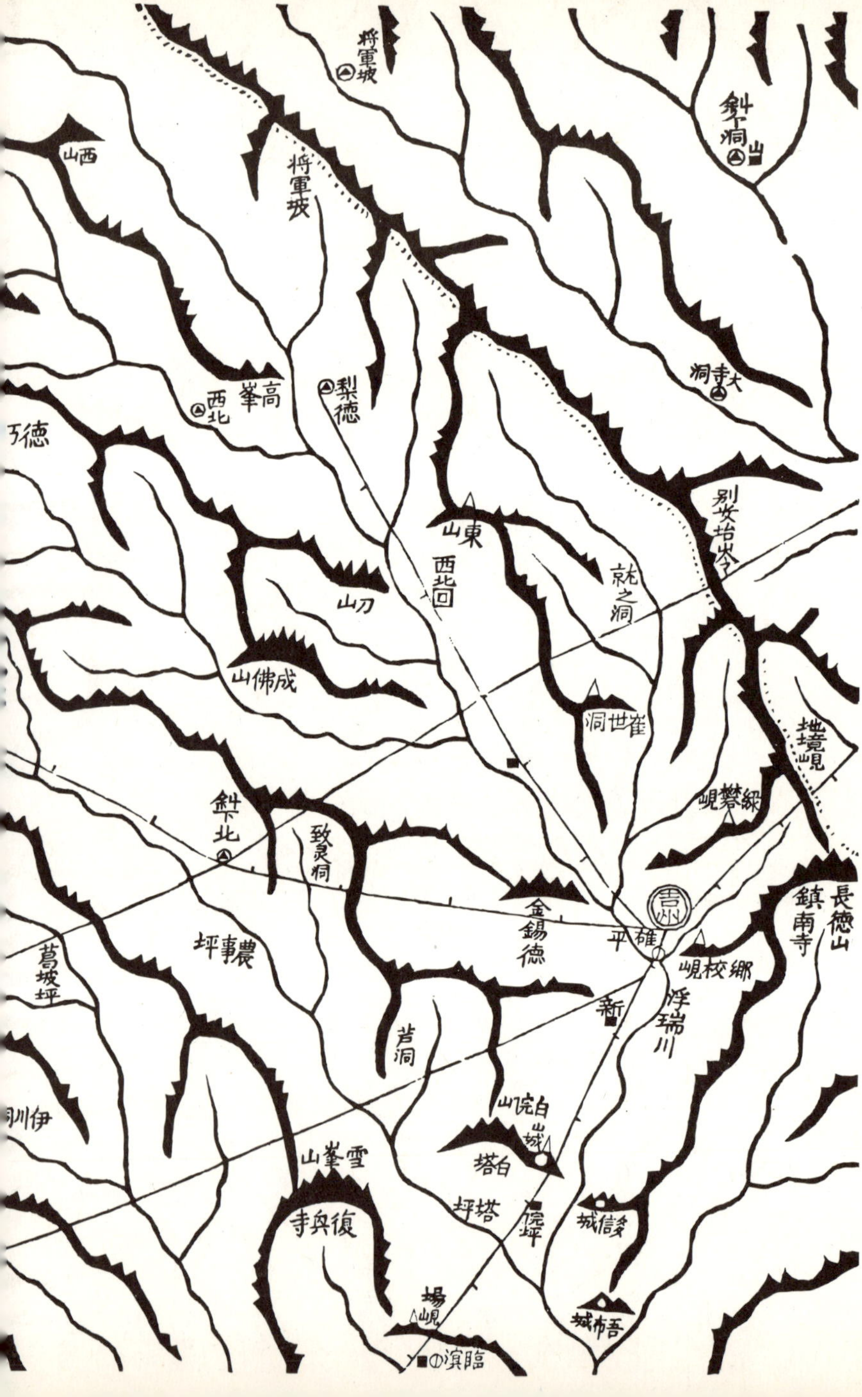

將軍坡
西山
將軍坡
高峯
西北
梨德
大寺洞
德
別安峙嶺
東山
西指回
就之洞
刀山
成佛山
崔世洞
地境峴
北
致灵洞
金錫德
吉州
長德山
鎮南寺
雄平
鄕校峴
葛坡坪
農事坪
新
浮瑞川
芦洞
白院山
山城
白塔
伊川
雪峯山
復興寺
塔坪
院坪
城
吾布城
場峴
臨濱

五-二 吉州·端川

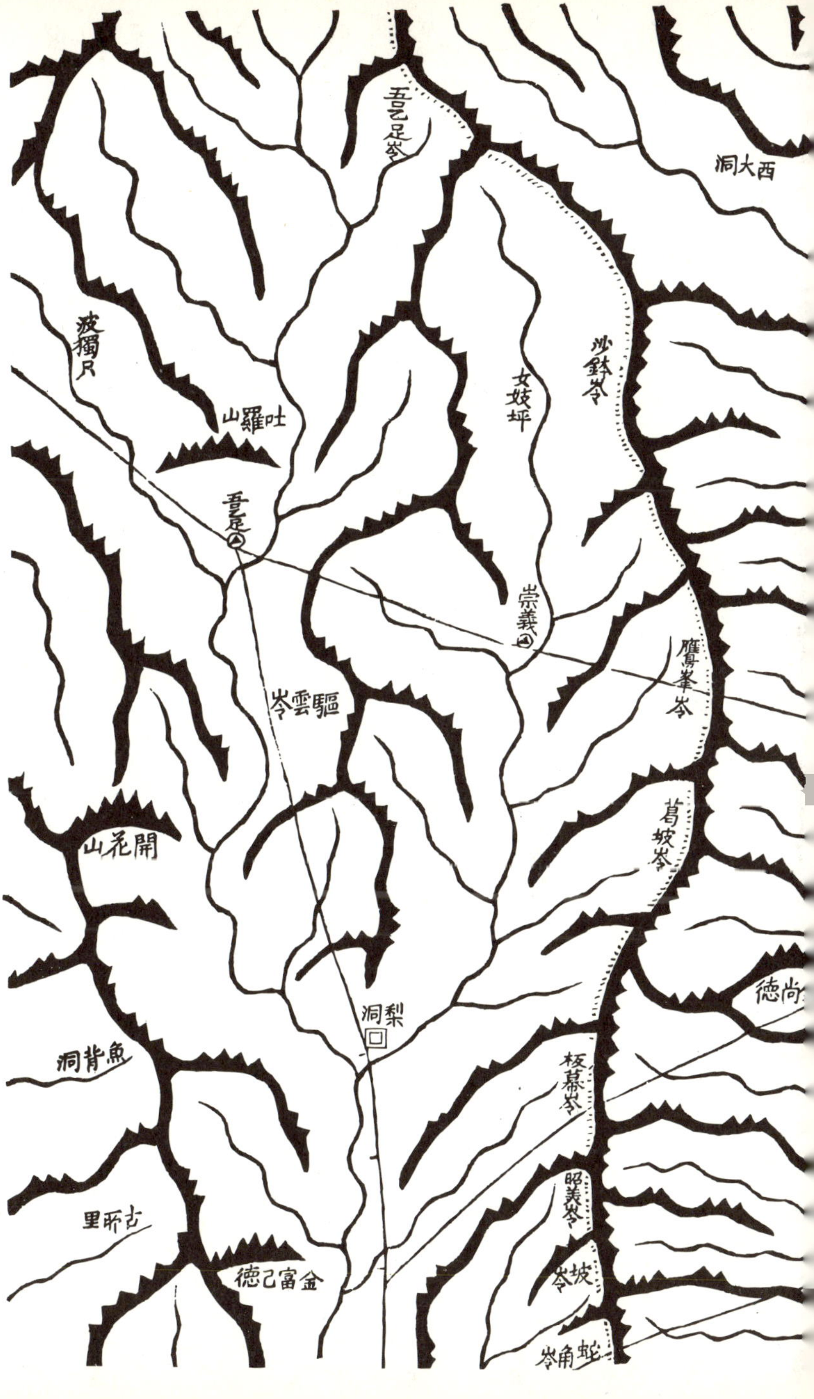
吾乙足岺
西大洞
波獨尺
吐羅山
沙鉢岺
女妓坪
吾乙足
崇義
驅雲岺
鷹峯岺
開花山
葛坡岺
尚德
梨洞
魚背洞
板幕岺
古所里
昭美岺
金富乙德
坡岺
蛇角岺

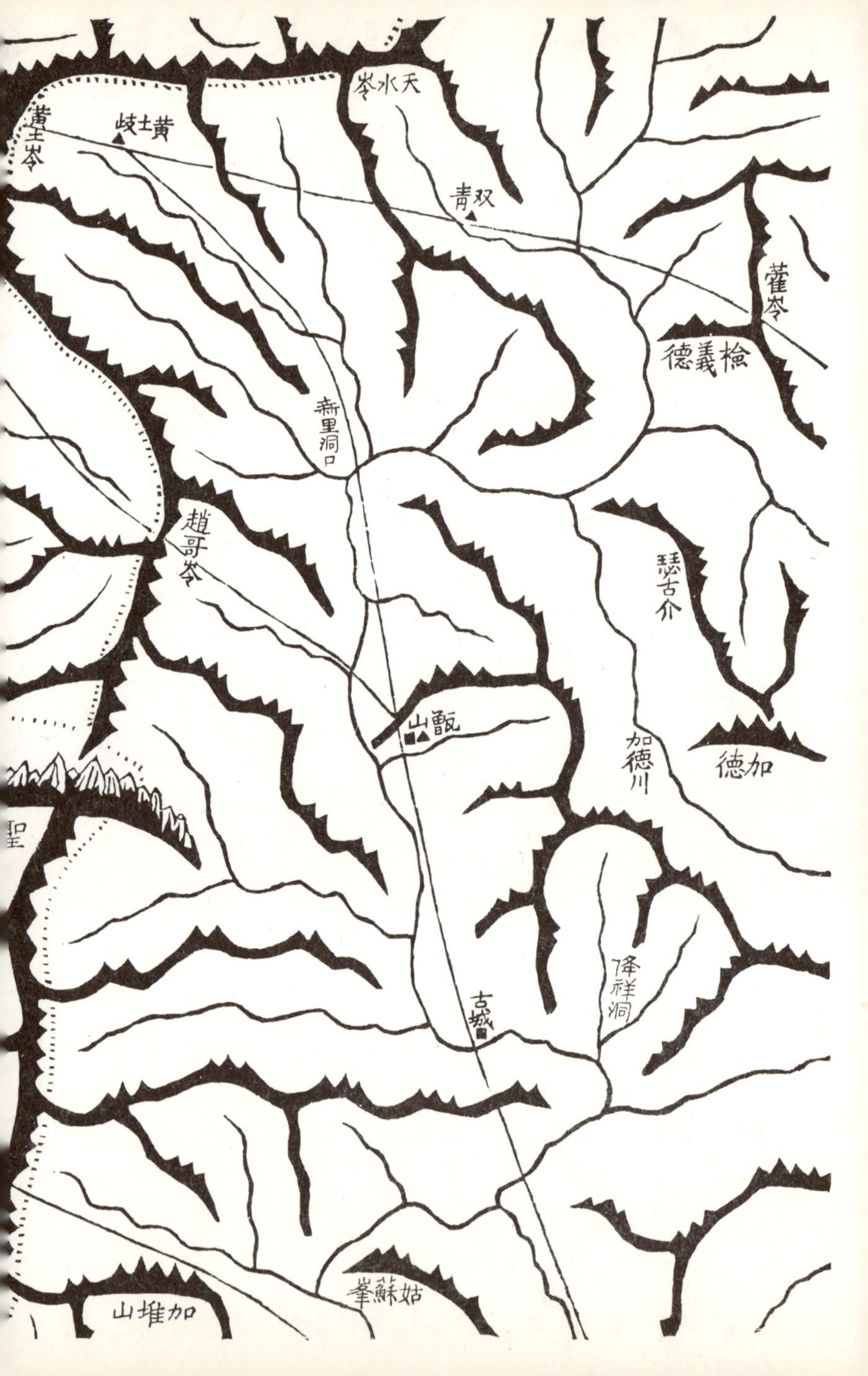

黃土岑
黃土岐
天水岑
双青
藿岑
檢義德
新里洞口
趙哥岑
瑟古介
甑山
加德川
加德
聖
降祥洞
古城
姑蘇峯
加堆山

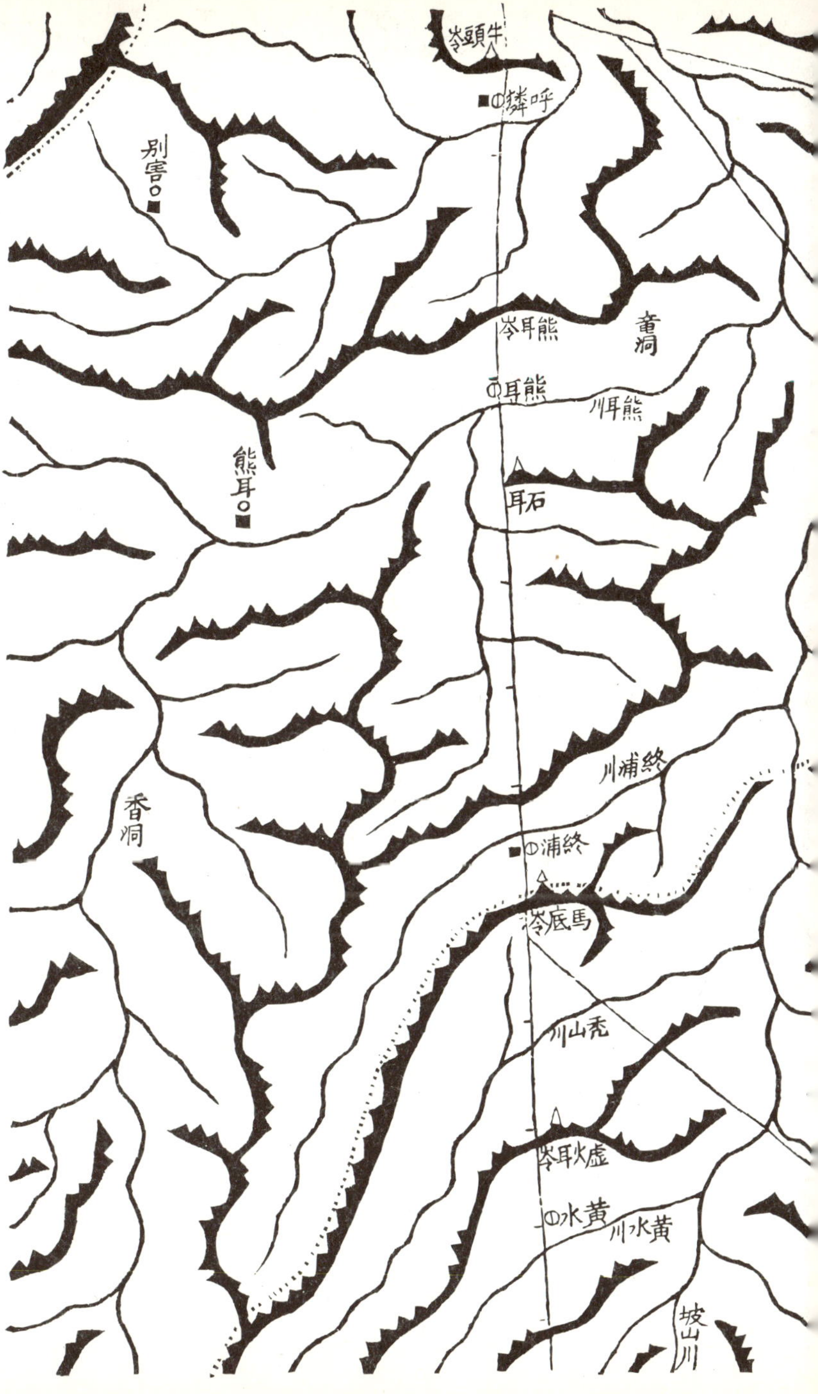
牛頭岺
呼麟
別害
熊耳岺
童洞
熊耳
熊耳川
熊耳
石耳
終浦川
香洞
終浦
馬底岺
禿山川
虛火耳岺
黃水
黃水川
坡山川

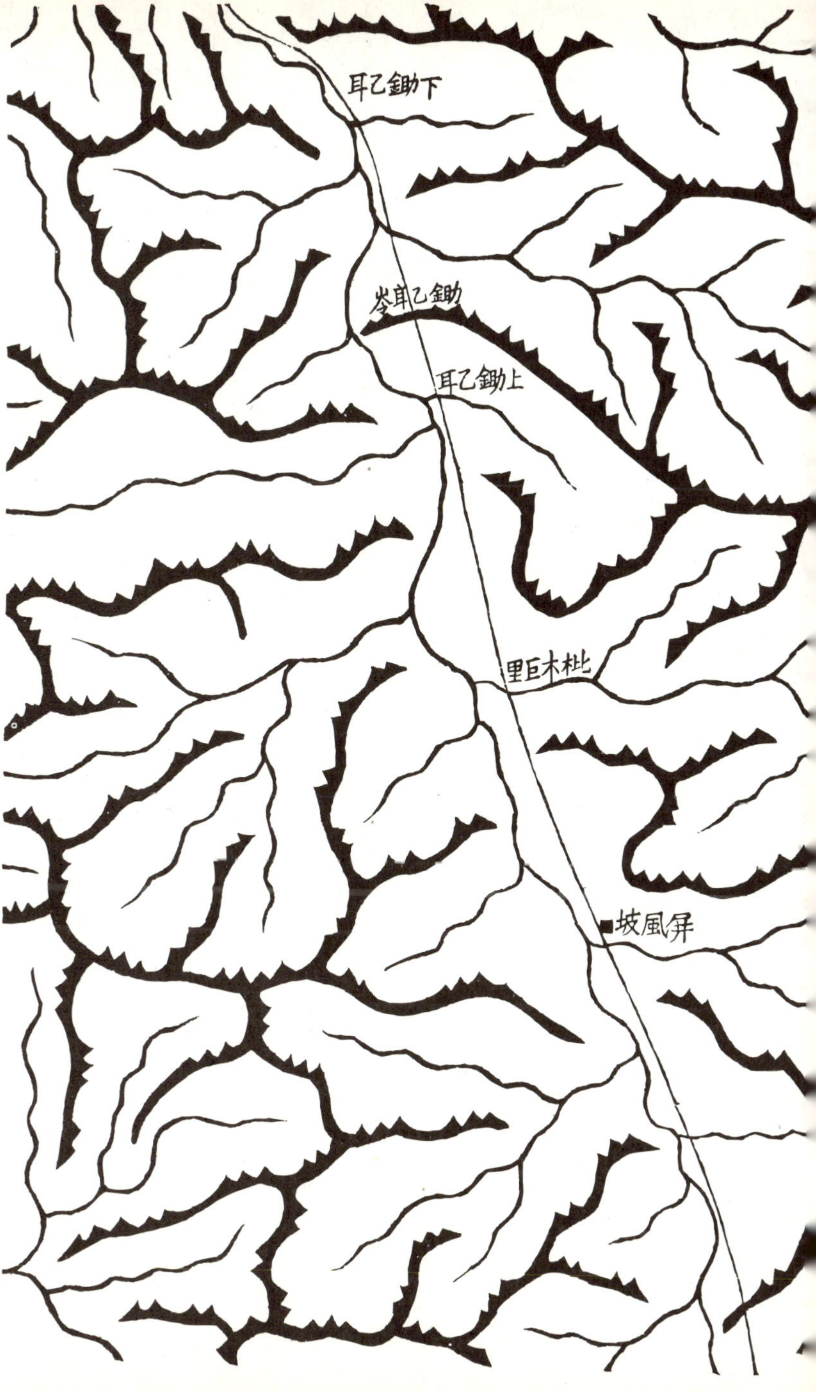
耳乙鋤下
岑耳乙鋤
耳乙鋤上
里巨木枇
坡風屛

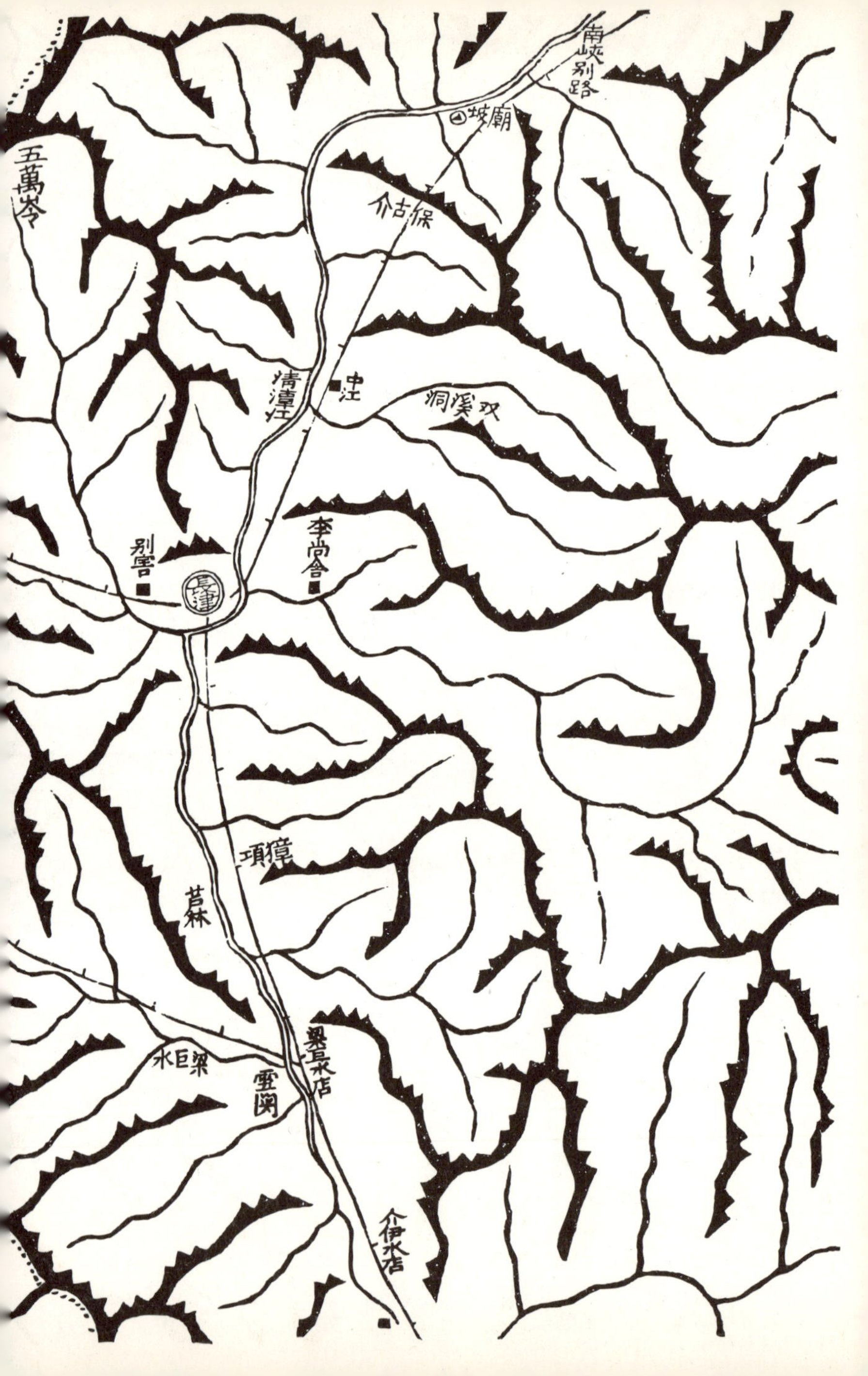
南峽別路
廟坡
五萬岺
保古介
清潼江
中江
双溪洞
李尚舍
別宮
長津
獐項
莒林
梁巨水店
梁巨水
雲関
介伊水店

茂盛岺
馬海川
舍郎岺
慈田岺
別河
神化洞

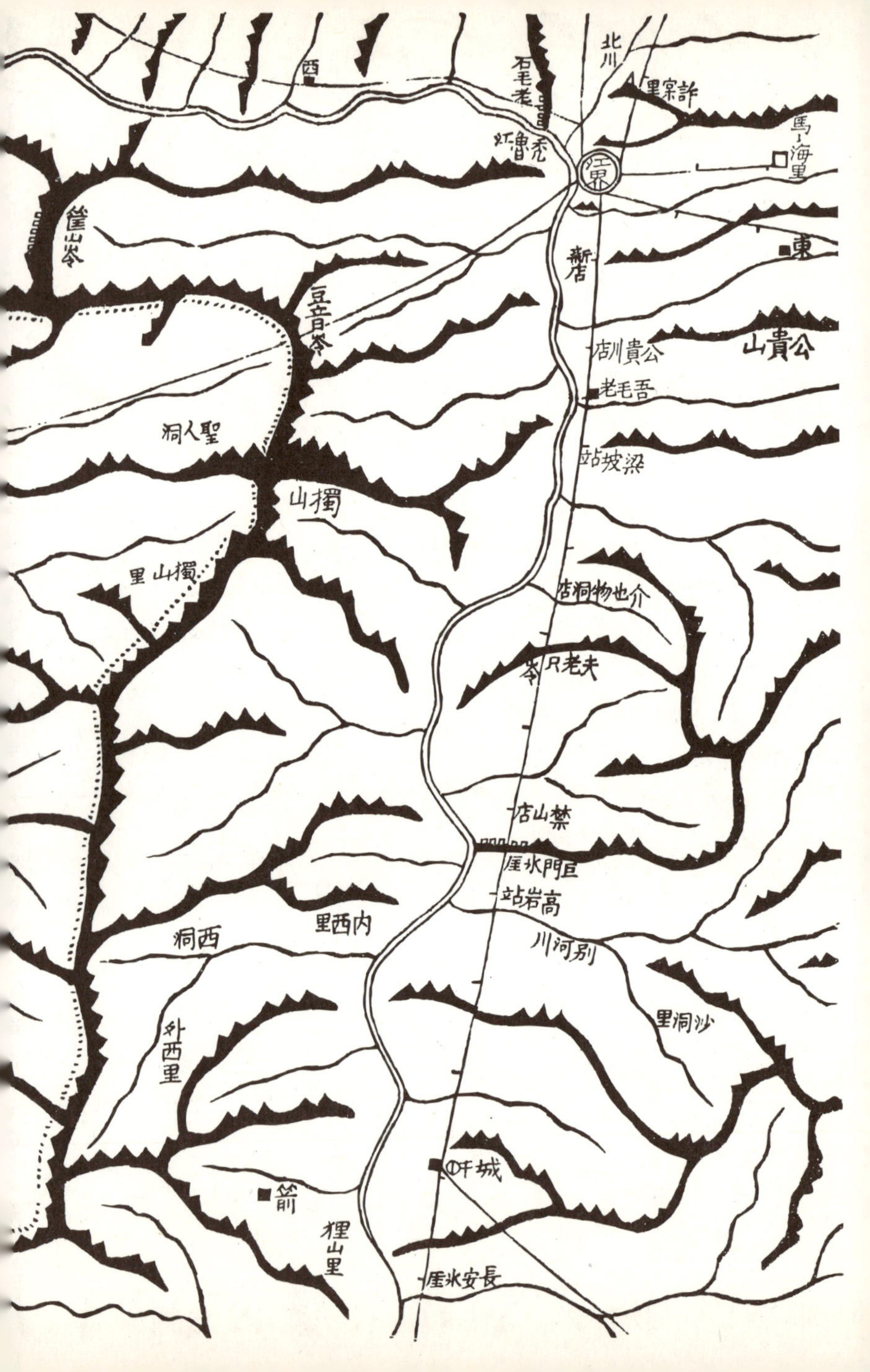

北川
西
石毛老
江界
馬海里
東
豆音岺
公貴川店
公貴山
吾毛老
梁坡站
聖人洞
獨山
獨山里
介也物洞店
夫老只岺
禁山店
高岩站
別河川
內西里
西洞
沙洞里
外西里
箭
狸山里

五ー六 江界・渭原

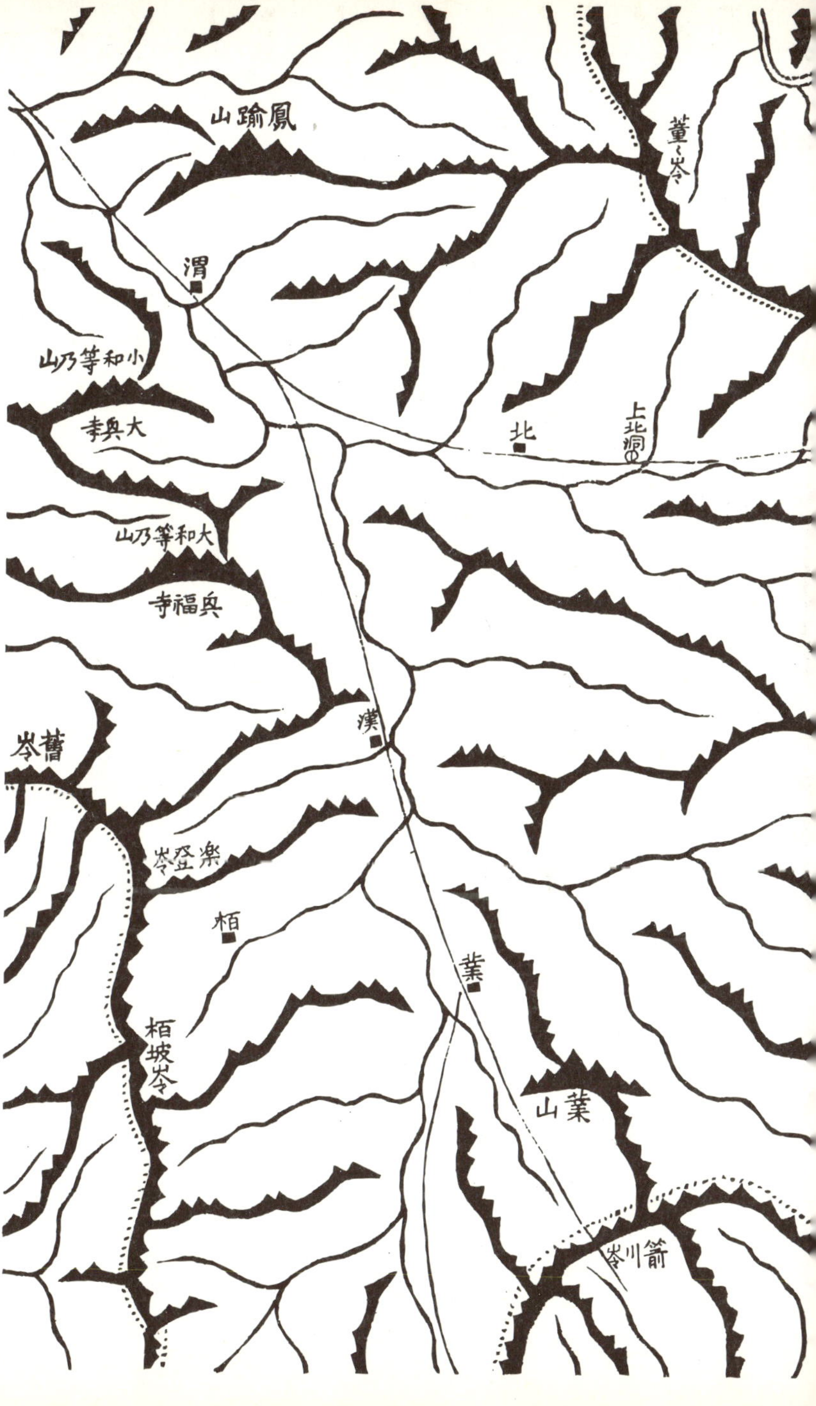

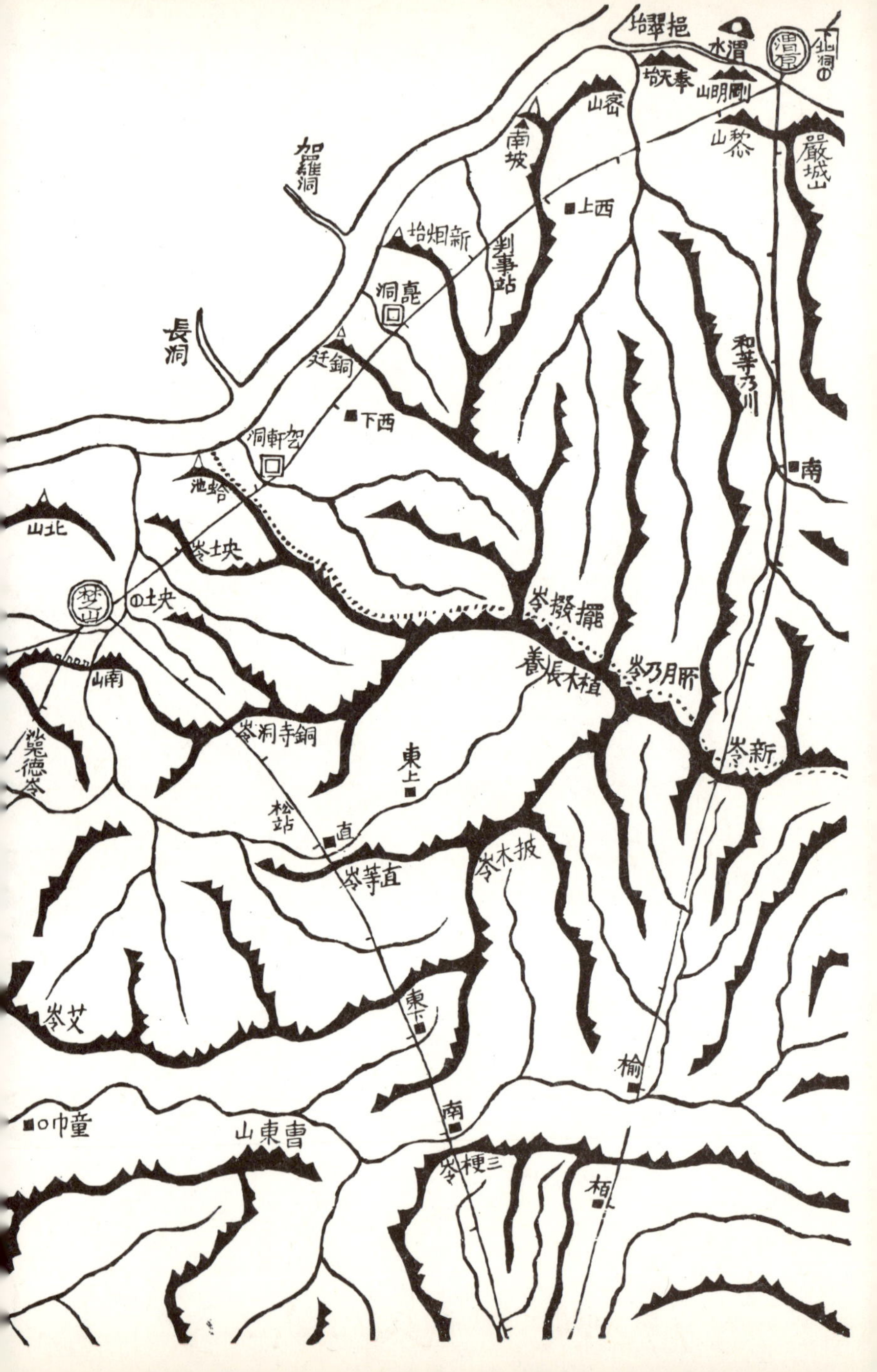

挹翠峙
渭水
渭原
奉天峙
剛明山
密山
南坡
黎山
嚴城山
加羅洞
上西
新烟峙
判事站
亮洞
長洞
銅廷
下西
空軒洞
蛤池
北山
央土岺
楚山
央土口
南山
擺撥岺
植木長養
所月乃岺
和華乃川
南
新岺
銅寺洞岺
鬼德岺
上東
松站
直
直華岺
披木岺
艾岺
下東
楡
童巾口
曺東山
南
三梗岺

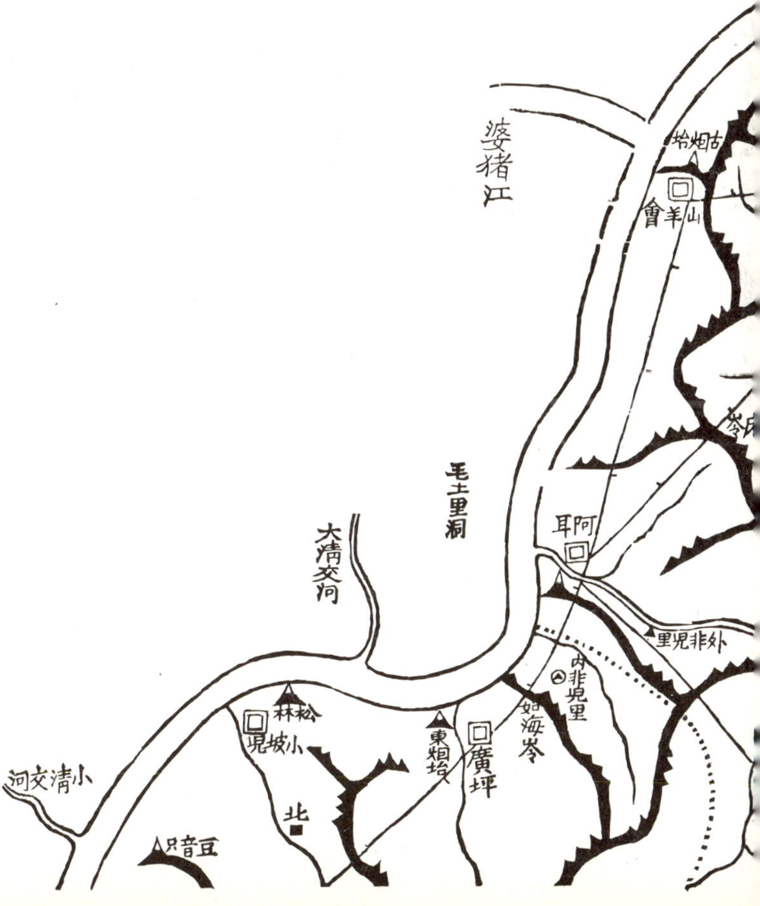
婆猪江
古炟坮
山羊會
毛土里洞
大清交河
阿耳
外非兒里
內非兒里
姑海岑
松林
小城峴
東炟坮
廣坪
小清交河
北
豆音只

馬乳山
東
楸津

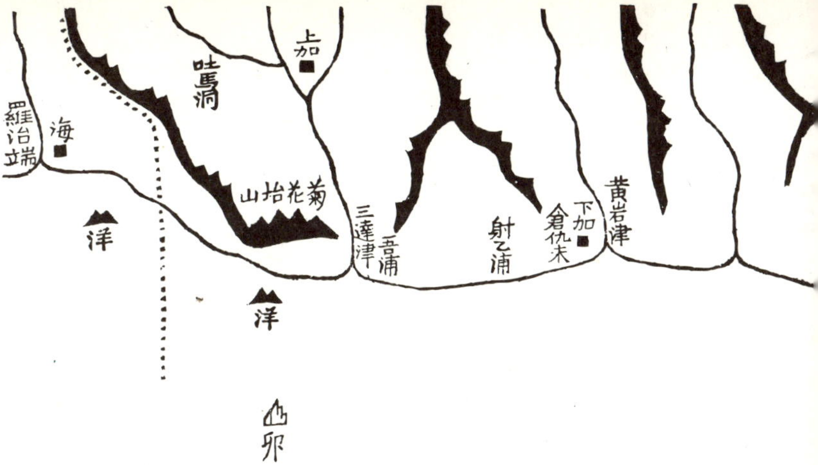
羅治端
海
吐馬洞
上加
菊花坮山
三達津
吾浦
射乙浦
下加
倉仇未
黃岩津
洋
洋
卯

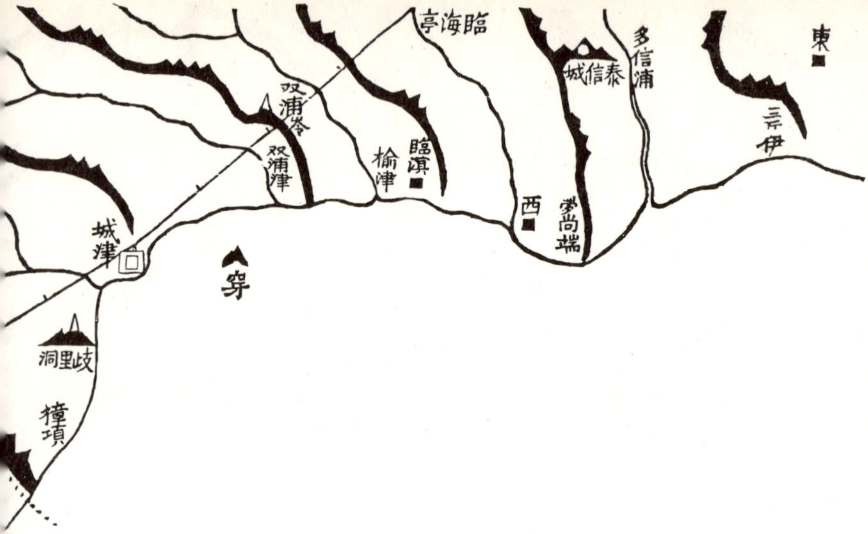
臨海亭
東
多信浦
泰信城
伊
双浦岑
双浦津
楡津
西
尚端
城津
穿
岐里洞
撞項

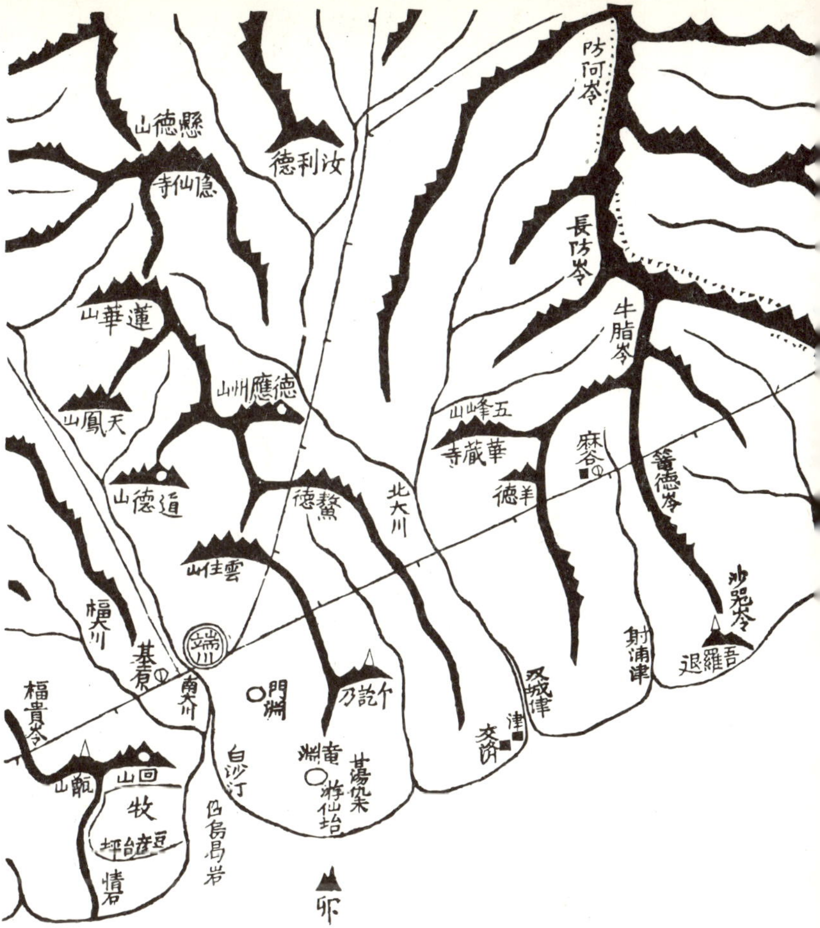
懸德山
隱仙寺
汝利德
防河岺
長防岺
牛脂岺
蓮華山
天鳳山
德應州山
五峯山
華藏寺
羊德
道德山
鰲德
北大川
雲住山
端川
南大川
門淵
个乞乃
福貴岺
回山
牧
自沙汀
龍淵
遊仙台
射浦津
吾羅退

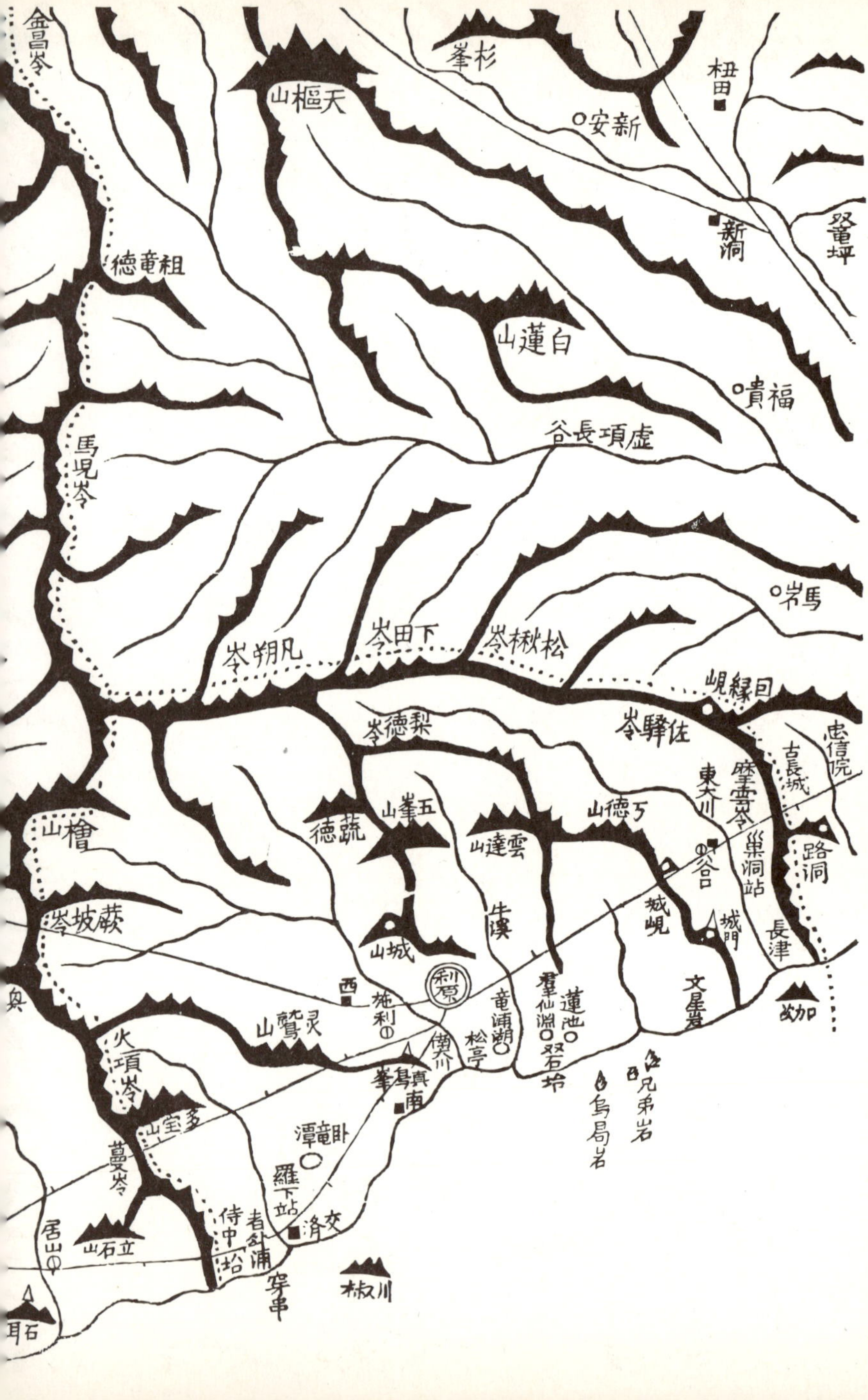

杉峯
天樞山
新安
新洞
祖竜德
白蓮山
福隫
虛項長谷
馬児岺
馬岩
凡朔岺
下田岺
松楸岺
回緑峴
佐驛岺
梨德岺
東大川
古長城
忠信院
五峯山
疏德
雲達山
檜山
路洞
巣洞站
薇坡岺
山城
牛溪
城峴
城門
長津
利原
西
施利
竜浦湖
蓮池
文星臺
火項岺
真鳥峯
南
松亭
兄弟岩
多宝山
臥竜潭
蔓岺
羅下站
居山
立石山
侍中台
穿串

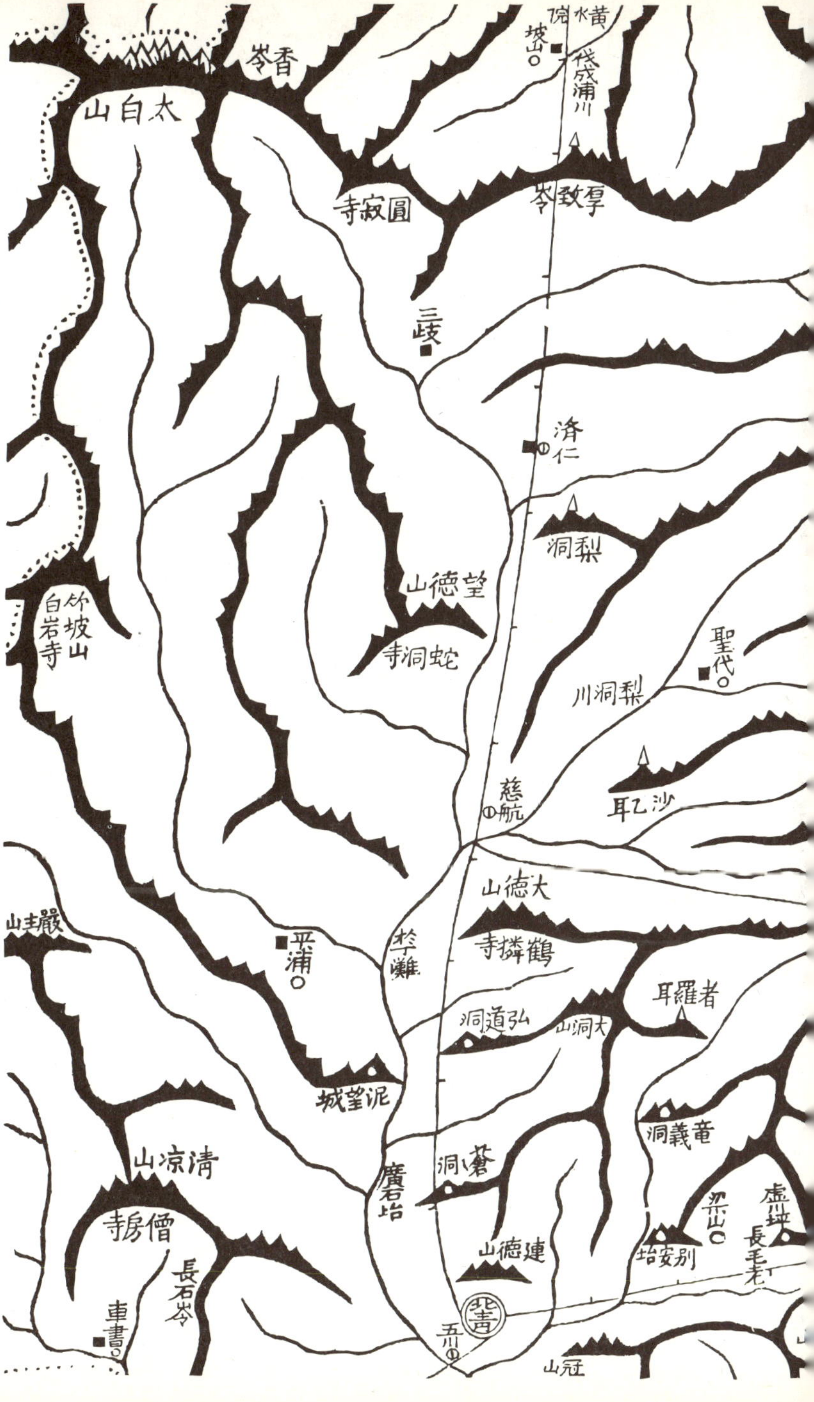
太白山
香岺
黃水院
伐成浦川
圓寂寺
厚致岺
三岐
濟仁
梨洞
望德山
蛇洞寺
竹坡山
白岩寺
梨洞川
代聖
沙乙耳
慈航
大德山
鶴棲寺
李灘
平浦
嚴主山
者羅耳
弘道洞
大洞山
泥望城
竜義洞
清涼山
蒼洞
廣石坮
僧房寺
長石岺
建德山
別安坮
長毛老
北青
五川
車書
冠山

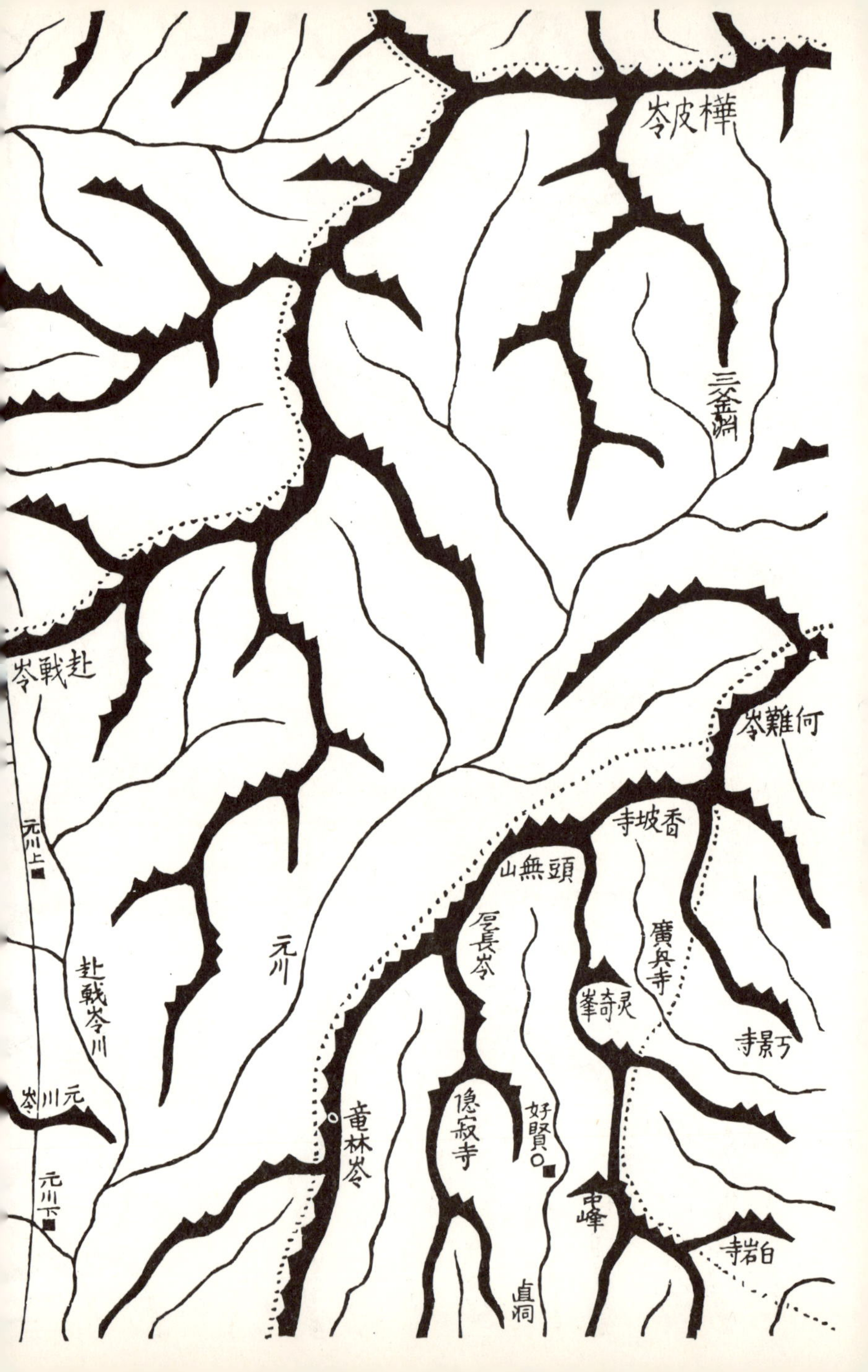
樺皮岺
三釜淵
赴戰岺
何難岺
香坡寺
頭無山
元川上
元川
長岺
廣興寺
灵奇峯
万景寺
赴戰岺川
元川岺
竜林岺
隱寂寺
好賢
元川下
中峰
白岩寺
直洞

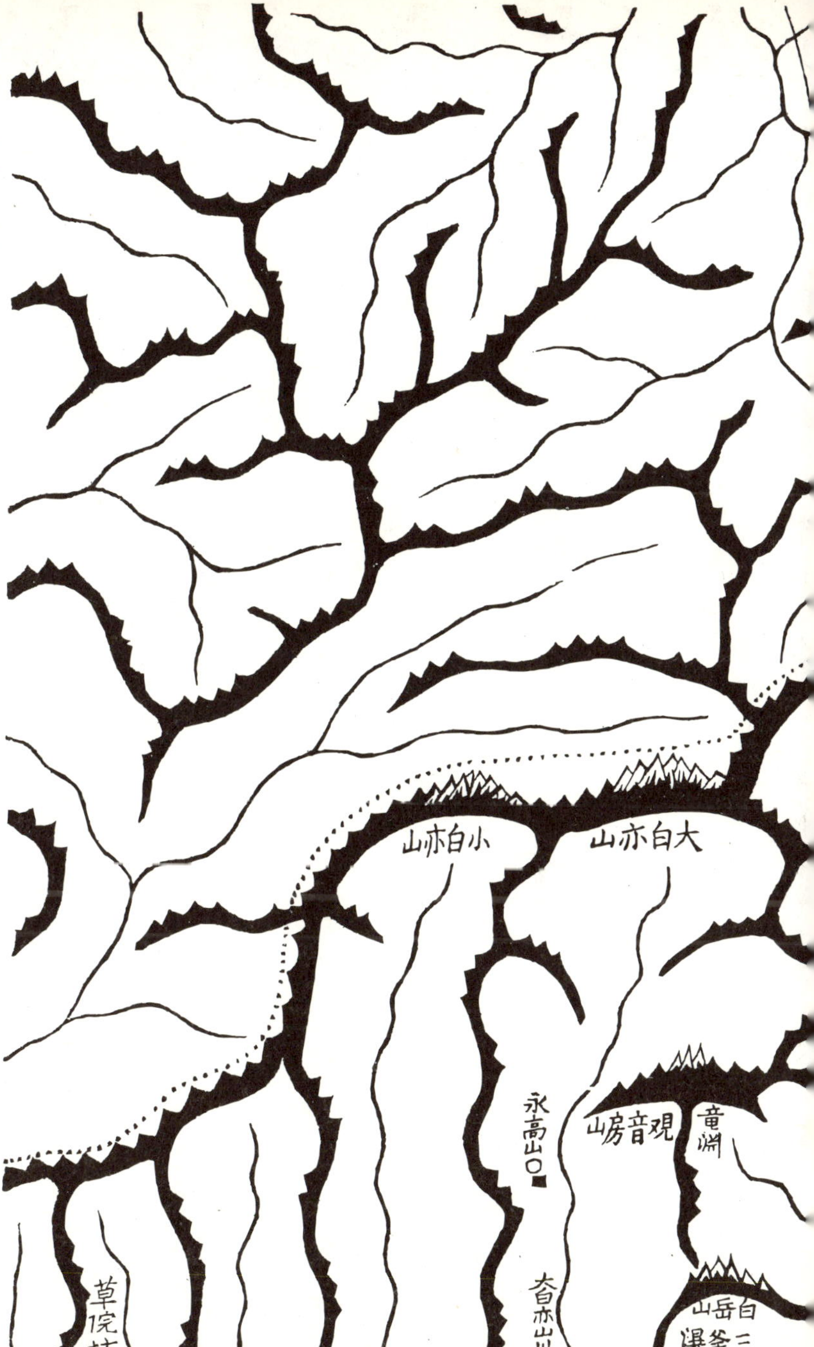
山亦白小
山亦白大
山房音观
竜渊
永高山口
大白亦山川
山岳白
瀑釜三
草院坊

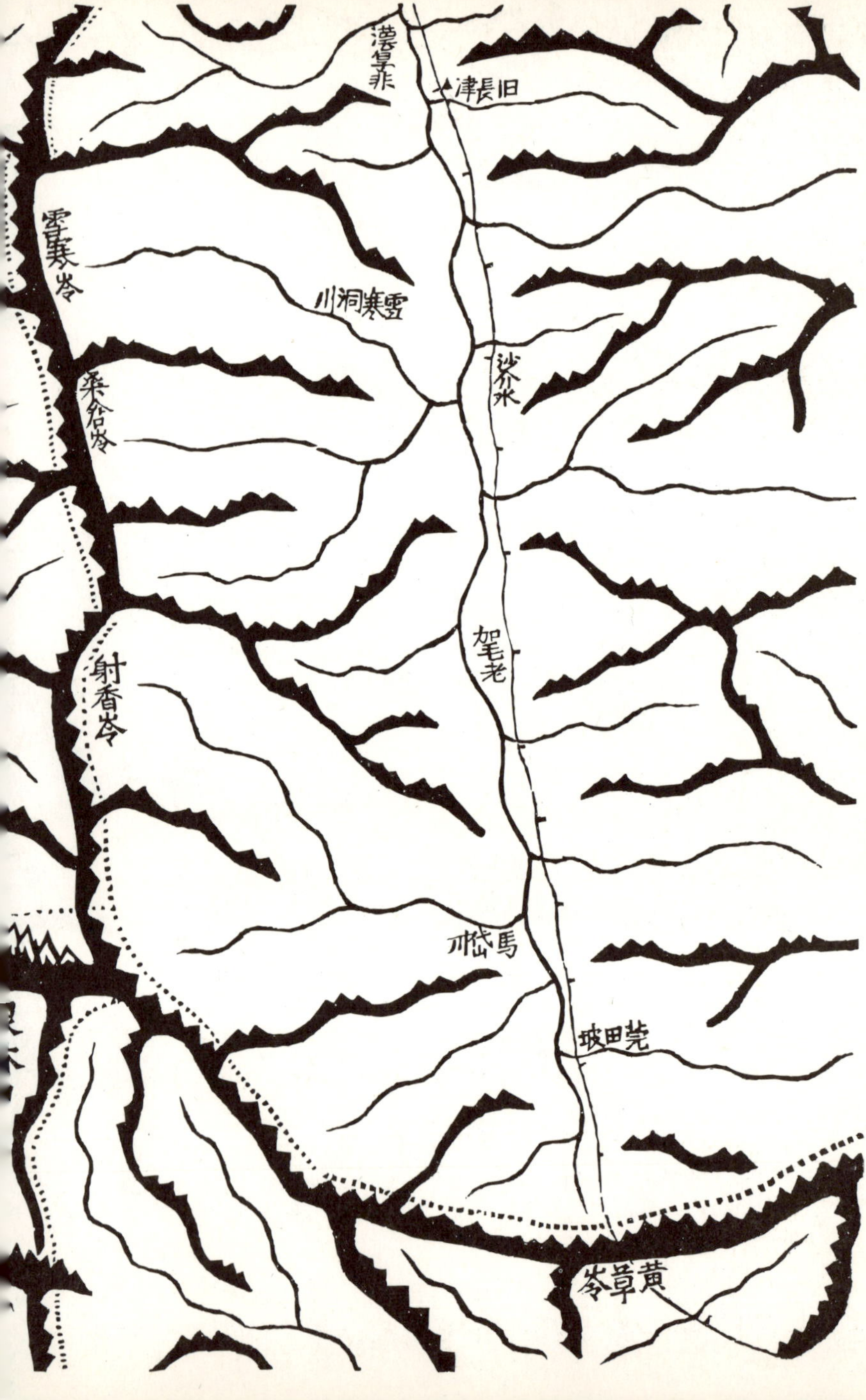
漢皐非
旧長津
雲寒岑
雲寒洞川
沙介水
柔谷岑
加毛老
射香岑
馬岱川
莞田坡
黃草岑

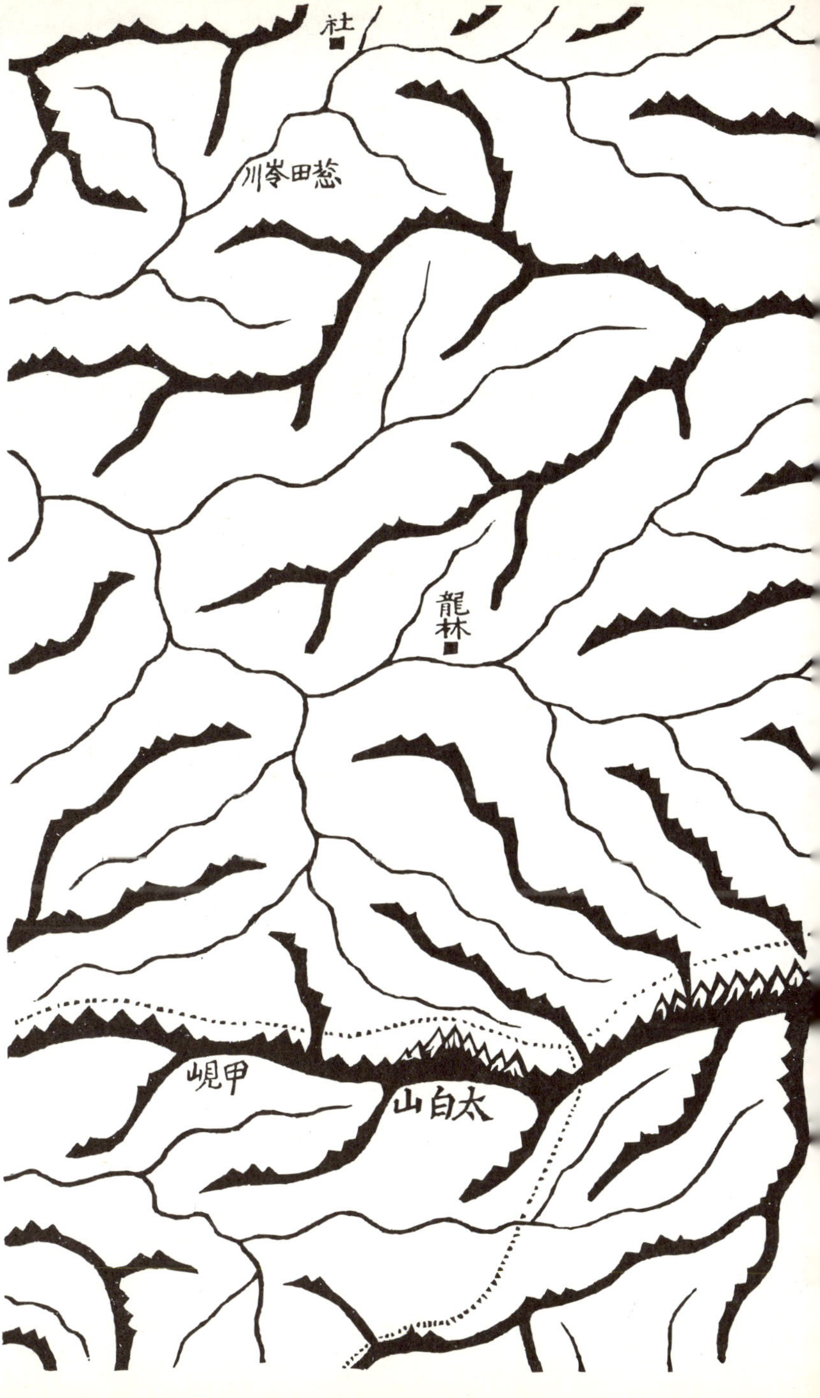

六－五 長津・江界

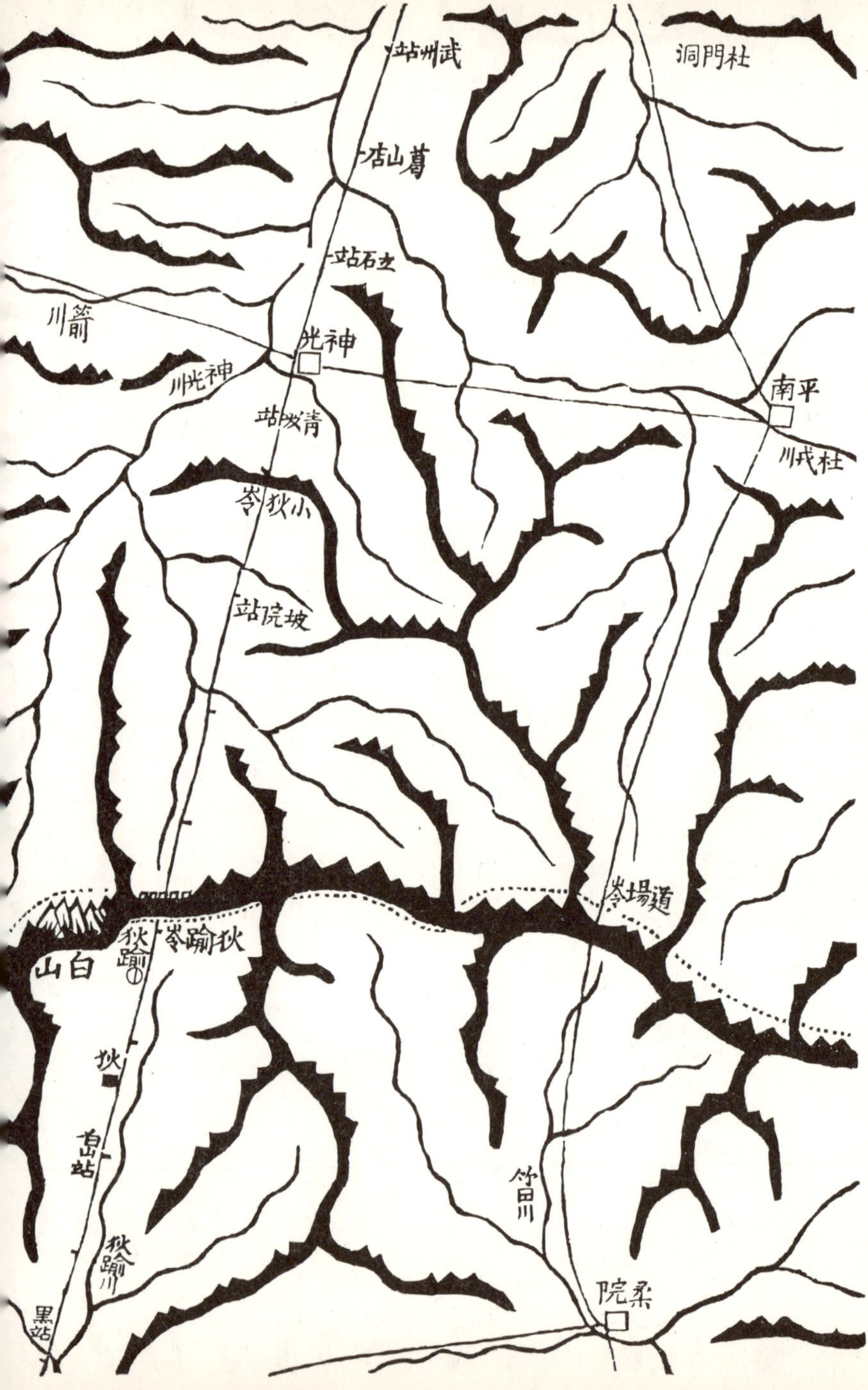

武州站
杜門洞
葛山店
立石站
箭川
神光
神光川
平南
杜戌川
淸坡站
小狄岺
坡院站
道場岺
狄踰岺
白山
狄踰
狄
竹田川
狄踰川
黑站
柔院

崇積山
項里
小乺移山
大乺移山
貂皮幕岺
梨坡岺
泉
梅花岺
狗峴
椽木岺
柳洞岺
兄弟岺
召岺
柳頭幕岺
牟頭岺

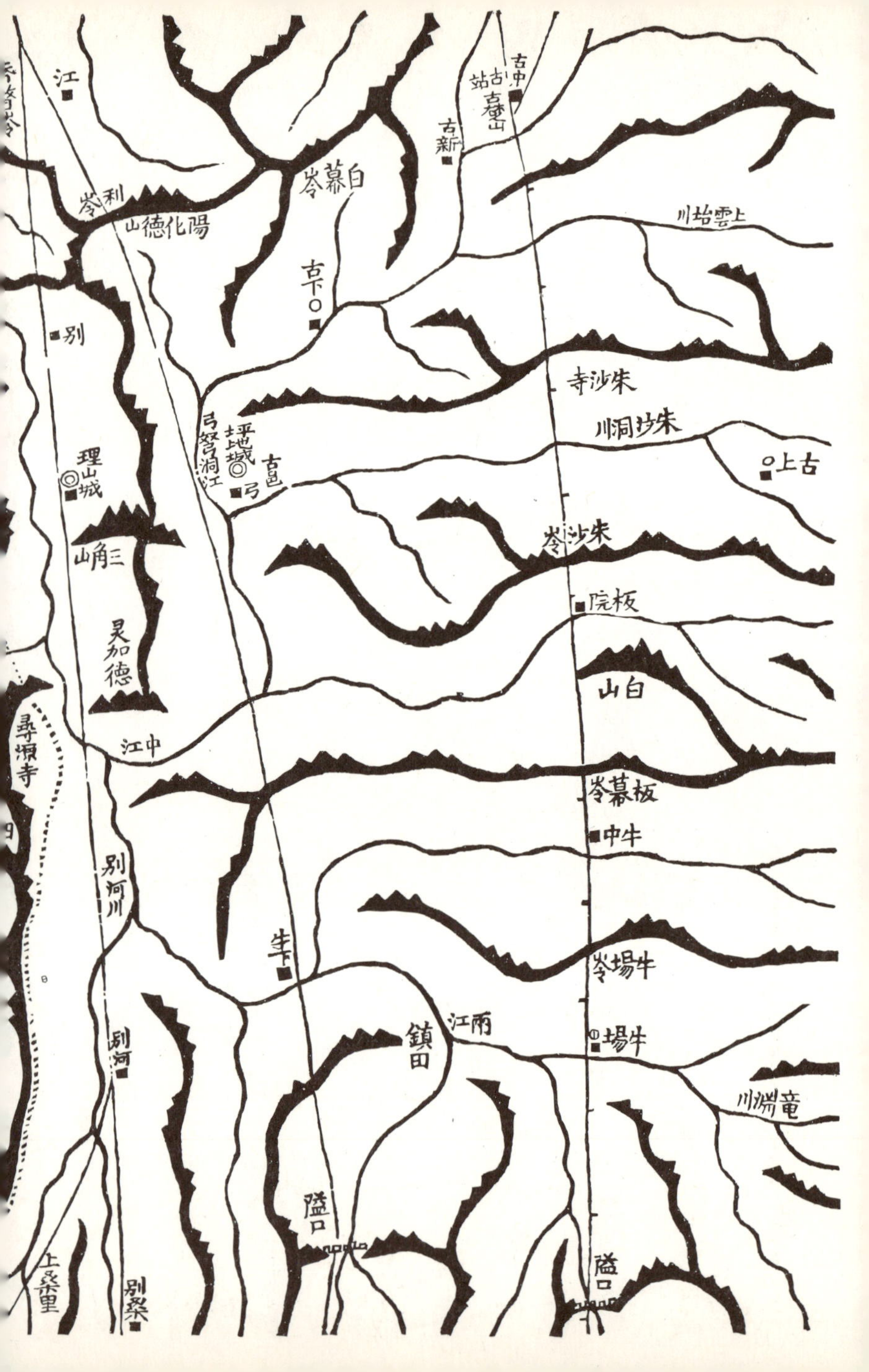

江
古中
古站
古臺山
古新
白幕岺
利岺
陽化德山
上雲坮川
古下
別
朱沙寺
朱沙洞川
弓努洞江
平地城
古邑
弓
理山城
古上
三角山
朱沙岺
板院
吴加德
白山
尋源寺
中江
板幕岺
牛中
別河川
牛下
牛場岺
兩江
鎭田
牛場
別河
竜淵川
隘口
隘口
上乘里
別乘

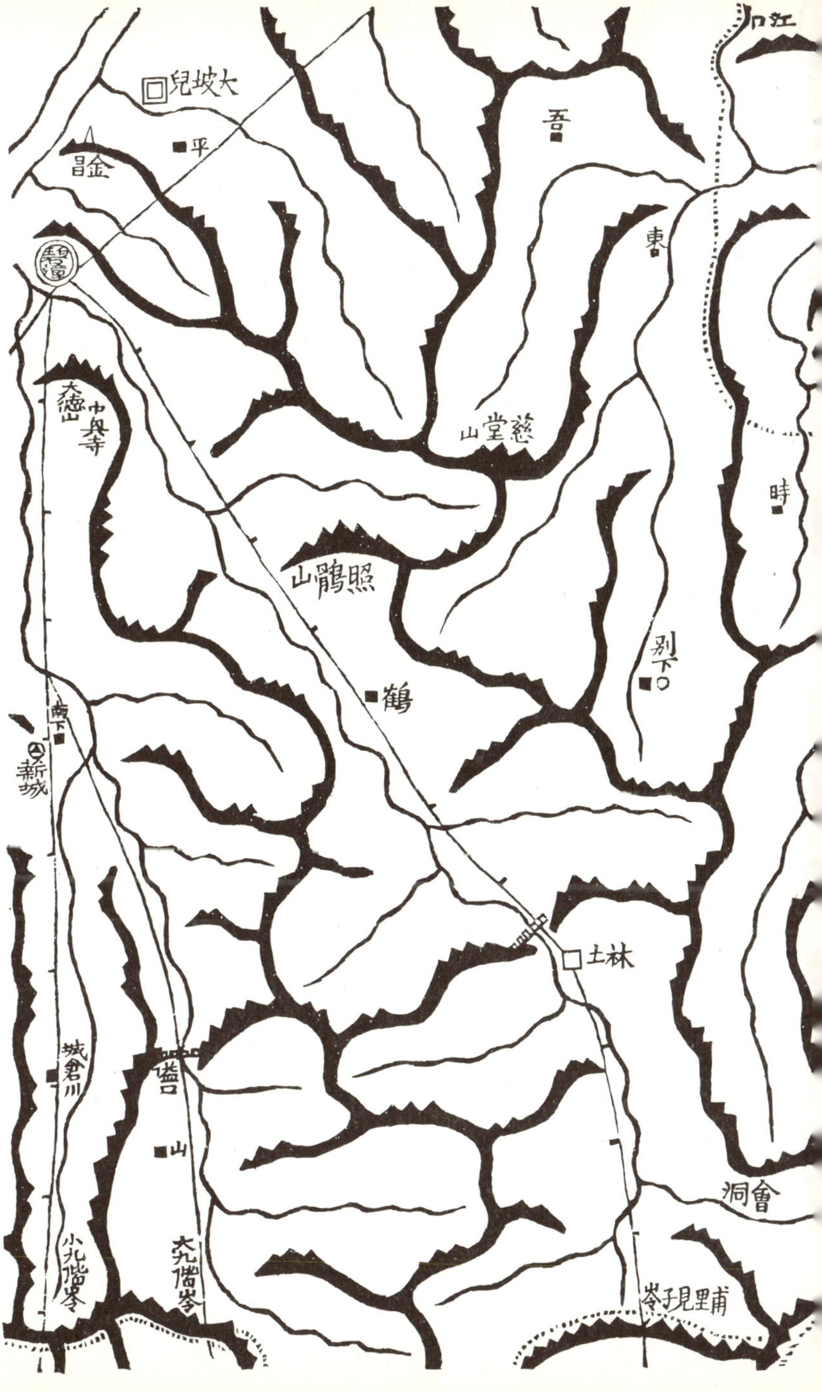
大坡兒
平
金昌
吾
江
碧潼
東
大德山
中興寺
慈堂山
時
照鶻山
別下
鶴
南下
新城
土林
城倉川
山
會洞
小九階岺
大九階岺
甫里見子岺

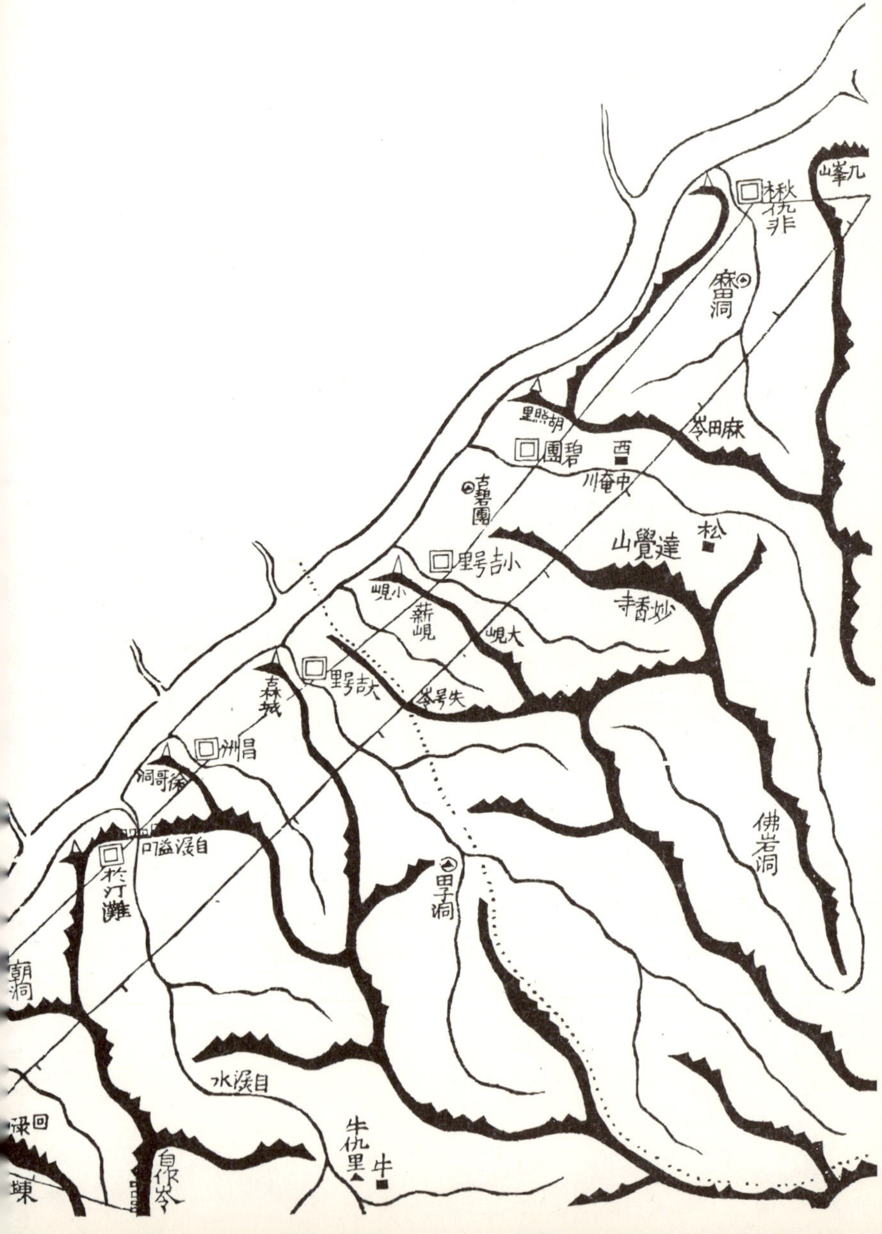
九峯山
胡照里
麻田岑
碧園
西
中庵川
古碧園
松
達覺山
妙香寺
小峴
薪峴
大峴
昌洲
徐哥洞
田子洞
佛岩洞
朝洞
牛仇里
牛

六-八 昌城·碧潼

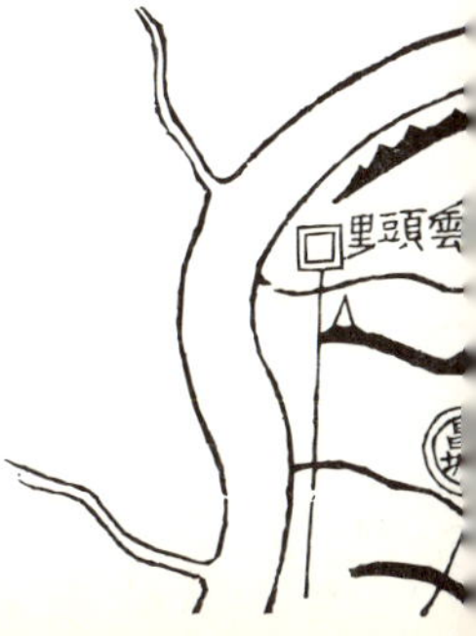

七一 北青・洪原

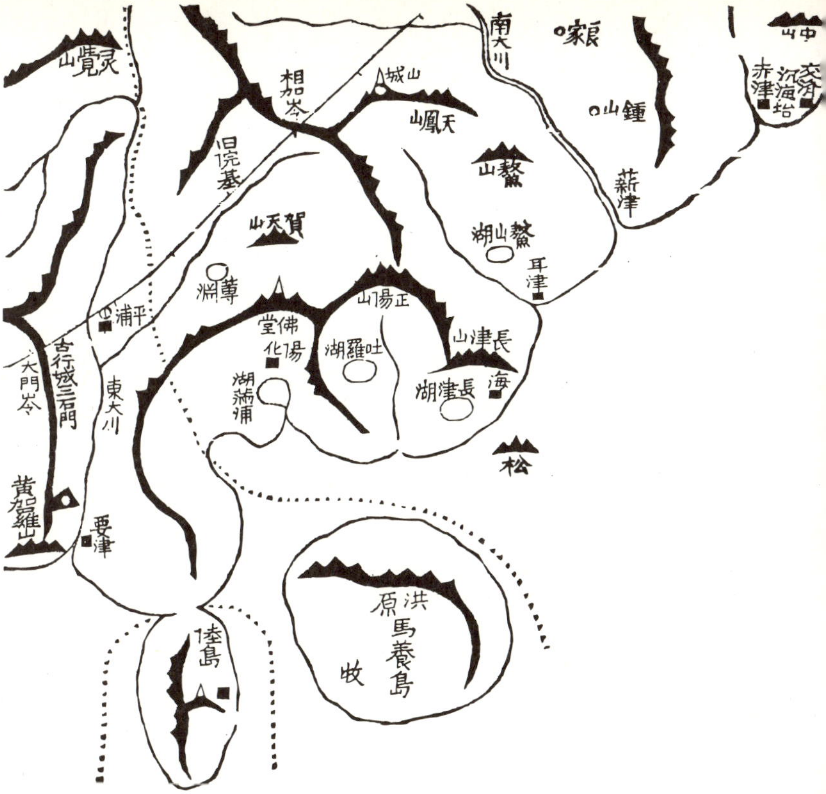

南大川
鍾山
鰲山
鰲山湖
薪津
赤津
耳津
城山
天鳳山
蓴淵
平浦
正陽山
佛堂
陽化
吐羅湖
長津山
長津湖
海
松
東大川
大門岺
古行城三石門
要津
倭島
洪原
馬養島
牧

東高迂
遇岩
山獜棋
中嶺
山
水谷回
山卧竜
富民
山鶴
松峴
新邑
交済
門岩
右道津
咸原
咸関嶺
車踰嶺
梨田嶺
林東
浦翻
未仇三執
松洞嶺
甫青
倉嶺
山頭牛
草站
雪
東昏
炭峴
退潮
東濱
亀景
椒川
松
花

千佛山
德
岐谷
五峯山
黑林川
岐川
五老村
獨山
朝陽
岐川
盤龍山
馳馬坮
城串
中峯山
湖連川
定
咸興
平原
中川
平川
萬歲橋
咸興坪
松原
本宮
乫罕川
東峯
沙山
朱地
祭星壇
牧
交濟
廣河
古長城
朱伊城
三樂峴
萬年峯

中嶺
口
箕隱洞
金水窟
中川
釰
上釰山
白雲山
天宜山
遮日峯
成佛寺
泛水菴
加莫洞
中釰山
馬踰峯
上
香炉峯
柿項
中
下釰山
三藏山

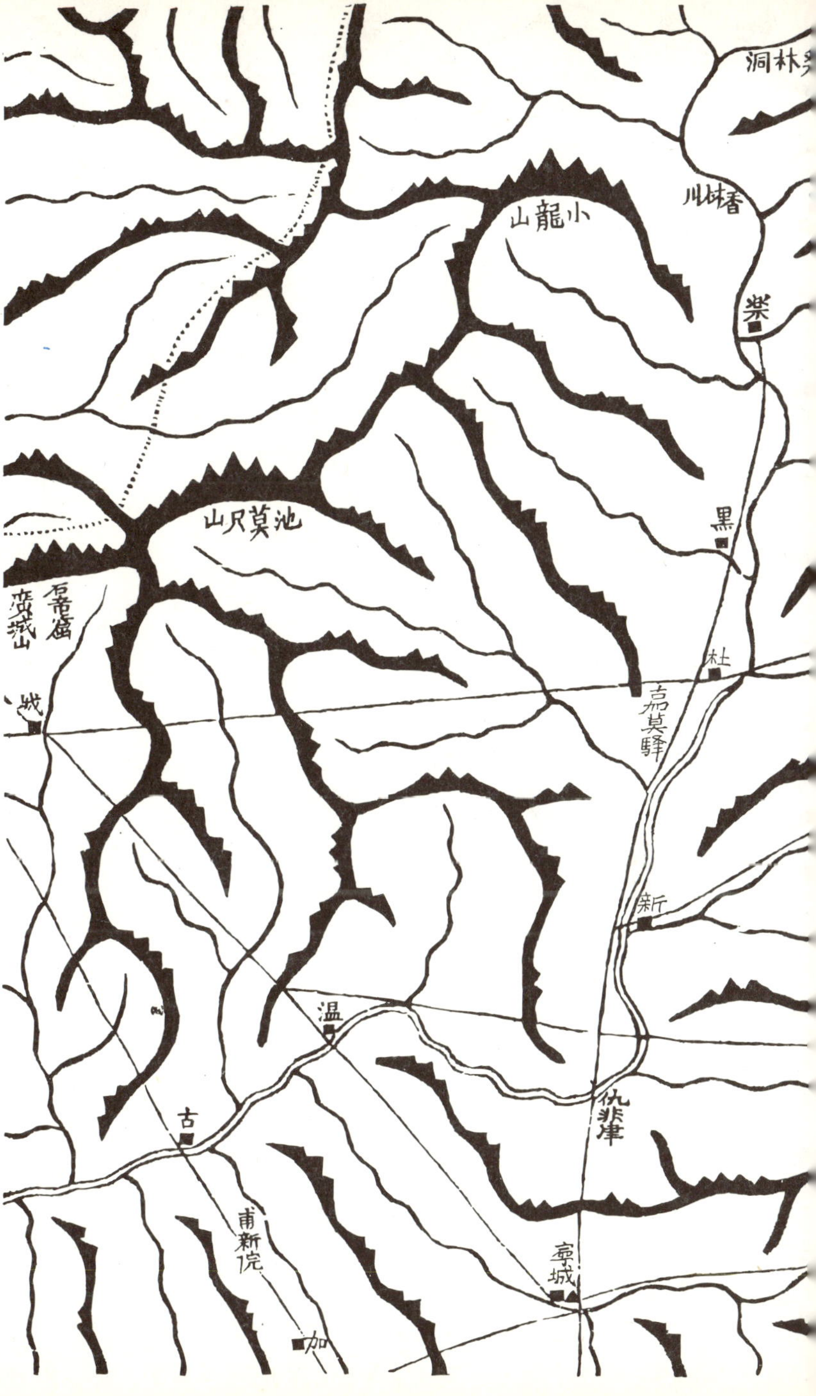
洞林
香林川
小龍山
池莫只山
黑
杜
嘉莫驛
城
新
温
古
仇非津
寧城
加

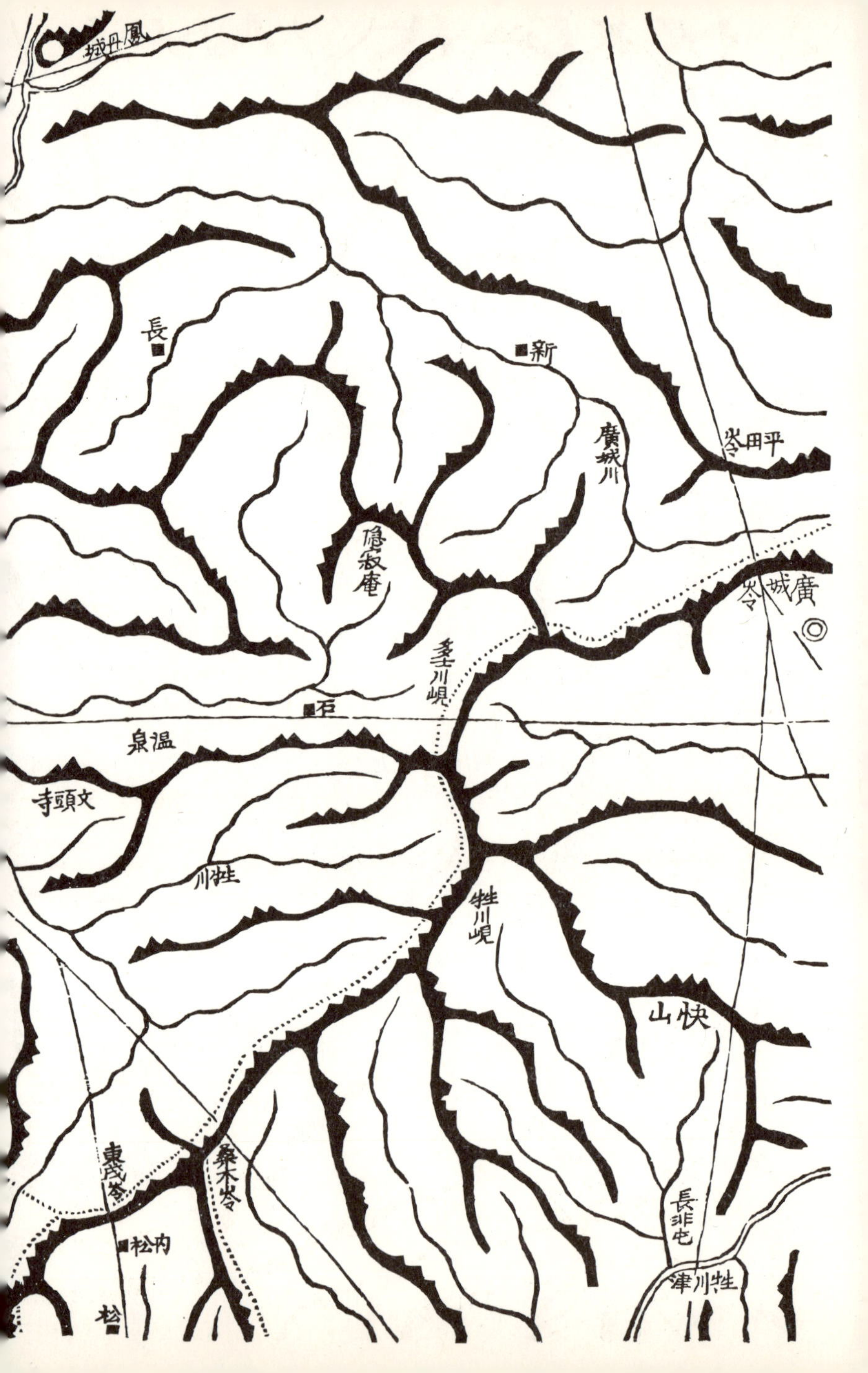

鳳丹城
長
新
廣城川
平田岺
隱寂庵
廣城岺
多川峴
石
溫泉
文頭寺
牲川
牲川峴
快山
東茂岺
桑木岺
長非屯
內松
松
牲川津

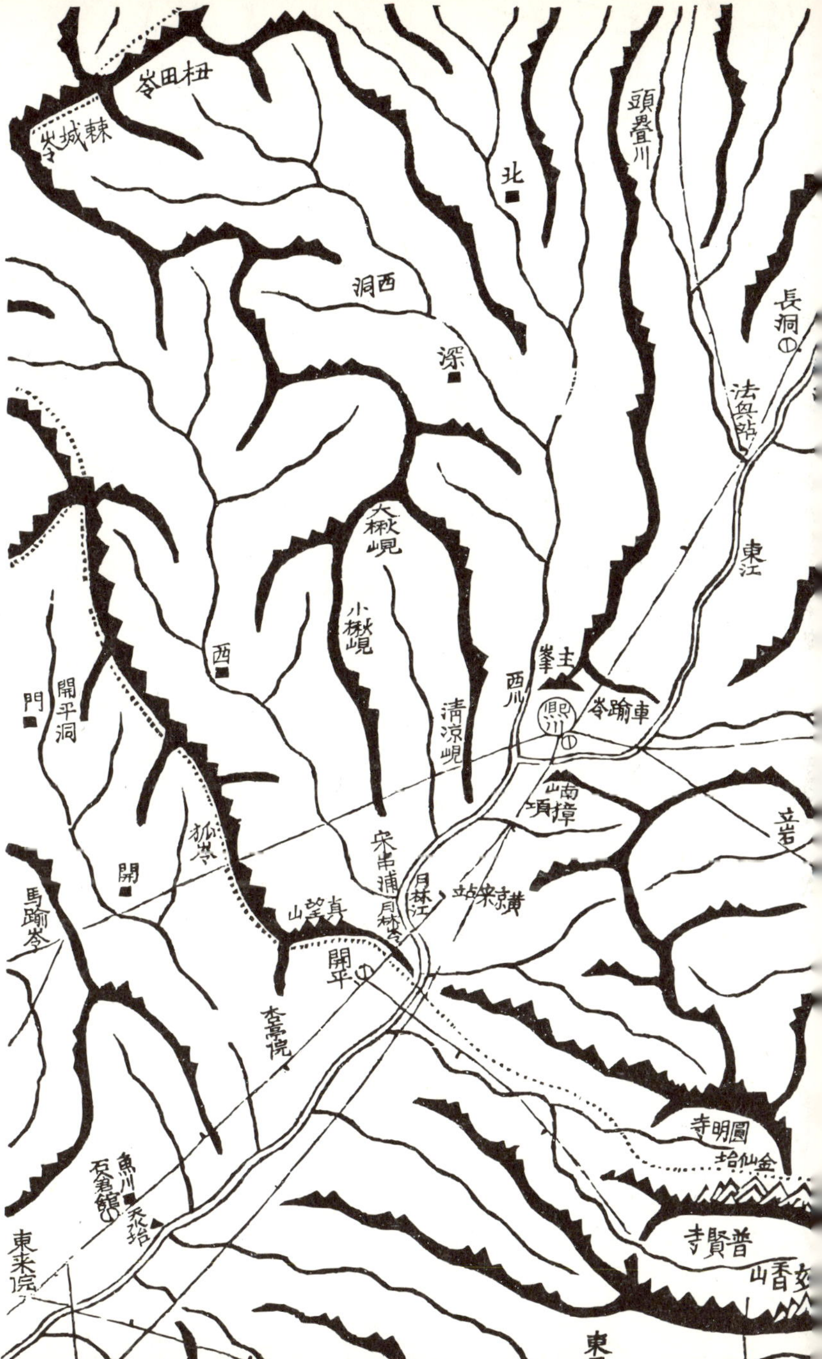
杻田岺
棘城岺
北
頭疊川
西洞
深
長洞
法興站
東江
大楸峴
小楸峴
西
主峯
西川
熙川
車踰岺
開平洞
門
清涼峴
南山
樟項
立岩
宋串浦
月林江
黃來站
狐岺
開
馬踰岺
真望山
月林岺
開平
杏亭院
圓明寺
金仙台
普賢寺
香山
魚川
石倉館
東来院
東

七一四 熙川・寧邊・寧遠

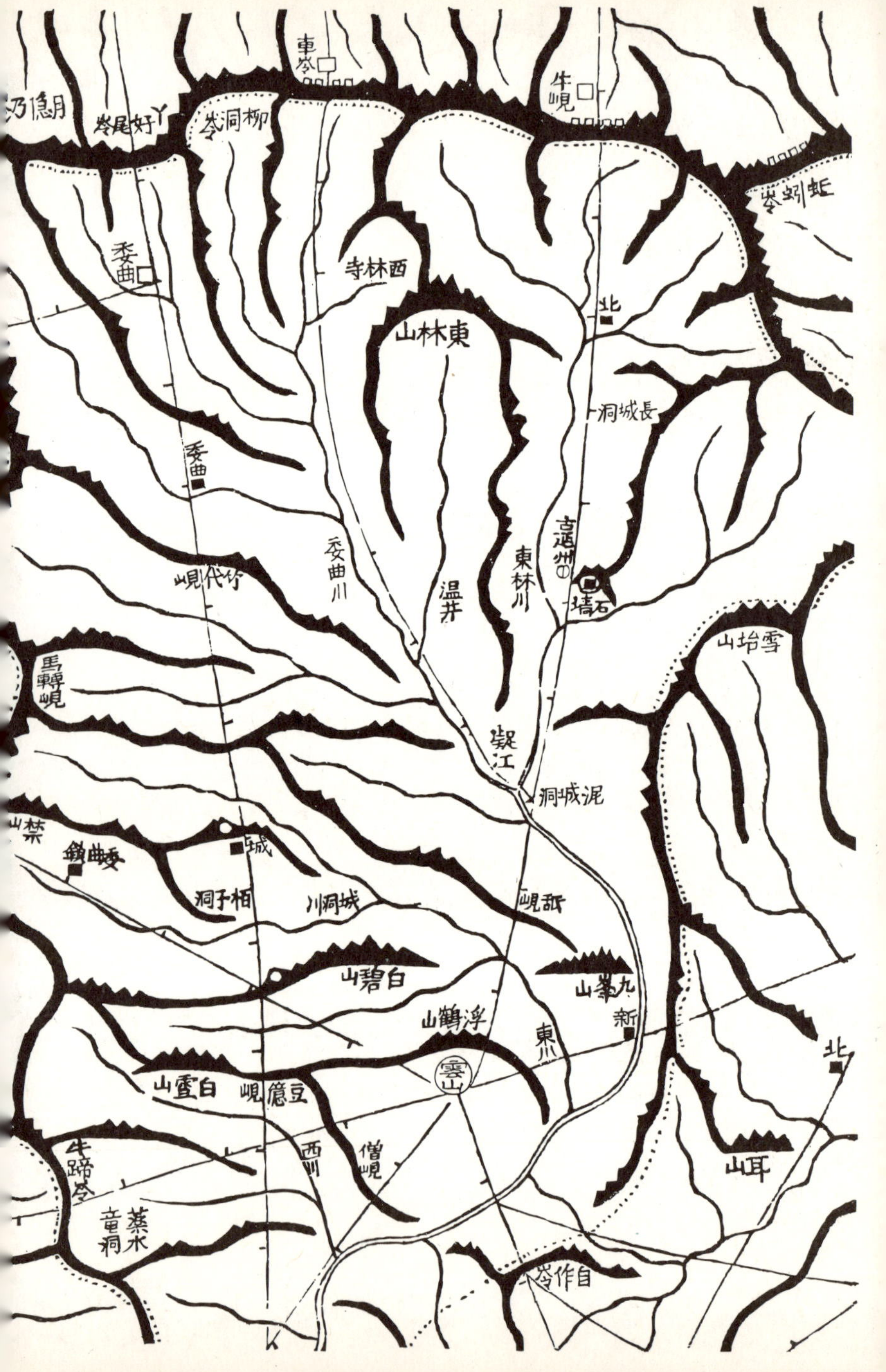

車岺
牛峴
好尾岺
柳洞岺
委曲
西林寺
東林山
北
長城洞
委曲
委曲川
温井
東林川
竹代峴
石墻
雪岾山
馬轉峴
凝江
泥城洞
禁山
委曲鎭
城
栢子洞
城洞川
九峯山
白碧山
浮鶴山
新
東川
雲山
豆億峴
僧峴
西川
牛蹄岺
藥水
耳山
自作岺
北

東倉川
温井川
新
東
大
古邑
當峩山城
青山
當峩岺
頭山
蓋帽山
上
下
九峯山
三角山
松林寺
北江
皇華川
牛場川
倫隱山
北
皮峴
鳳凰岺
東
釜淵

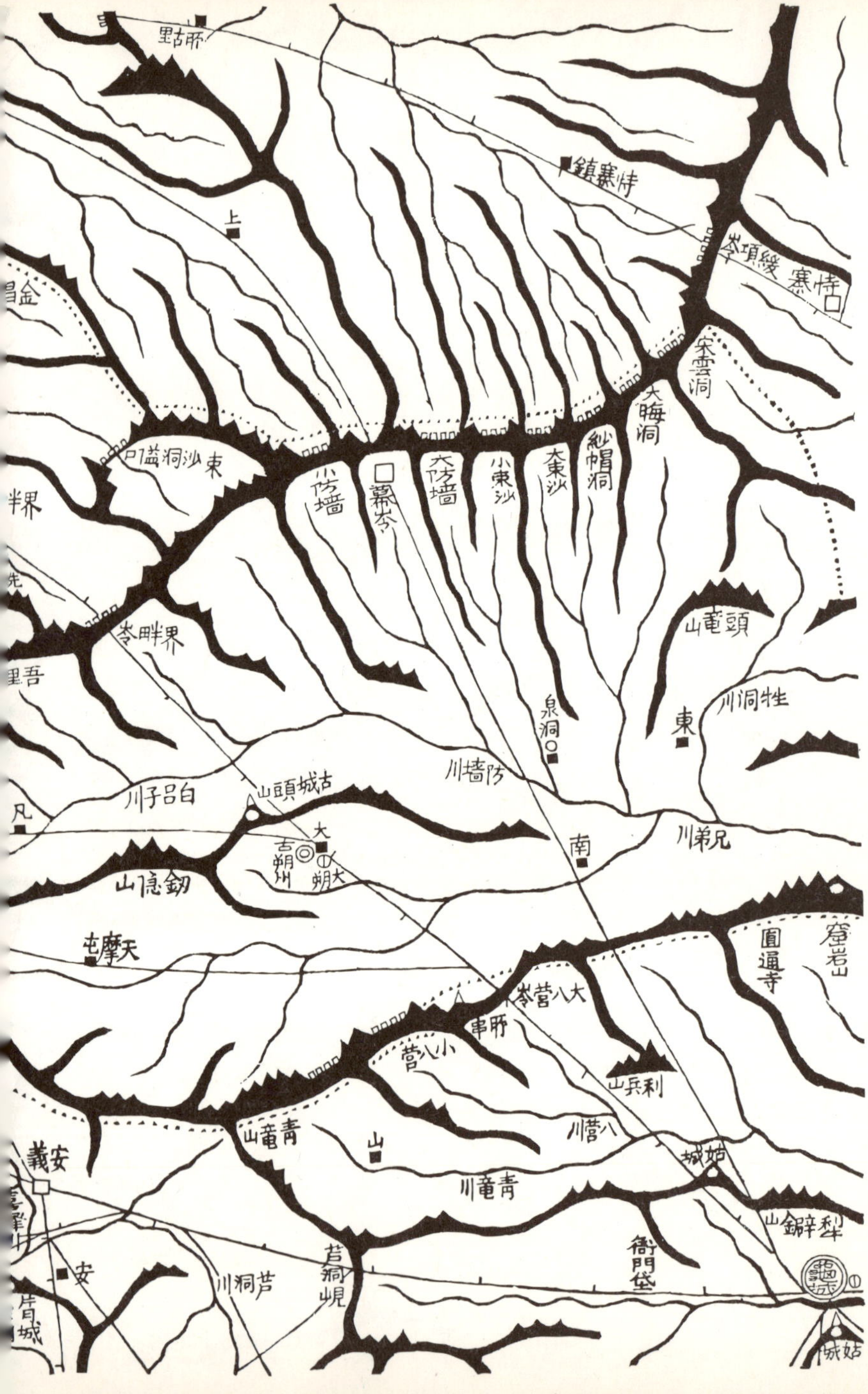

所古里
侍寨鎮
上
侍寨
綏項岺
東沙洞隘口
宋雲洞
大晦洞
紗帽洞
大東沙
小東沙
大防墻
幕岺
小防墻
界畔岺
頭菴山
牲洞川
東
泉洞
防墻川
古城頭山
白呂子川
大
古朔州
大朔
兄弟川
南
釖隱山
天摩屯
圓通寺
大八營岺
所串
小八營
利兵山
八營川
青菴山
山
姑城
青菴川
安義
安
芦洞川
芦洞峴

七一六 朔州・龜城・義州

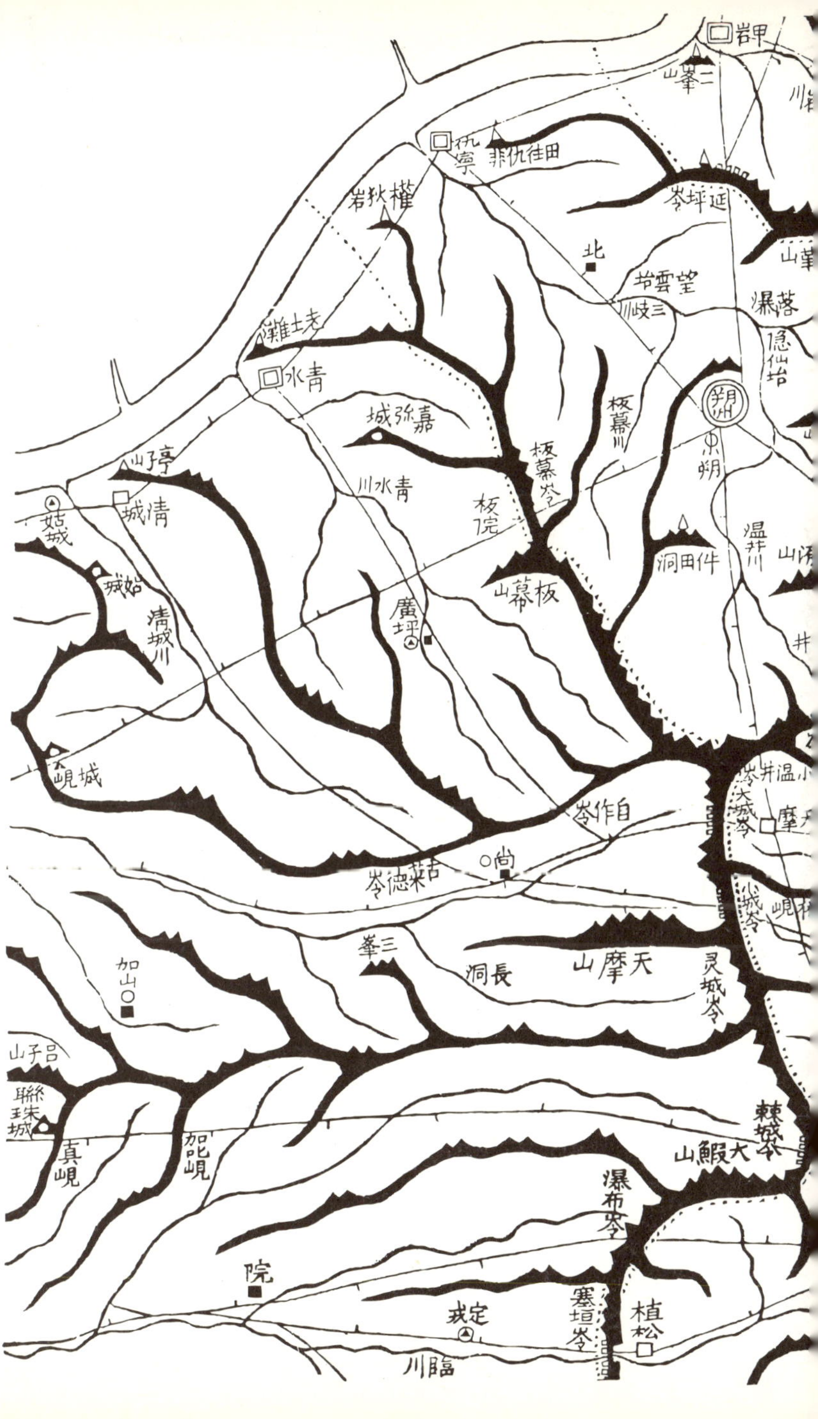
甲岩
二峯山
仇寧
權狄岩
延坪嶺
北
三岐川
落瀑
隱仙岩
朔州
老土灘
青水
嘉弥城
板幕川
板幕嶺
亭子山
清城
姑城
青水川
板院
件田洞
温井川
板幕山
廣坪
清城川
峴城
自作嶺
温井
大城嶺
尚
小城嶺
三峯
長洞
天摩山
灵城嶺
加山
呂子山
聯珠城
真峴
大鰕山
棟城嶺
瀑布嶺
院
塞垣嶺
植松
定戎
臨川

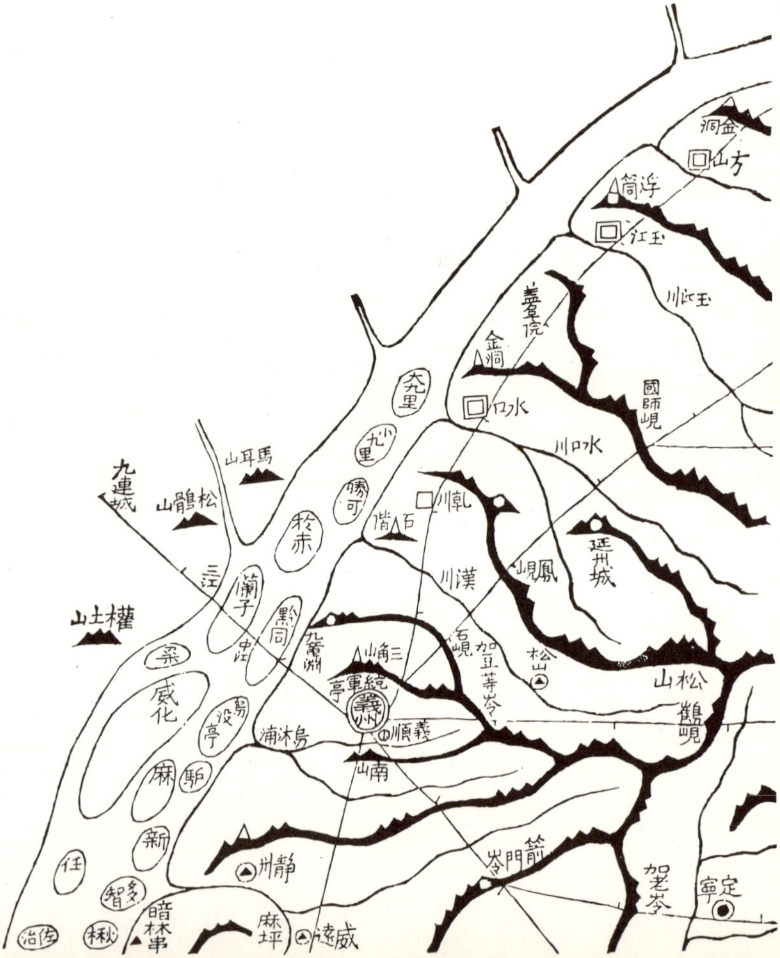
九連城
延州城
國師峴
蘭子
黔同
威化
義州
松山
麻
新
任

七一七 義州

定平
望德峯
道成山
長溪川
長者浦
都連浦
德州
宣德
細柳城
元定峴
王金洞
豫原
南
海
道安山
道安浦
元興
靜庵山
新興寺
甘祥津
伯顏津
道正山
安心寺
場峴
古長城
金彼院
黑石峴
光城岺
德峙
安佛寺
王城
海菜山
頭里山
洳流水
洛仁浦
竜興江
聖歷山
石井
和原
德
國泰山
秃峯岺
本宮
黑石里
王生島
秃山
大德山
地興寺
海北
三井
釼隱山
雪鶴山
石山
鳳化山
古邑
長洲浦
熊望山
屈城山
沙朴川
鎮成山
長平
七星山
高原
永興

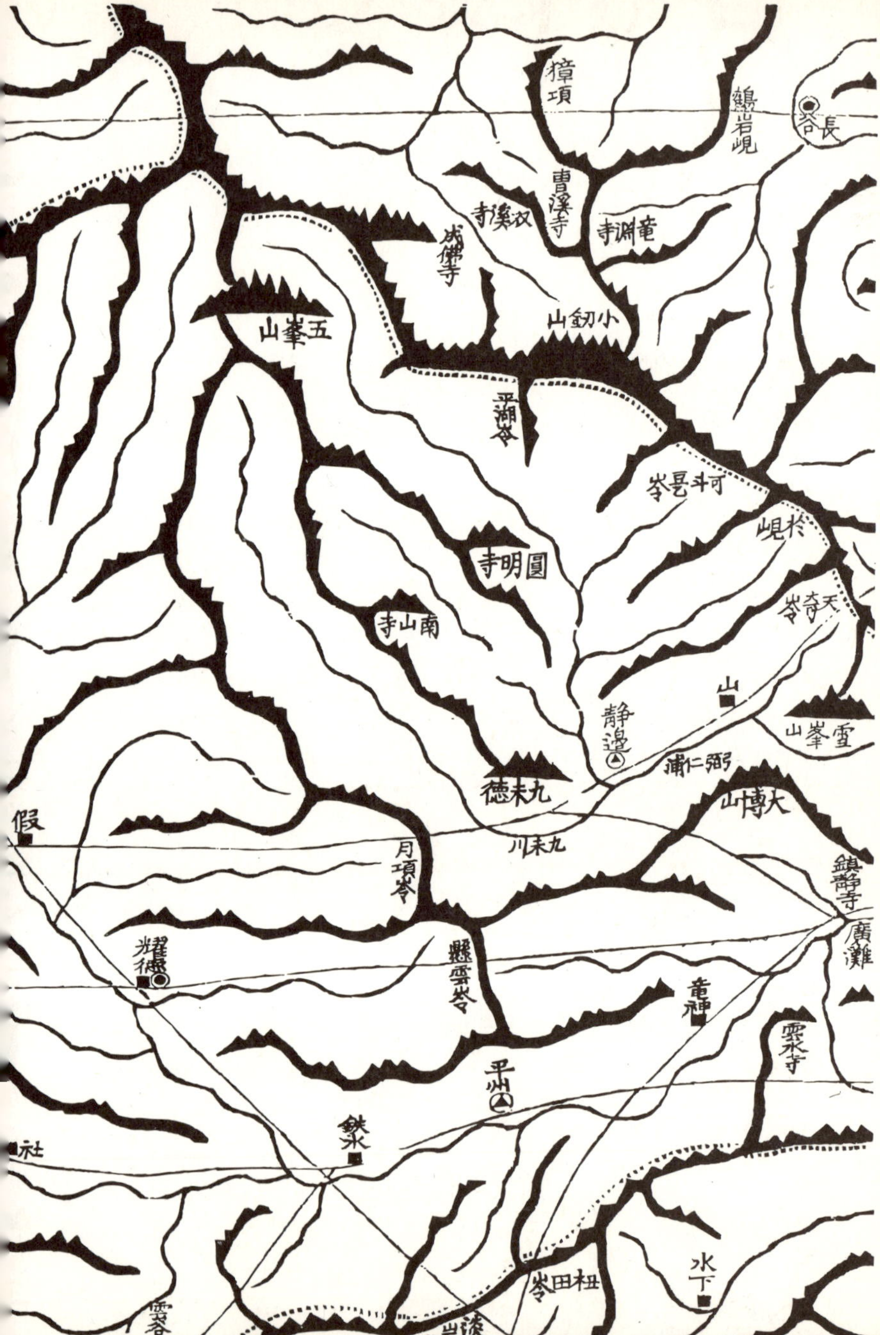

獐項
長谷
曹溪寺
双溪寺
竜淵寺
成佛寺
小釼山
五峯山
平湖岺
可斗邑岺
於峴
圓明寺
南山寺
雪峯山
静邊
九未德
大博山
九未川
月項岺
假
鎭靜寺
廣灘
懸雲岺
竜神
雲水寺
平州
社
柤田岺
水下
淡岩岺
雲谷川

八一二　永興・孟山

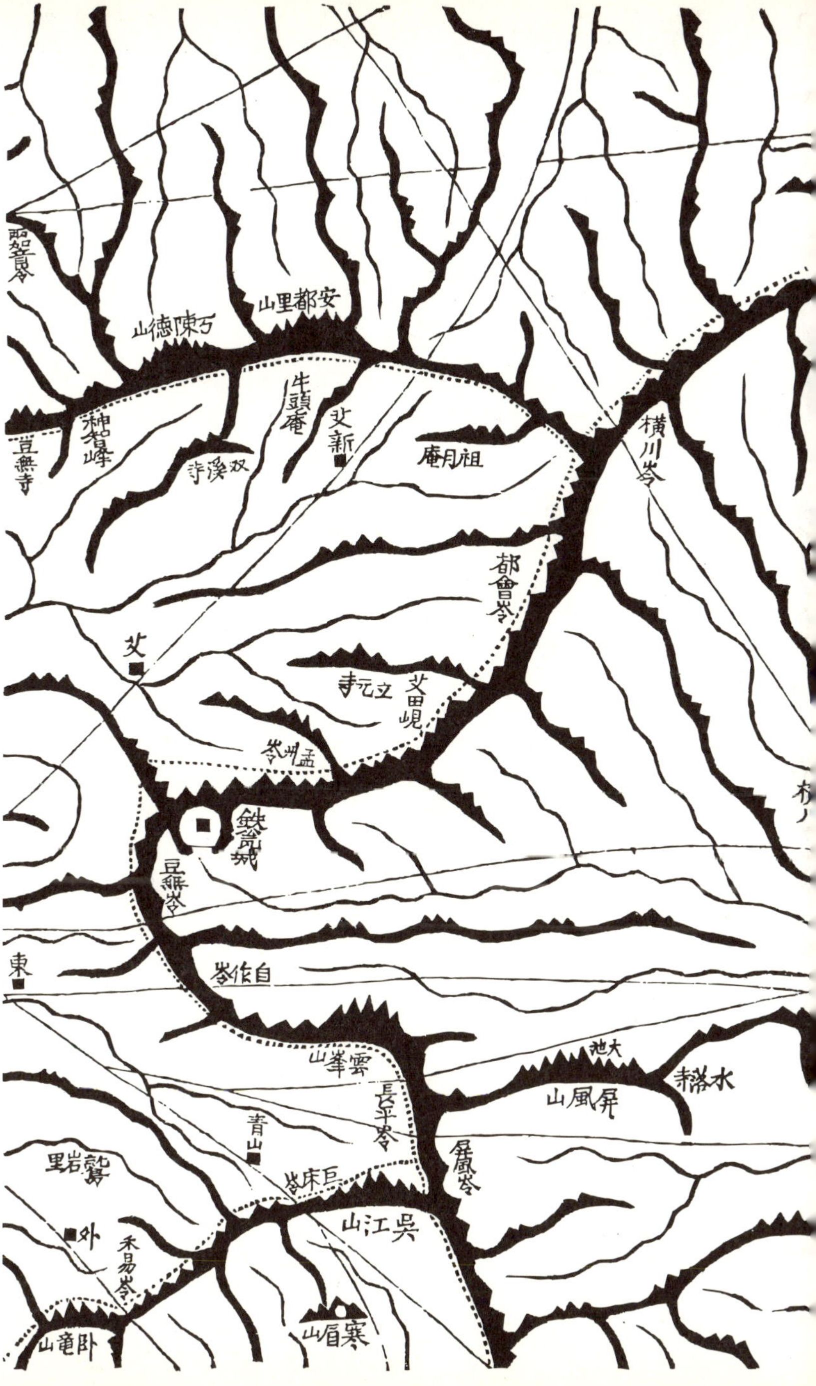

安都里山
牛頭庵
祖月庵
横川岺
豆無寺
双溪寺
都會岺
文
立元寺
文田峴
孟州岺
鐵甕城
東
自作岺
大池
水落寺
屛風山
雲峯山
長平岺
青山
屛風岺
巨床岺
外
呉江山
寒眉山
臥竜山

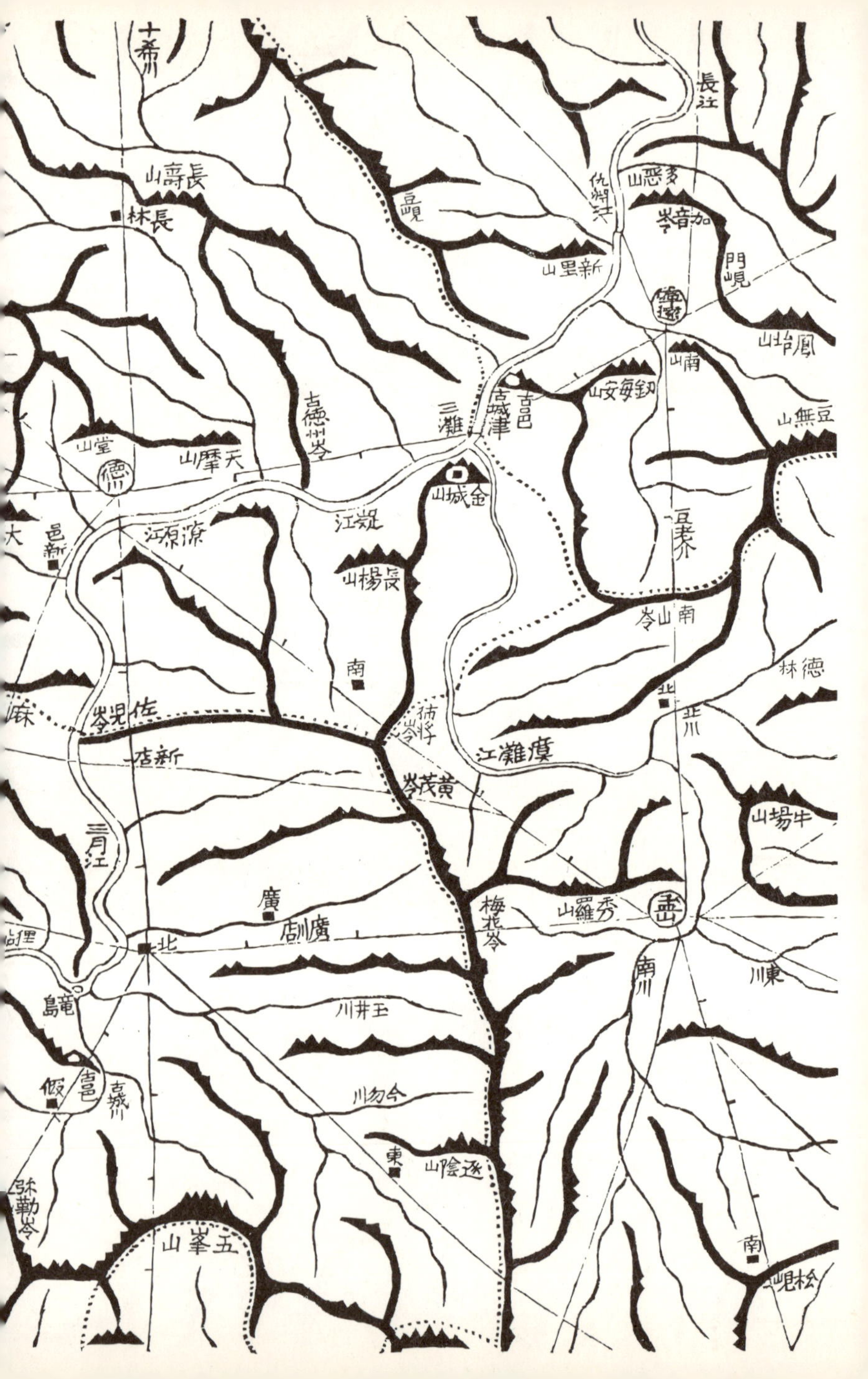

十希川
長壽山
長林
長江
多惡山
加音岺
新里山
古峴
門峴
寧遠
鳳台山
南山
古邑
古城津
三灘
古德州岺
豆無山
堂山
德川
天摩山
金城山
凝江
新邑
長楊山
南山岺
南
德林
北
北川
佐兒岺
新店
廣灘江
黃茂岺
牛場山
三月江
廣
廣川
梅花岺
秀羅山
孟山
南川
東川
玉井川
龍島
古邑
假
古城川
今勿川
東
逐陰山
五峯山
南
松峴

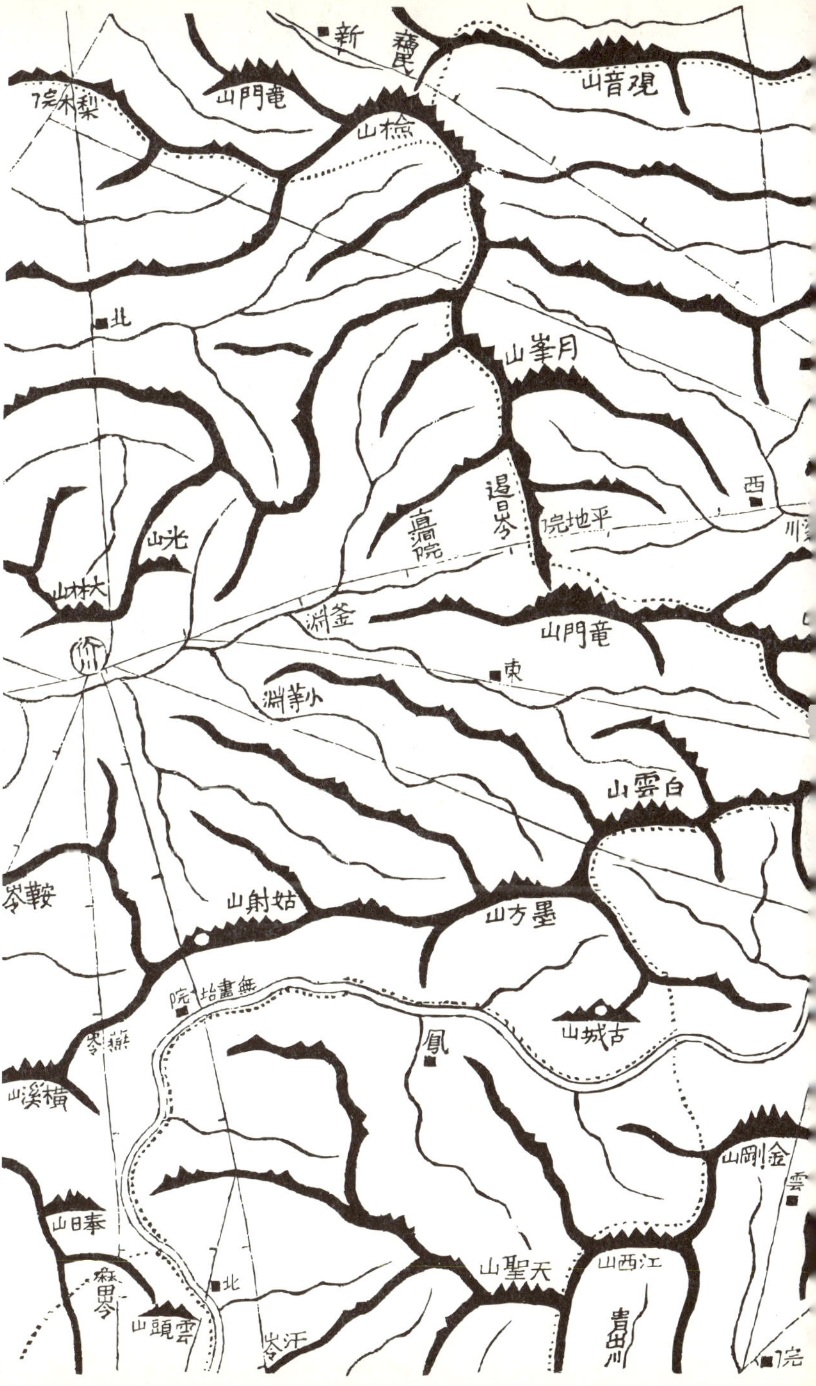
新
觀音山
竜門山
檢山
月峯山
北
光山
大林山
价川
釜淵
竜門山
東
小箏淵
白雲山
姑射山
墨方山
古城山
金剛山
天聖山
江西山
奉日山
雲頭山
北
西

五峯山
沙川
沙灘
國司站
孔浦川
撫山
客望
九竜津
沙峴
德山
三千峴
少林山
博川
松峴
延山
修毛老
長峴
決勝亭
偃武亭
北城
寧邊
藥山
朝陽
西
北
東
新
巾之山
深源山
長壽山
松林山
德重浦
楓浦
赤峴
安州
新川
新青山
旧青山
墨峴
長坪
馬頭山
悟道山
雲岩峴
九峯山
鳳德山
加頭山
西山
都會峴
長桓城
金谷院
清川江

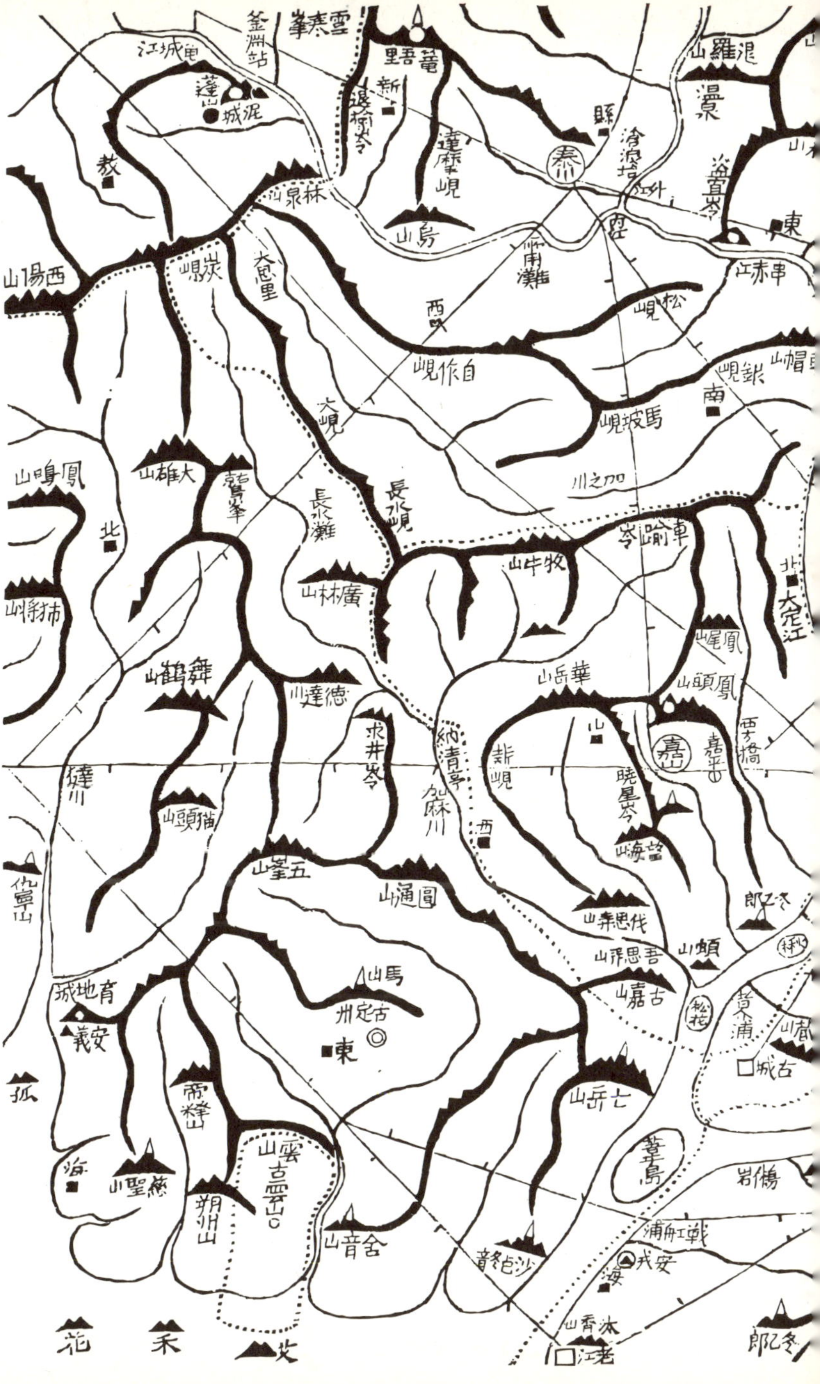
雪寒峯
釜洲站
江城
蓬山
泥城
菴吾里
新
縣
泰川
教
林泉山
達摩峴
烏山
西陽山
炭峴
大倉里
南灘
松峴
自作峴
西
大峴
南
馬坡峴
加之川
鳳鳴山
大雄山
長水峴
長水灘
北
車踰峴
牧牛山
廣林山
大定江
舞鶴山
德達川
鳳尾山
華岳山
鳳頭山
求井峴
納清亭
嘉山
嘉平
非峴
曉星峴
猫頭山
五峯山
圓通山
望海山
頓山
馬山
古定州
東
育地城
安義
古嘉山
七岳山
古城
帝釋山
慈聖山
雲山
朔州山
舍音山
戰船浦
安戎
海
花
禾
孤

長峴
臺峴
浮落橋
九林川
西
南
香山峴
自作峴
梨峴
艾田峴
梨樹坪
雲峯山
方峴
梨巨里
吉祥山
泉洞峴
劍山
大石峴
石峴
地灵山
妙峯山
松峴
舞鶴山
禿子山
三峯
林畔
古邑
長庚山
站
鐵馬川
新峴
三長川
清水山
地境峴
新漢陵
泥峴
邑峴
郭山
雲興
洞城
金老串
定州
新安
獨将山
古府
西望
松足
古堂山
灵山
長驅山
海岸
召浦
臨海
宣沙浦
浮落浦
邑山
青岩山
海
道川
葛
横巾
小横巾
月羅里
族海
古孫郎
龜城
鎮海串
求子峴
都致串
牧
身
鹿
猫
内獐
獐
烏

延平城
牛峯
月化
文殊山
白雲山
華嚴山
普光山
良策
望日山
東嶺山
長化山
西林
古鉄州
車輦
月雲令
皮岩
月雲川
甑峯
長川
旧車峴
東林
古宣州
左峴関
唐道峴
清江站
海岸山
戦場浦
孟川
熊骨山
雲暗
新
鳳凰峴
清江
鉄山
五峯山
古長城
岐串
旧邑
掘江浦
鶴峴
清水
大車牛
儲銀山
高頭門
薪串
望東浦津
古土城
小車牛
伊弄都
熊
白梁山
圓
宣沙浦
炭島 牧
蝶
只朴門
小只朴門
大加次
小加次
小和
大和
牧假島
小椵
牧

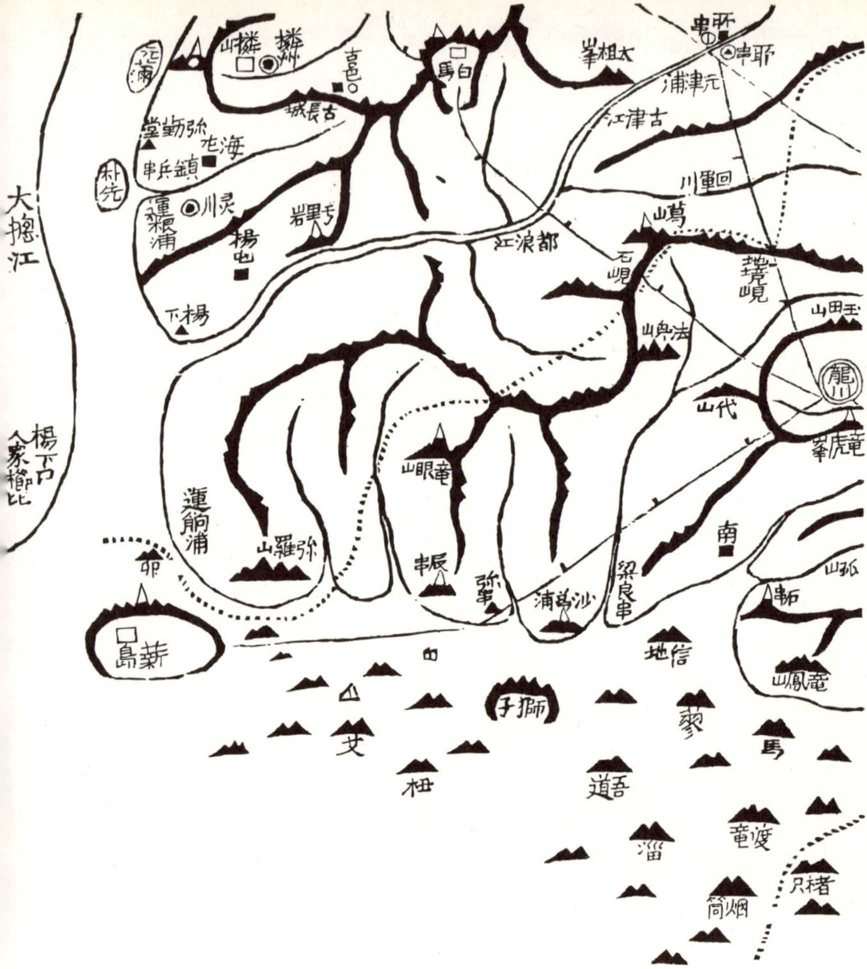
大摠江
白馬
太祖峯
元津浦
古津江
回重川
都浪江
古長城
鎮兵串
弥勒堂
運粮浦
楊屯
下楊
龍川
代山
竜虎峯
竜眼山
弥羅山
辰串
南
孤山
新島
獅子
信地
竜鳳山
吾道

八-六 龍川·義州

九一一 高原・文川・德源

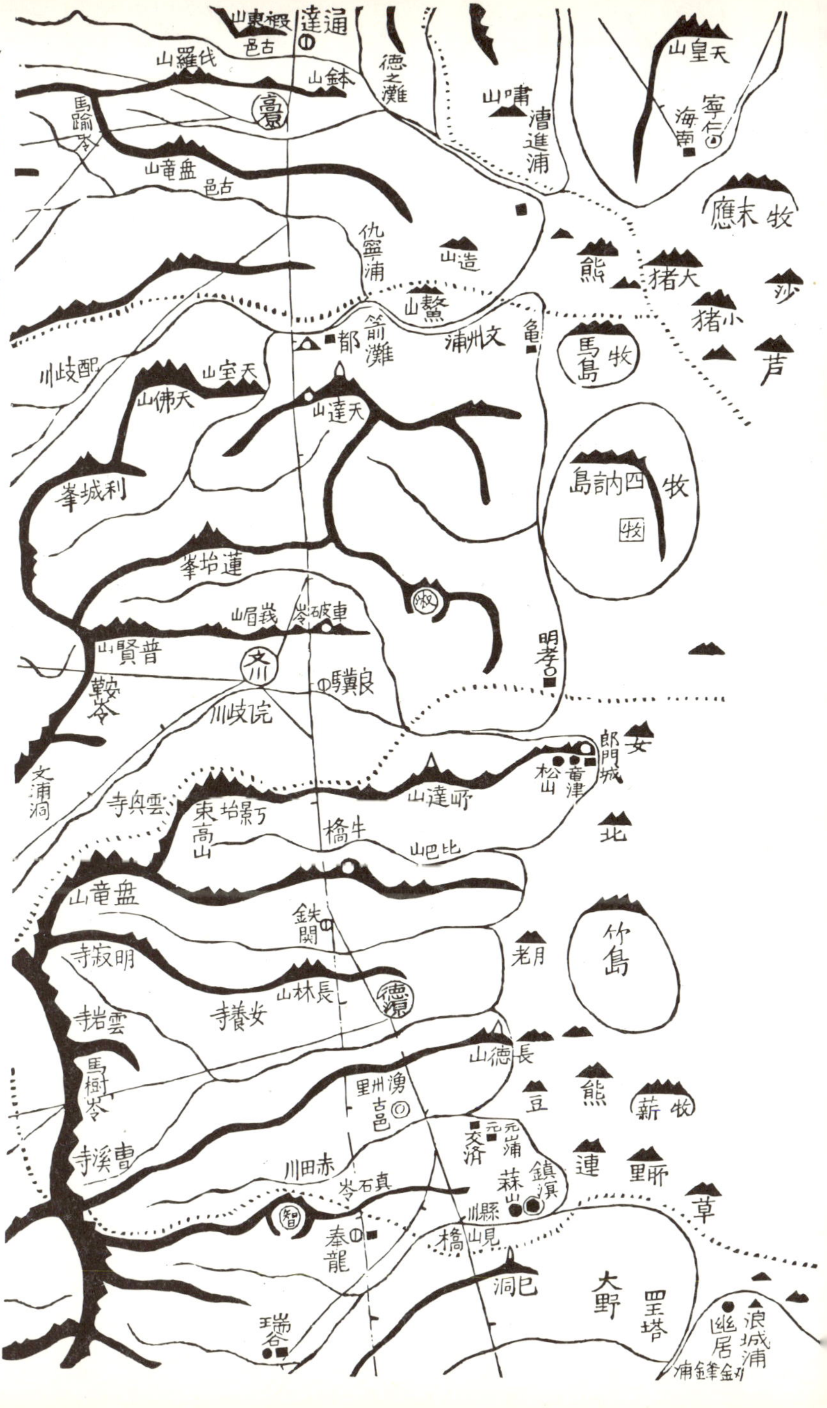

通達
古邑
伐羅山
鉢山
高
馬踰岺
盘竜山
古邑
德之灘
嘯山
漕進浦
天皇山
寧仁
海南
牧末應
仇寧浦
造山
熊
大猪
沙
鰲山
小猪
都
箭灘
文州浦
亀
牧馬島
芦
配岐川
天宝山
天佛山
天達山
利城峯
四訥島
牧
牧
蓮坮峯
車破岺
峩眉山
文川
普賢山
明孝
良驥
鞍岺
院岐川
郎門城
安
松山
竜津
文浦洞
雲典寺
吁達山
丁景坮
東高山
牛橋
北
比巴山
盘竜山
鉄関
老月
竹島
明寂寺
長林山
德源
雲岩寺
安養寺
長德山
馬樹岺
湧州里
豆
熊
薪牧
古邑
元浦
交済
曹溪寺
赤田川
連
所里
真石岺
鎮溟
森山
縣
草
智
奉龍
見山橋
巳洞
大野
罜塔
浪城浦
幽居
瑞谷

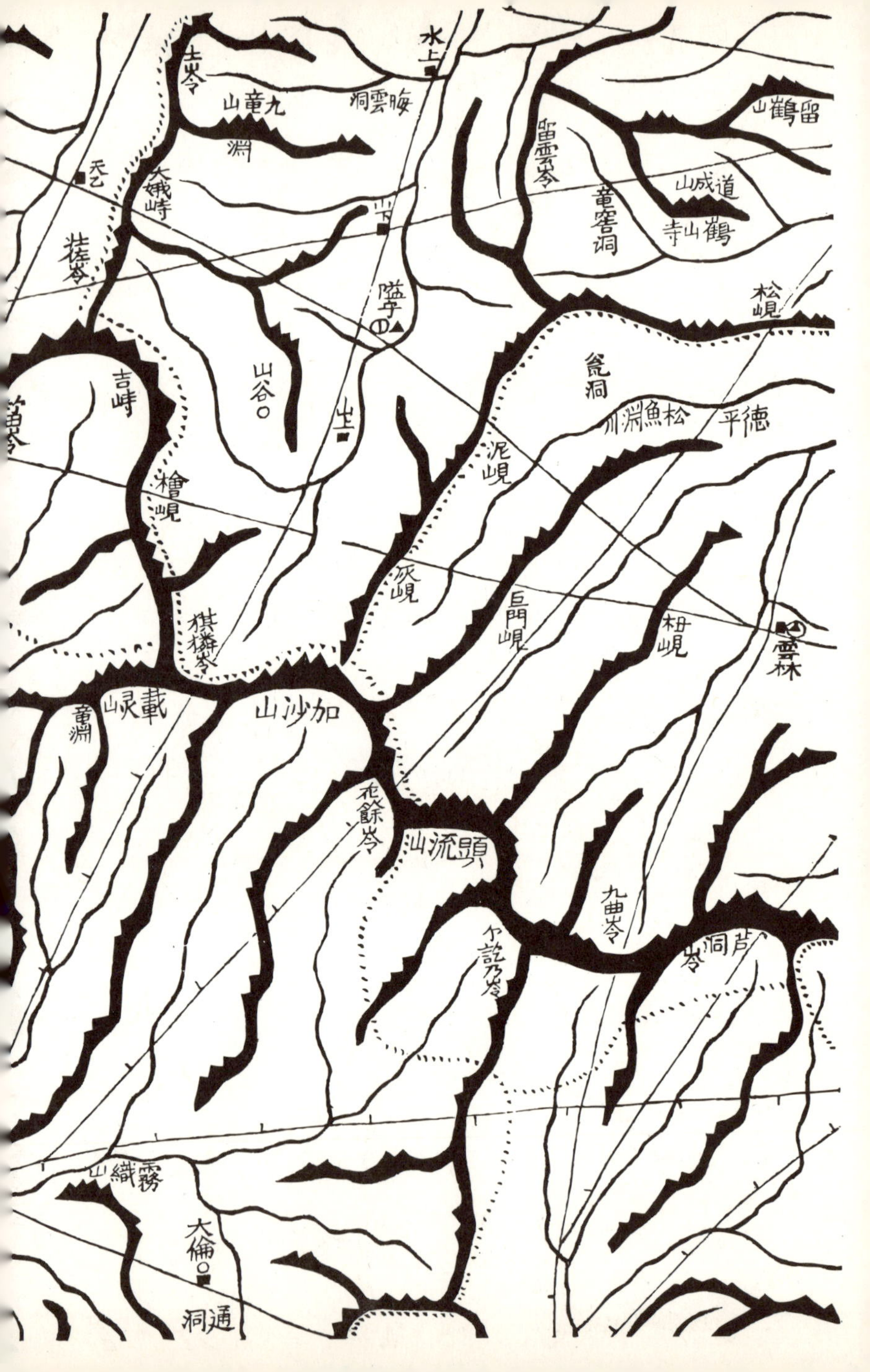

水上
九童山
晦雲洞
留鶴山
留雲岺
道成山
鶴山寺
天乙
大娥峙
吉峙
松峴
德平
松魚淵
泥峴
檜峴
灰峴
柑峴
雲林
加沙山
衣餘岺
頭流山
九曲岺
霧織山
大倫
通洞

兔城
尾老乙岺
雲岺
曉鍾山
北
三方山
新
庵
平
杜達岺
北鉢峯
弓羅鉢山
比巴山
楡岺
中
比巴川
三方岺
南鉢峯
温泉
草川
西
露楓山
温泉
白鶴山
尾峴
温井院
陽德
紫霞山
屯田山
松木山
馬背川
素高山

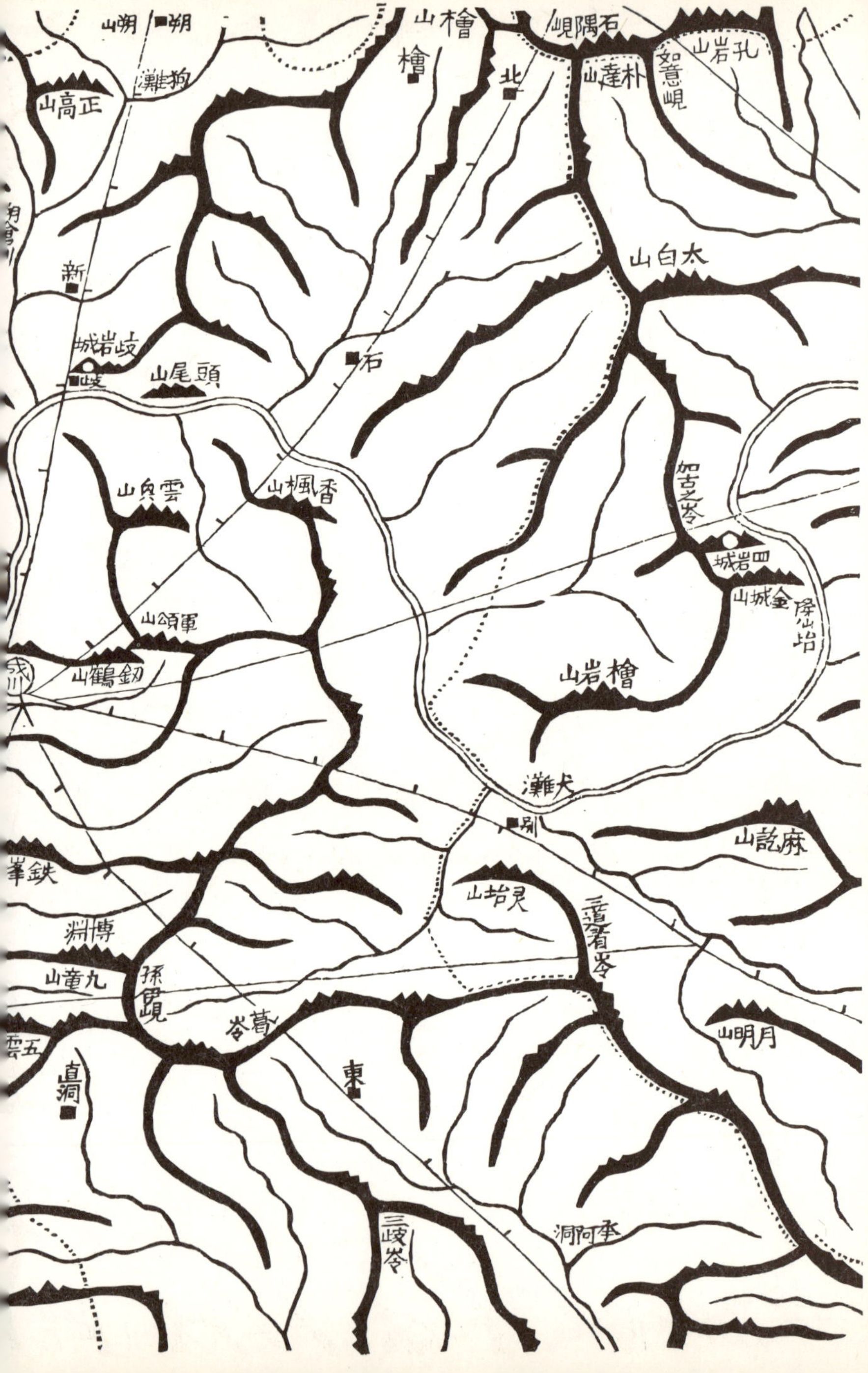

朔山
朔
狗灘
正高山
檜山
檜
北
石隅峴
朴達山
孔岩山
知意峴
太白山
新
岐岩城
岐
頭尾山
石
香楓山
加古之岺
四岩城
金城山
軍領山
劍鶴山
檜岩山
犬灘
別
麻訖山
鉄峯
傳淵
九童山
孫峴
葛岺
月明山
五雲
直洞
東
三岐岺
李阿洞

九一三 成川·殷山·江東

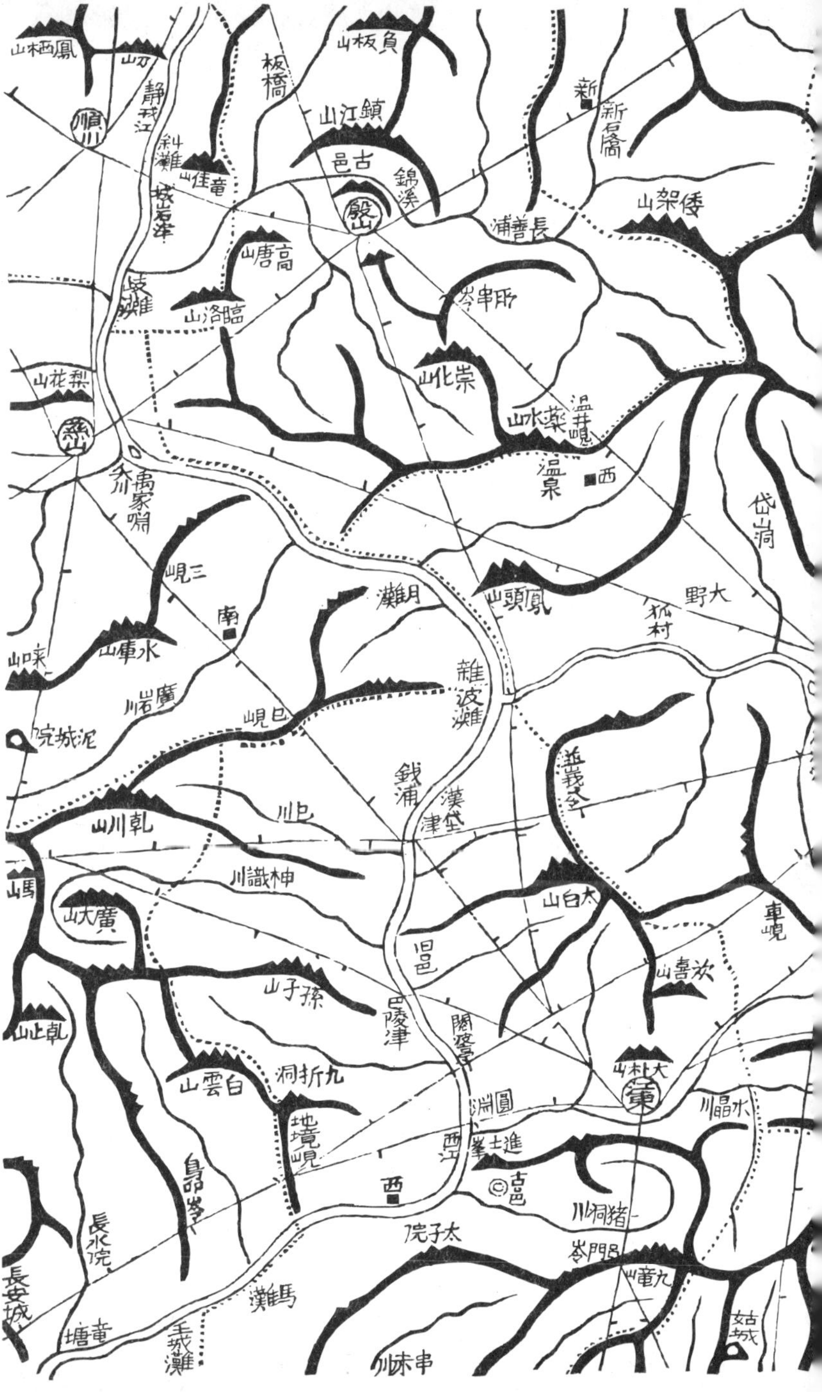

鳳棲山
成川
靜戎江
斜灘
板橋
負板山
鎭江山
古邑
錦溪
殷山
新
新石橋
倭架山
長善浦
城岩津
高唐山
臨洛山
岐灘
梨花山
崇化山
藥水山
溫井峴
溫泉
西
三峴
南
月灘
鳳頭山
大野
狐村
水庫山
廣岩川
泥城院
錢浦
乾川山
神織川
廣大山
大白山
孫子山
巴陵津
白雲山
九折洞
地境峴
大朴山
江東
水晶川
進士峯
古邑
猪洞川
太子院
九竜山
長水院
長安城
馬灘
姑城
車峴

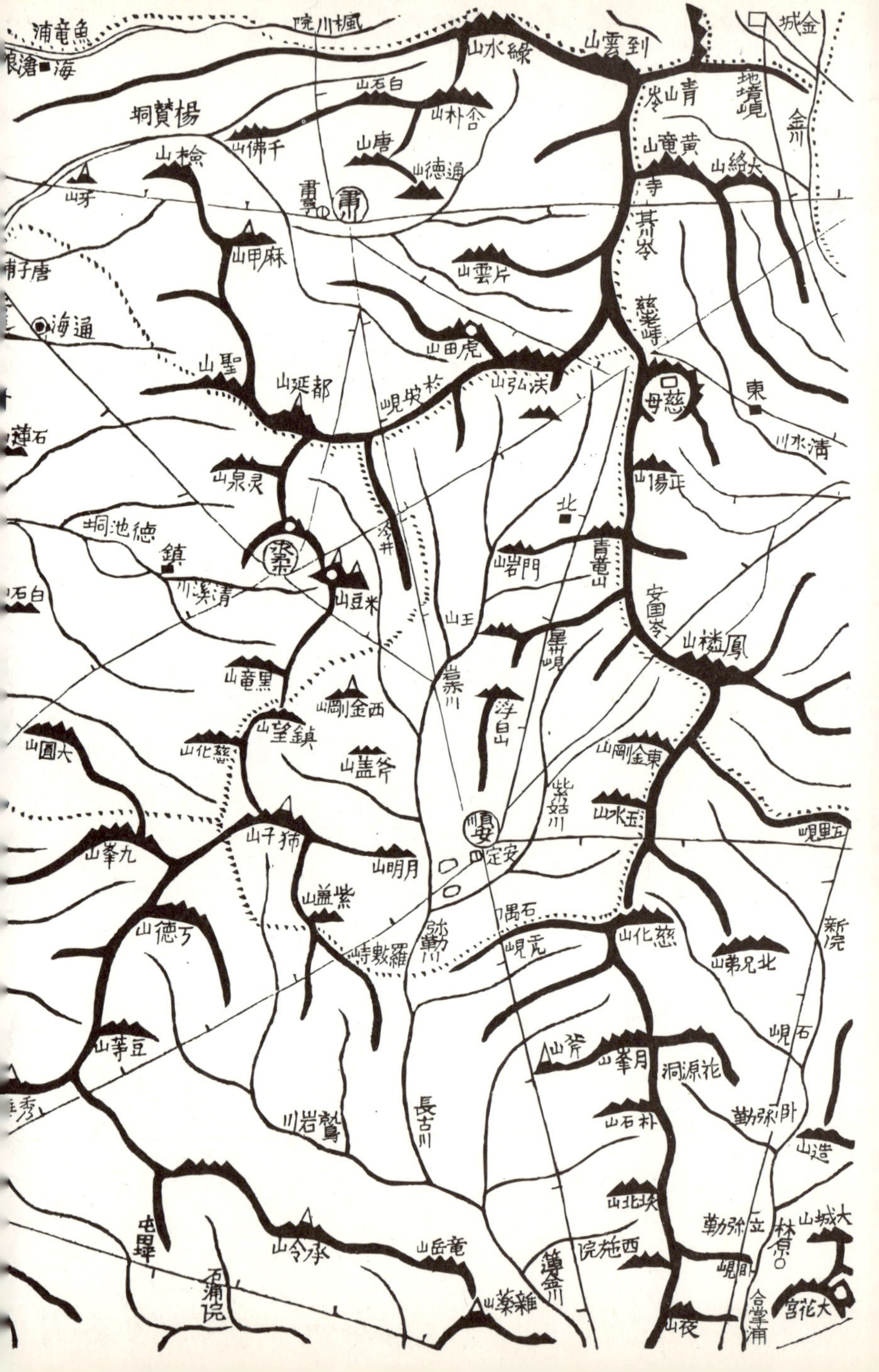

魚竜浦
楓川院
到雲山
金城
海
綠水山
白石山
青山岑
地境峴
舍朴山
楊贊垌
千佛山
唐山
通德山
檜山
黄竜山
大絡山
金川
牙山
肅川
寺
其川岑
麻甲山
片雲山
唐子浦
通海
慈老峠
虎田山
聖山
都延山
於安峴
沃弘山
慈母
東
石蓮
清水川
灵泉山
正陽山
北
德池垌
鎮
米豆山
門岩山
青竜山
白石
清溪川
冷井
王山
安国岑
鳳棲山
星州峴
里竜山
西金剛山
崇川
浮白山
鎮望山
慈化山
大圓山
斧蓋山
東金剛山
紫姑川
玉水山
五里峴
猪子山
九峯山
月明山
安定
紫盖山
石隅
万德山
羅數峠
勤川
亢峴
慈化山
北兄弟山
新院
石峴
豆筝山
斧山
月峯山
花源洞
鷲岩川
長古川
朴石山
卧弥勒
造山
北峡山
大城山
立弥勒
林原
屯田坪
承令山
竜岳山
西施院
蓬金川
卧峴
石浦院
雜薬山
夜山
合掌浦
大花宮

将軍
望施
大猪
小猪
三千野
補民垌
浦息
唐里
西
余乙外
觀里
江城門
苑
竜伏浦
大舡串
黄甲山
天宝山
海
順安鎮里
加乻垌
佛谷山
兄弟
馬項
石多山
鉄和
清涼山
炭串
可串
松
兔山
甑山
西山
国灵山
薪
毛串
北漕鴨
吾串
灵峴

十一 通川

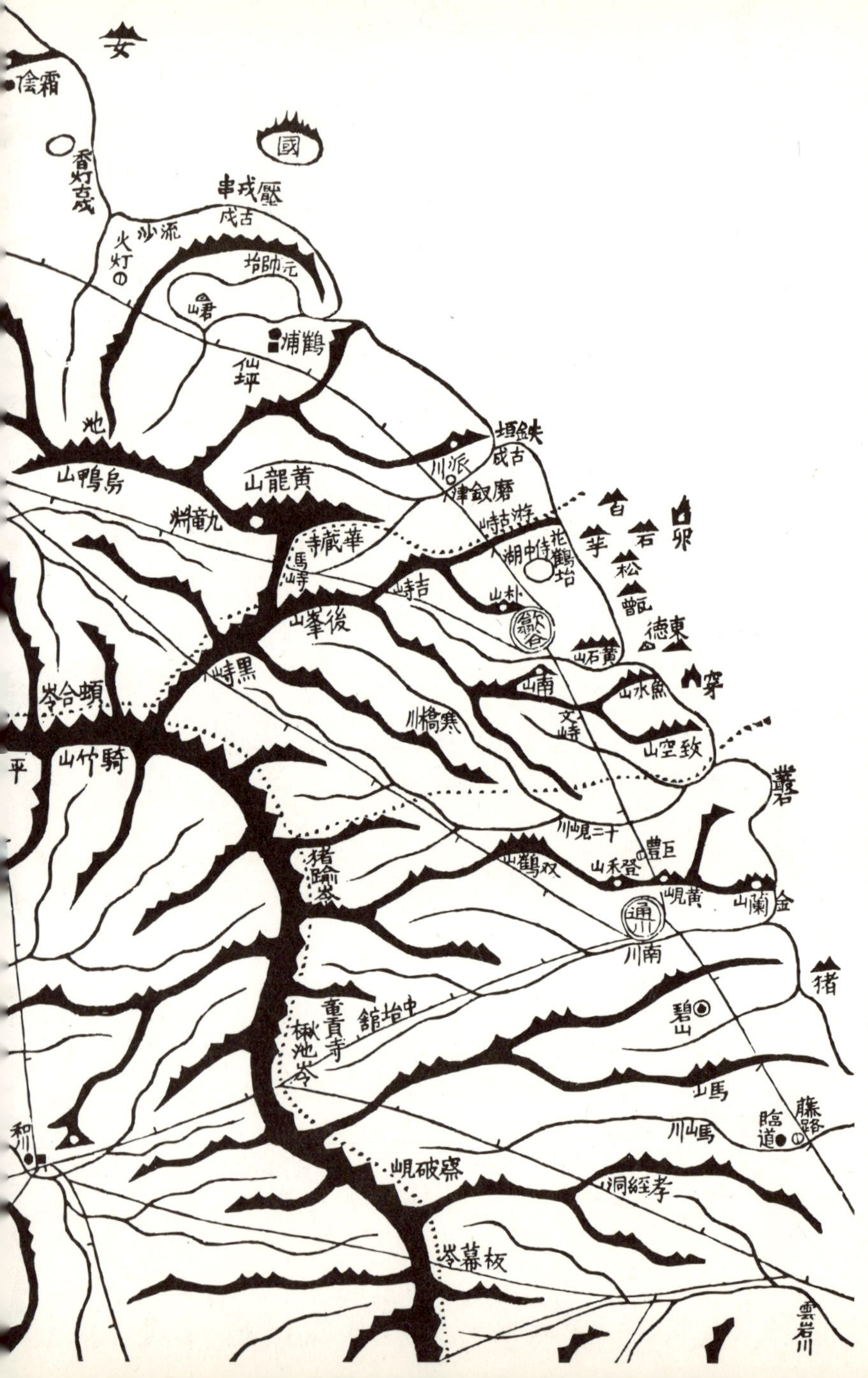
安
霜陰
國
壓戎串
古戌
流沙
火灯
元帥台
君山
鶴浦
仙坪
鐵垣
古戌
派川
磨釵津
黃龍山
鳥鴨山
池
華藏寺
馬峙
吉峙
朴山
歙谷
後峯山
黑峙
黃石山
東德
穿
卵
石
白
芋
松
甑
魚水山
南山
文峙
寒橋川
頓合岑
騎竹山
平
致空山
叢石
十二峴川
巨豐
登禾山
双鶴山
猪踰岑
通川
黃峴
金蘭山
南川
猪
碧山
中台館
童貢寺
楸池岑
馬山
馬山川
臨道
藤路
和川
察破峴
孝經洞
板幕岑
雲岩川

十一二 安邊・淮陽・通川

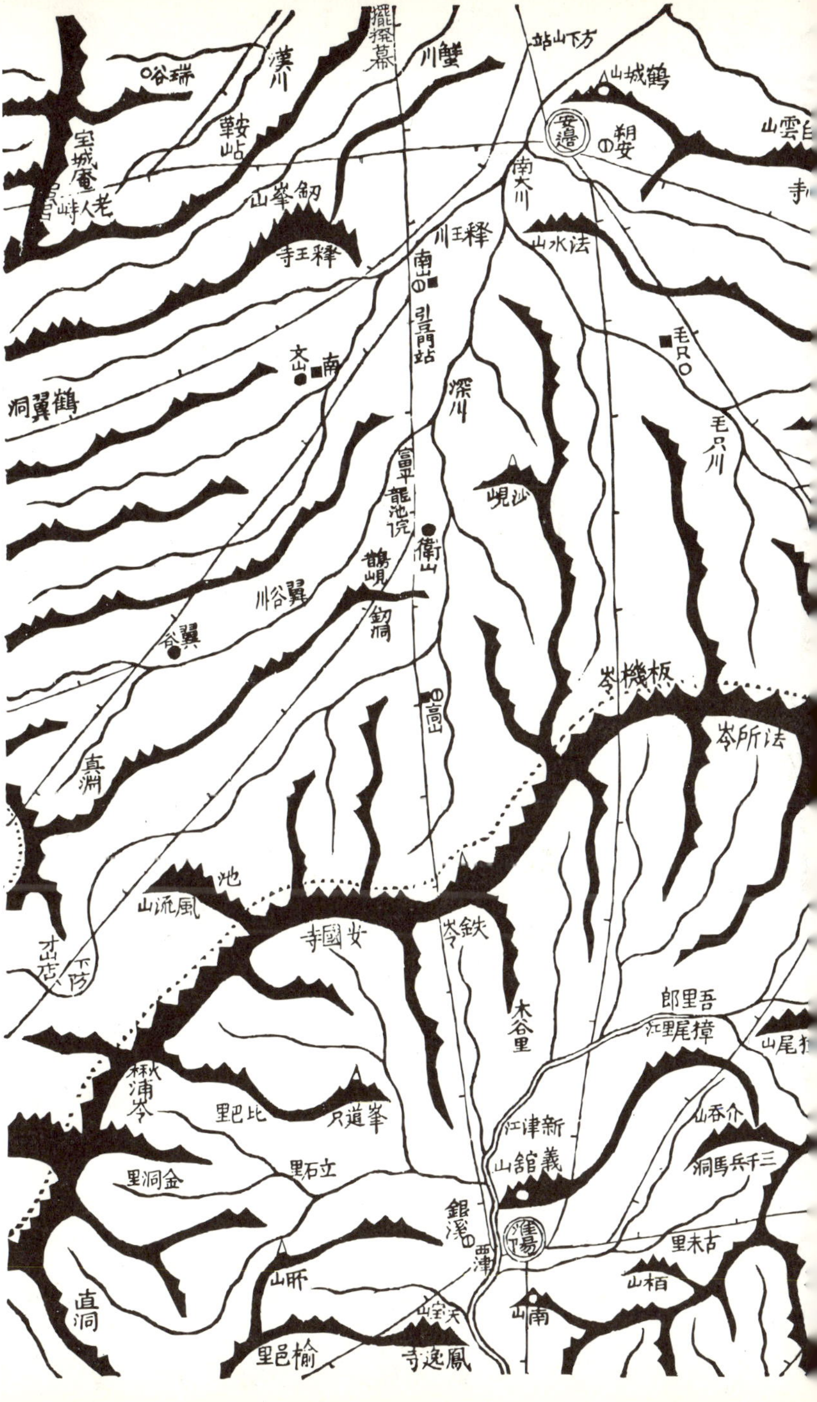
瑞谷
漢川
雙川
方下山站
鶴城山
安邊
雲山
宝城菴
鞍站
劒峯山
老人峙
南大川
釋王川
法水山
釋王寺
南山
毛只
南
鶴翼洞
深川
毛只川
富平
龍池院
沙峴
衛山
鶴峴
翼谷川
劒洞
翼谷
板機岑
高山
法所岑
眞淵
池
風流山
安國寺
鉄岑
下防
木谷里
吾里郎
樟尾里江
楸浦岑
比巴里
峯道只
介香山
新津江
三千兵馬洞
立石里
金洞里
義舘山
銀溪
淮陽
古末里
西津
栢山
直洞
南山
楡邑里
鳳逸寺

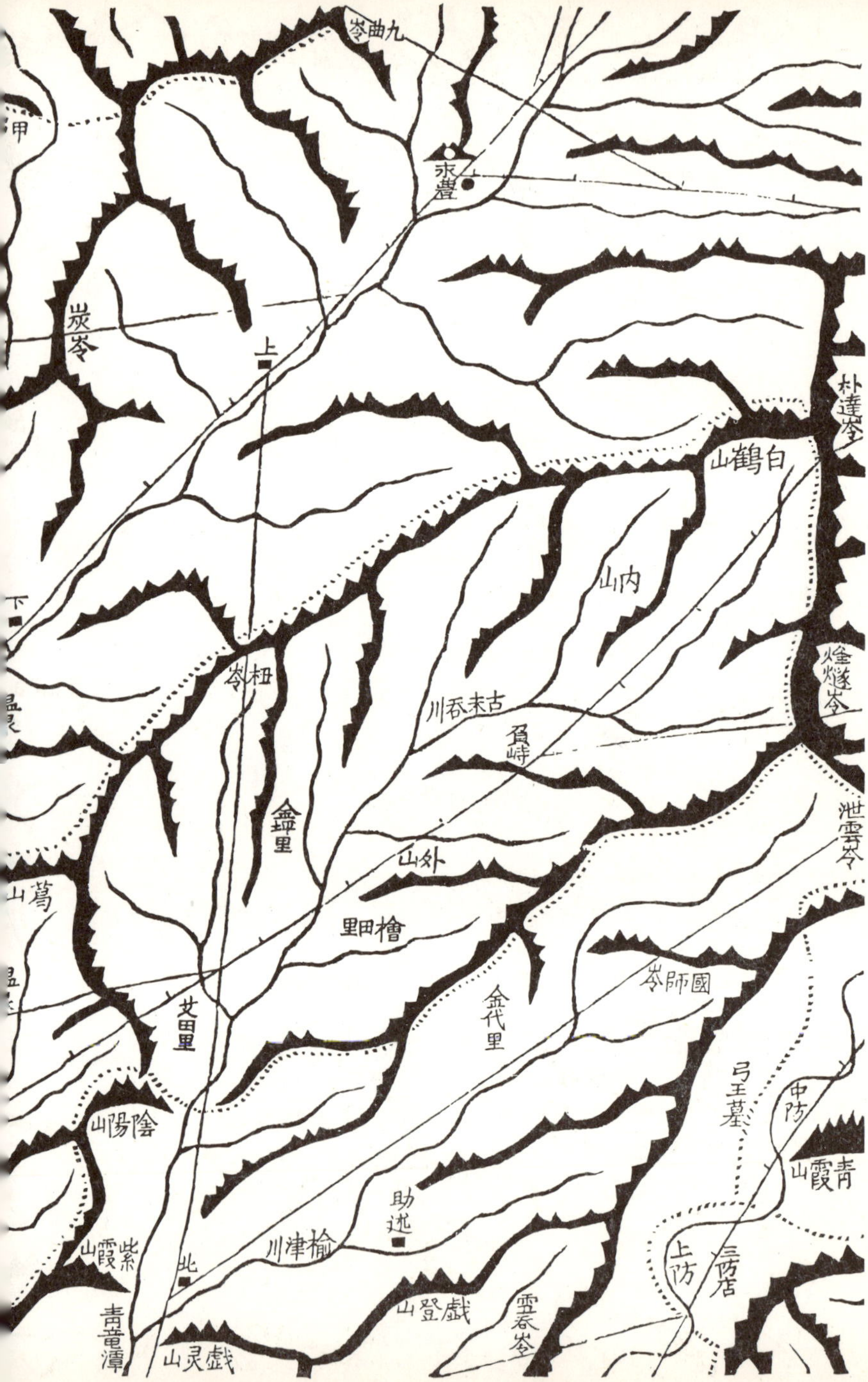

九曲岺
甲
永豐
上
炭岺
朴達岺
白鶴山
内山
下
柤岺
古未呑川
烽燧岺
金坪里
外山
泄雲岺
葛山
檜田里
國師岺
金代里
艾田里
陰陽山
弓王墓
中防
青霞山
助述
紫霞山
北
榆津川
上防
三防店
戯登山
雪呑岺
青龍潭
戯灵山

十一三 安邊・谷山・伊川

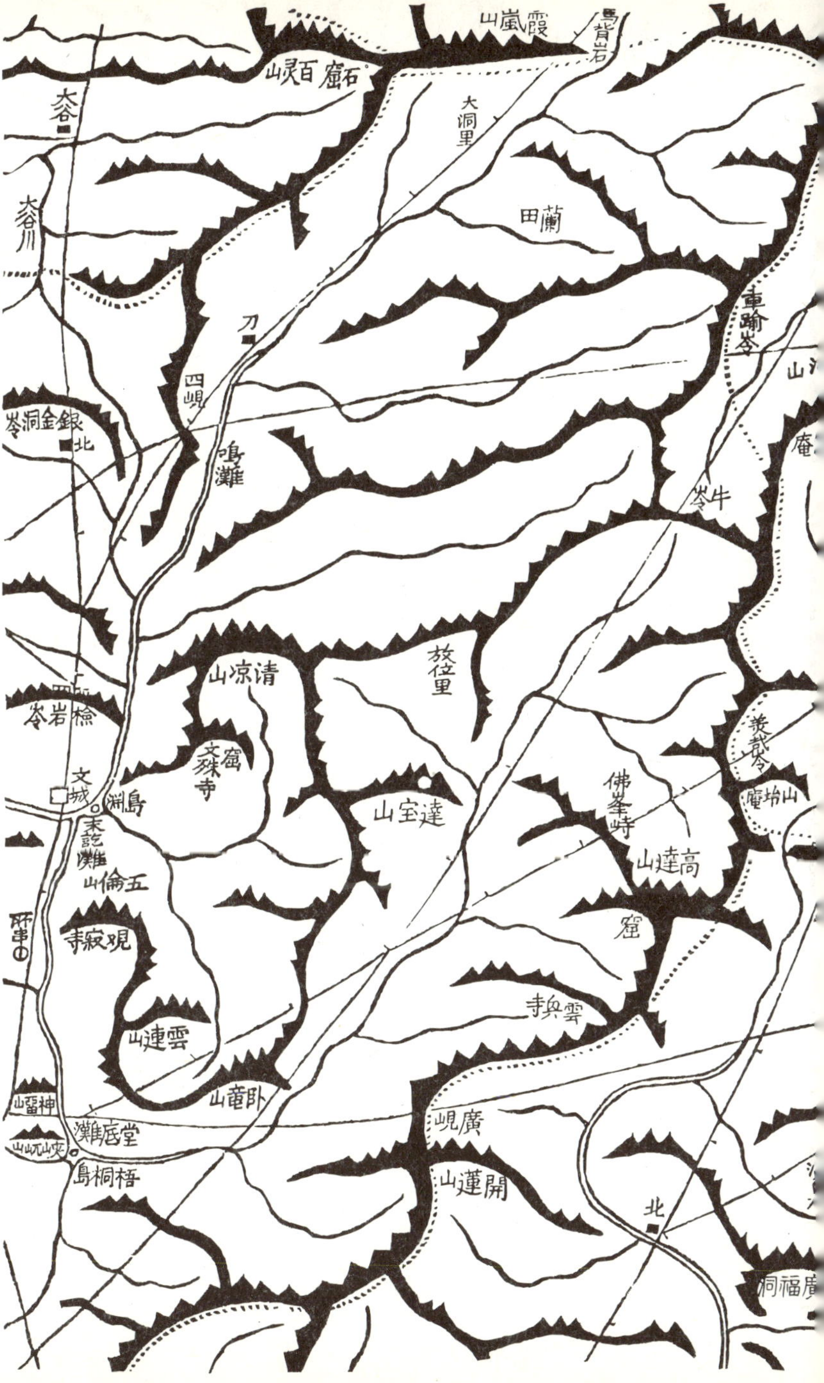
山嵐霞
馬背岩
峴百磨石
大谷
大谷川
大洞里
田蘭
刀
四峴
岺洞金銀
北
鳴灘
岺牛
車踰岺
放位里
山涼清
岺岩檢
窟
文殊寺
文城
淵島
山宝達
佛峯峙
美哉岺
山達高
末訖灘
山倫五
寺寂觀
窟
寺興雲
山蓮雲
山竜臥
山畱神
灘底堂
島桐梧
峴廣
山蓮開
北
洞福廣

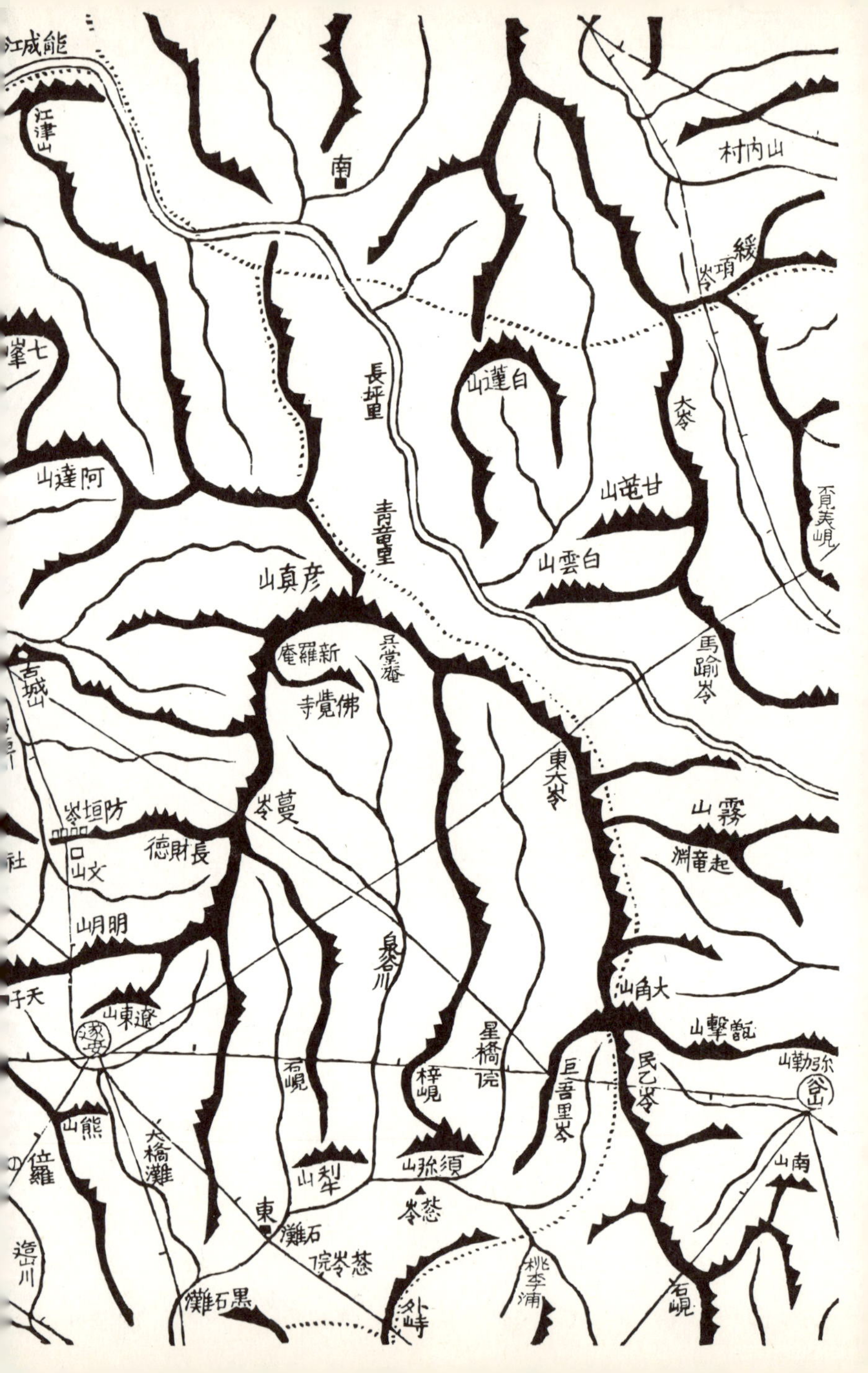

能成江
江津山
南
山內村
綏項岺
七峯
長坪里
白蓮山
大岺
阿達山
甘芚山
青龍里
白雲山
彦眞山
新羅庵
佛覺寺
馬踰岺
古城山
東大岺
霧山
防垣岺
蔓岺
長財德
起龍淵
文山
社
明月山
泉谷川
大角山
天子
遼東山
甑擊山
弥勒山
星橋院
石峴
梓峴
巨善里岺
民乙岺
遂安
谷山
熊山
大橋灘
位羅
梨山
須弥山
南山
東
慈岺
石灘
慈岺院
造山川
桃李浦
黑石灘
外峙
石峴

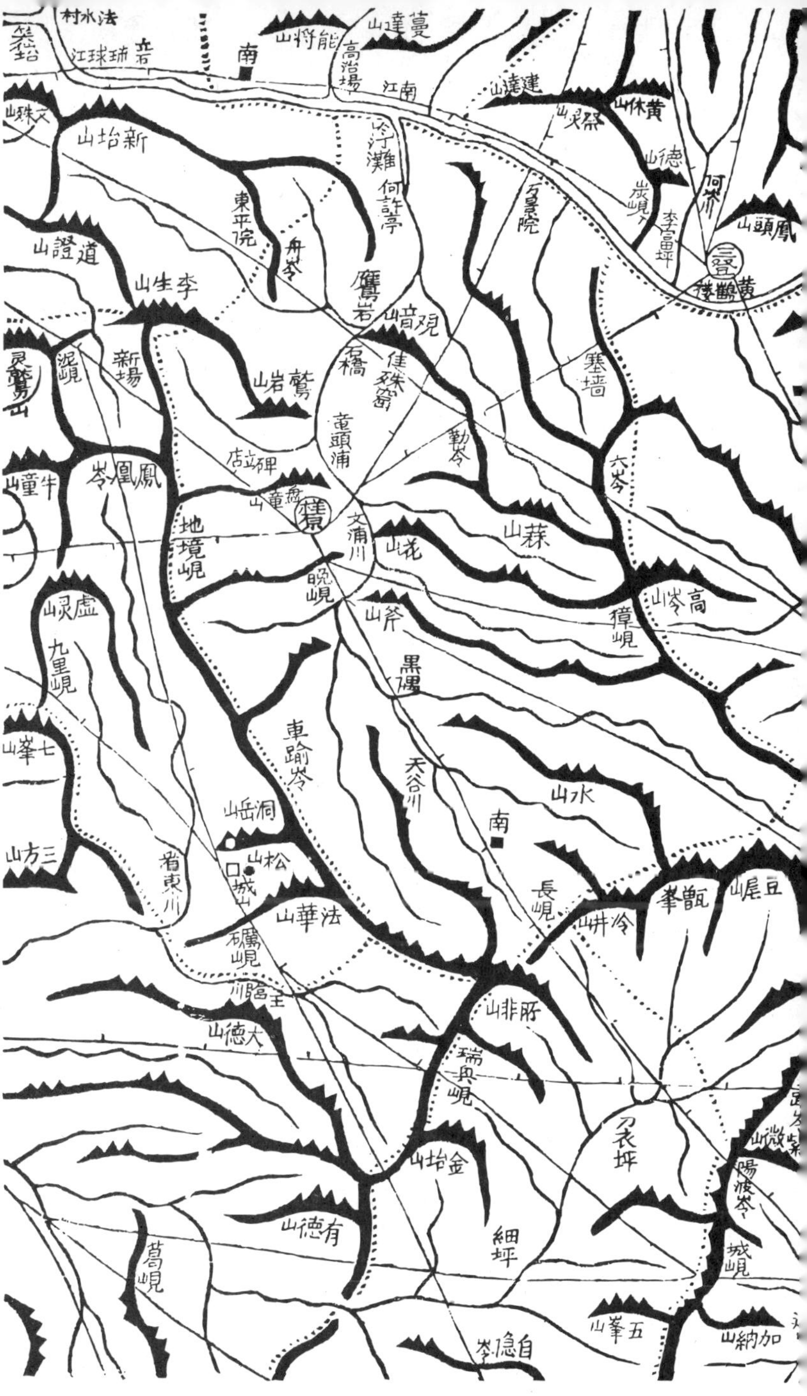
法水村
蔓達山
能將山
高冶場
江南
建達山
黄休山
新坮山
東平院
舟岺
何許亭
鷹岩
方景院
道證山
李生山
觀音峙
新場
鷲岩山
石橋
佳殊窟
塞墻
童頭浦
勒岺
鳳凰岺
牛童山
店立碑
六岺
地境峴
文浦川
花山
森山
晩峴
虛界山
斧山
高岺山
獐峴
九里峴
黒碣
七峯山
東踰岺
天谷川
水山
洞岳山
南
松山
三方山
東川
口城山
長峴
法華山
冷井山
甑峯
豆尾山
礪峴
王臨川
府非山
大德山
瑞興峴
金坮山
刀衣坪
陽波岺
有德山
細坪
城峴
葛峴
五峯山
加納山
自隱岺

金泉山
隱岩山
白楊山
大宝山
青山
太平洞
平壤
大同
黃城
長林
永濟橋
栽松院
大井站
西寺山
石湖亭
雲川橋
達摩山
青山浦
九龍山
雲峯山
生陽
中和
清涼山
秃山
於郎山
龍興山
駒峴
高井寺
乾止山
獨山
龍伏山
黑橋川
天柱山
腰浦
馬尙浦
斗岩山
碧花山
德月山
勒鳴山
多美津
修道庵
比巴串
黃州
急水門
馬頭山
冷井
鐵島
棘城
五龍山
天眞山
金鳳山
洞仙關

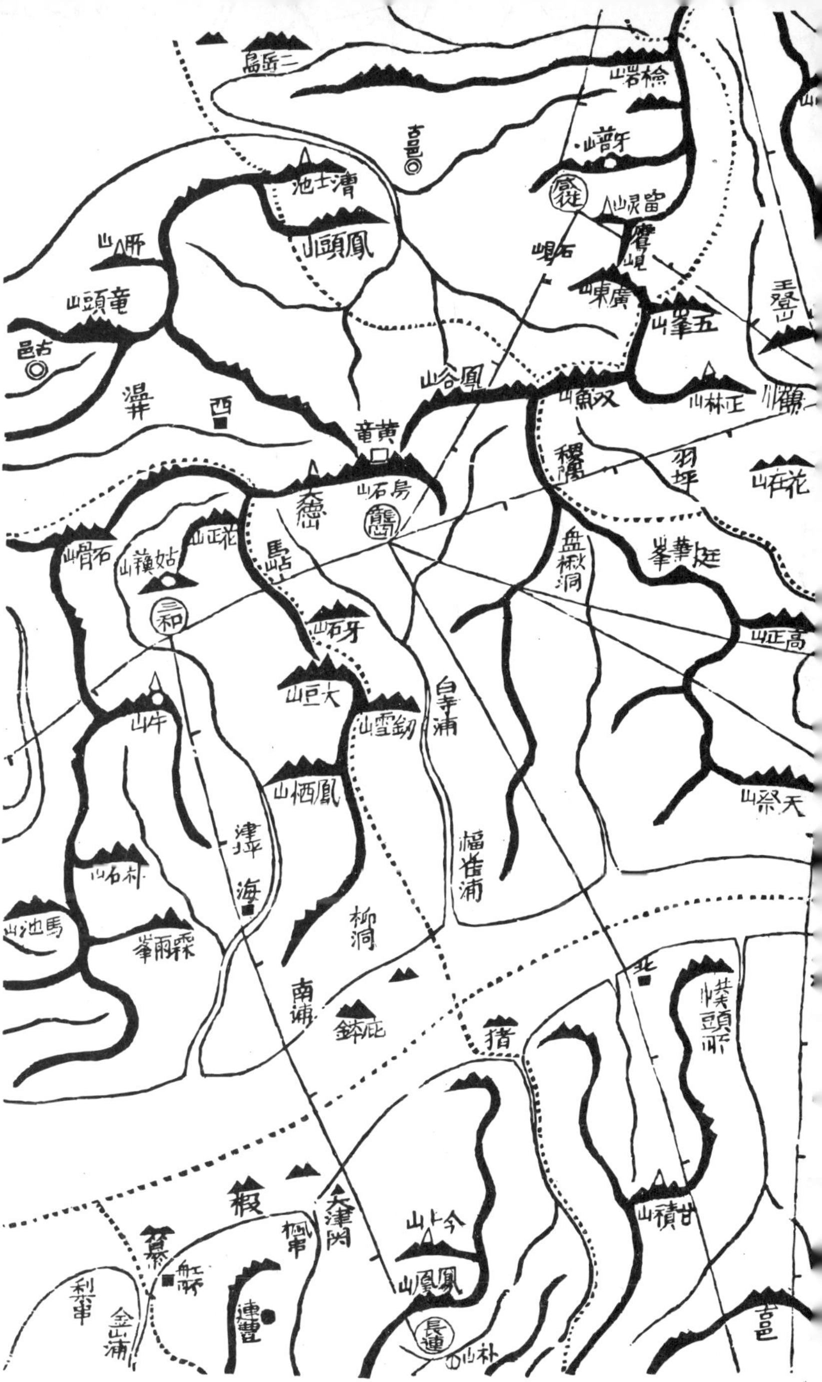
鳳頭山
鳳谷山
五峯山
王林山
花在山
高正山
天祭山
大巨山
牙石山
鳳棲山
朴石山
馬池山
今上山
鳳凰山
甘積山
三和
長連
海
南浦
柳洞
古邑

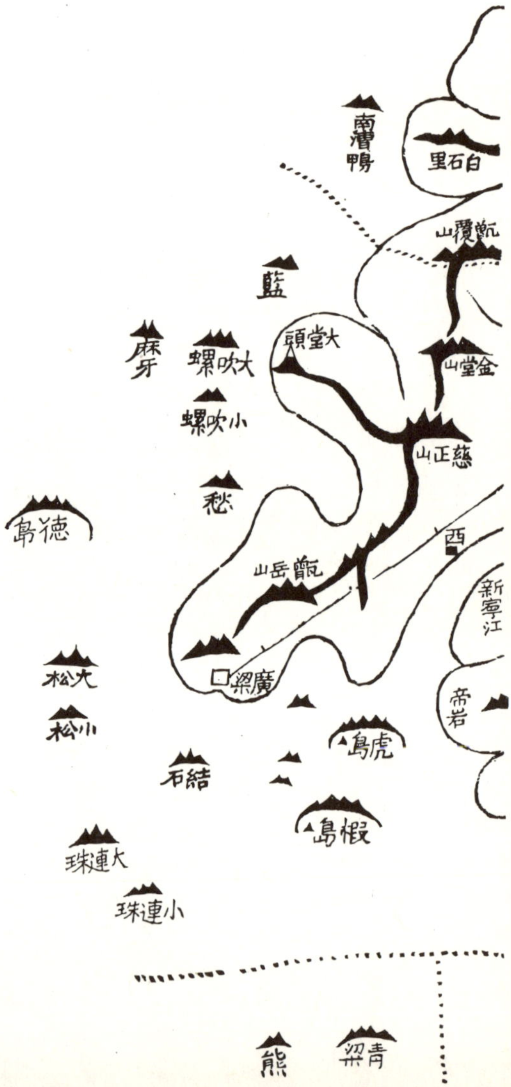

南灣鴨
白石里
甑覆山
藍
麻牙
大吹螺
大堂頭
金堂山
小吹螺
慈正山
德島
西
甑岳山
新寧江
廣梁口
大松
帝岩
小松
虎島
結石
鰕島
大連珠
小連珠
熊
青梁

十一-一 高城・杆城

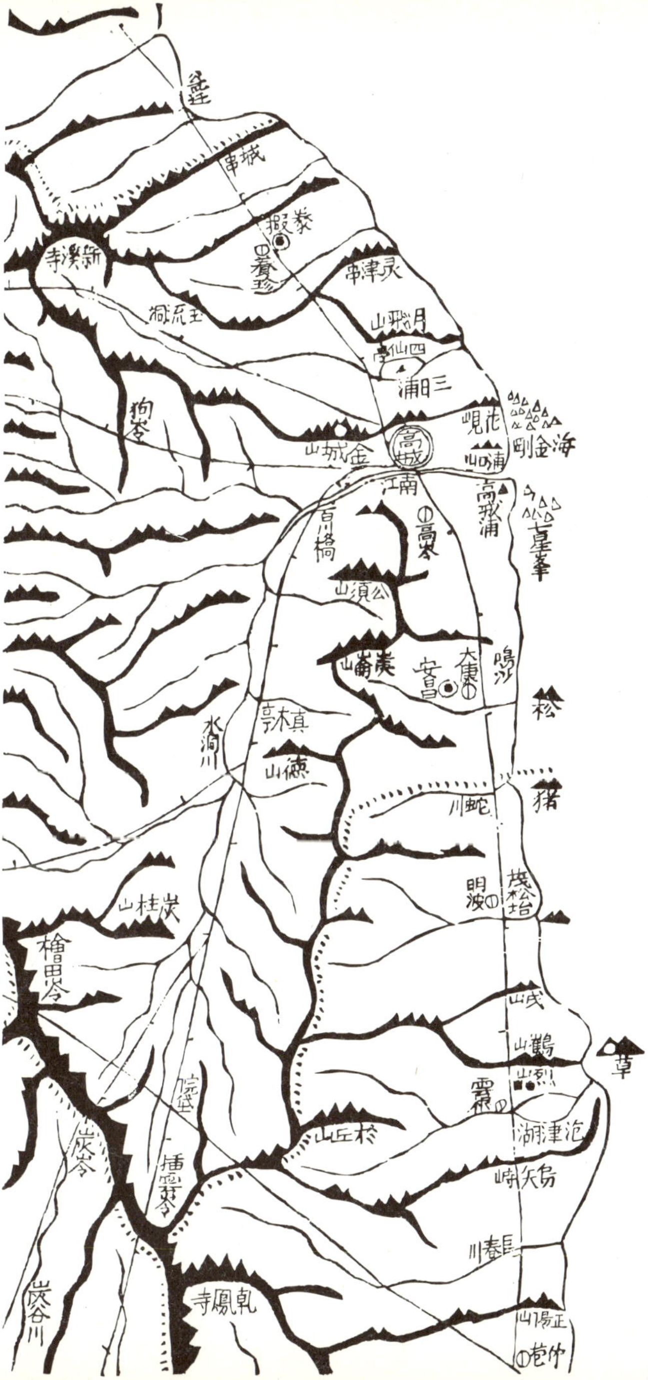

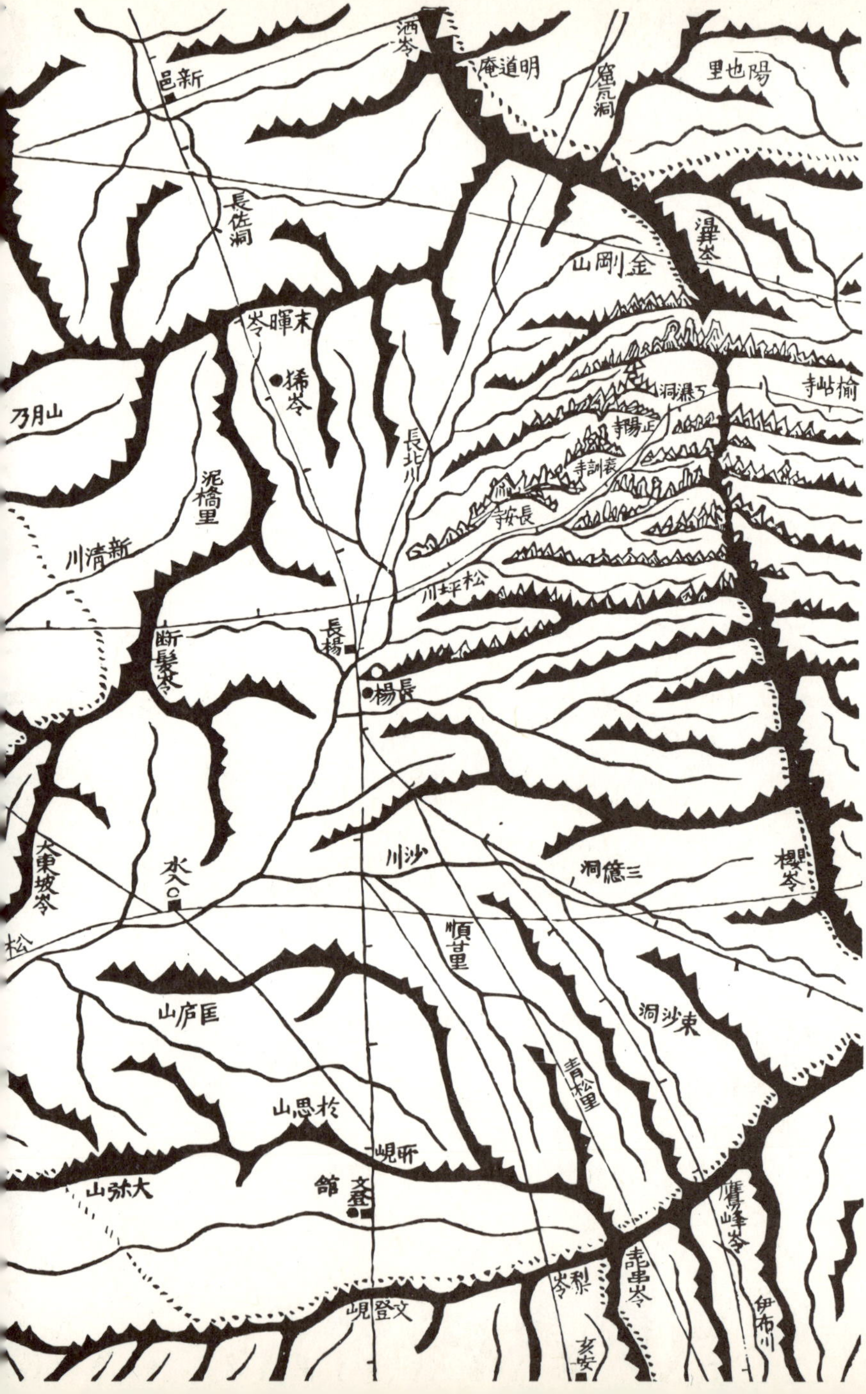

洒岺
明道庵
陽也里
新邑
長佐洞
金剛山
末暉岺
楡岾寺
乃月山
瀑洞
正陽寺
長北川
表訓寺
泥橋里
長安寺
新清川
松坪川
長楊
断髮岺
長楊
沙川
三億洞
大東坡岺
水入
松
順甘里
東沙洞
匡廬山
青松里
於思山
昕峴
大弥山
文登
館
鷹峰岺
梨岺
文登峴
伊布川

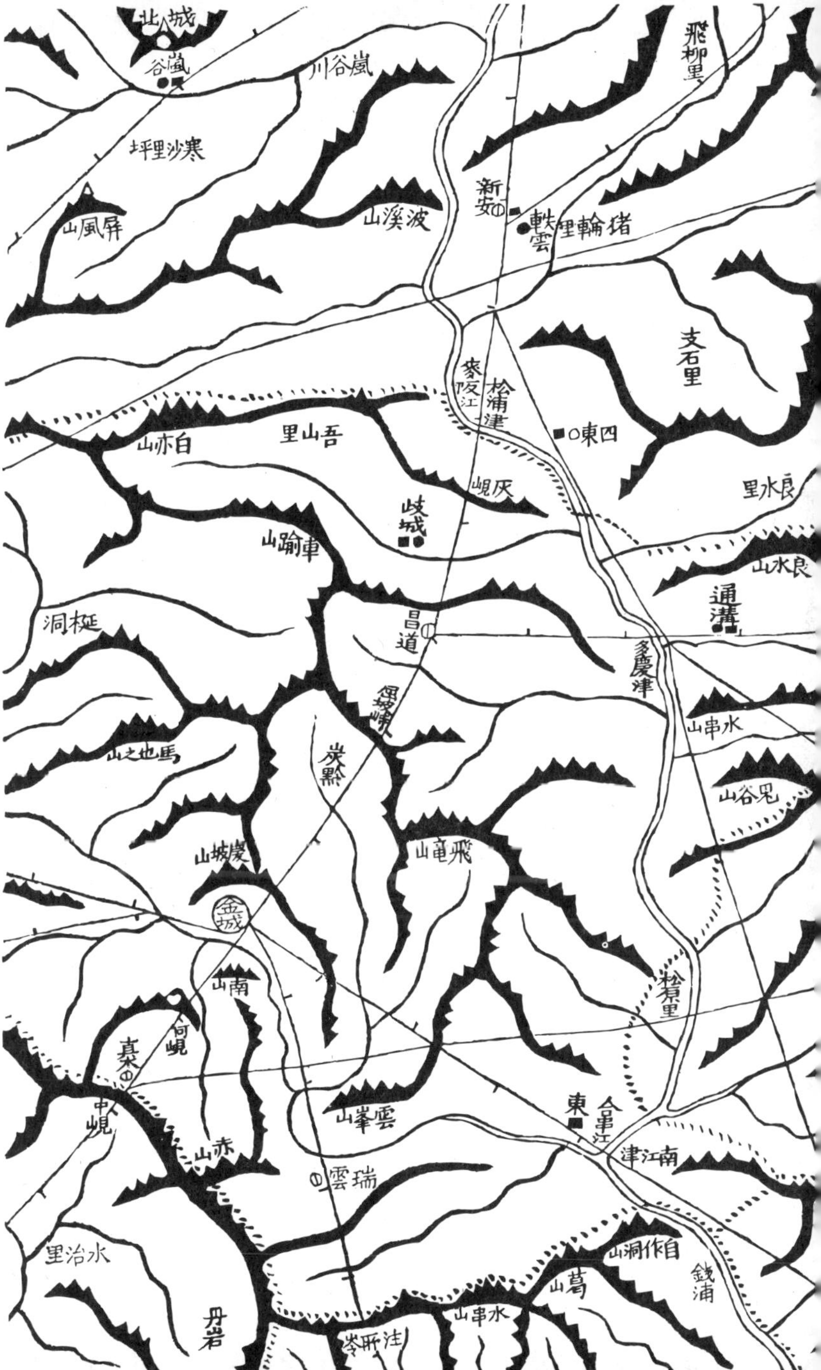
嵐谷
嵐谷川
寒沙里坪
屛風山
波溪山
新安
軼雲
楮輪里
飛柳里
支石里
麥阪江
檜浦津
四東
吾山里
白亦山
灰峴
良水里
岐城
車踰山
良水山
通溝
延柀洞
昌道
多慶津
水串山
馬也之山
炭黔
鬼谷山
慶城山
飛竜山
金城
南山
何峴
眞木
中峴
東
合串江
雲峯山
南江津
赤山
瑞雲
水治里
自作洞山
葛山
錢浦
丹岩
水串山
注所岑

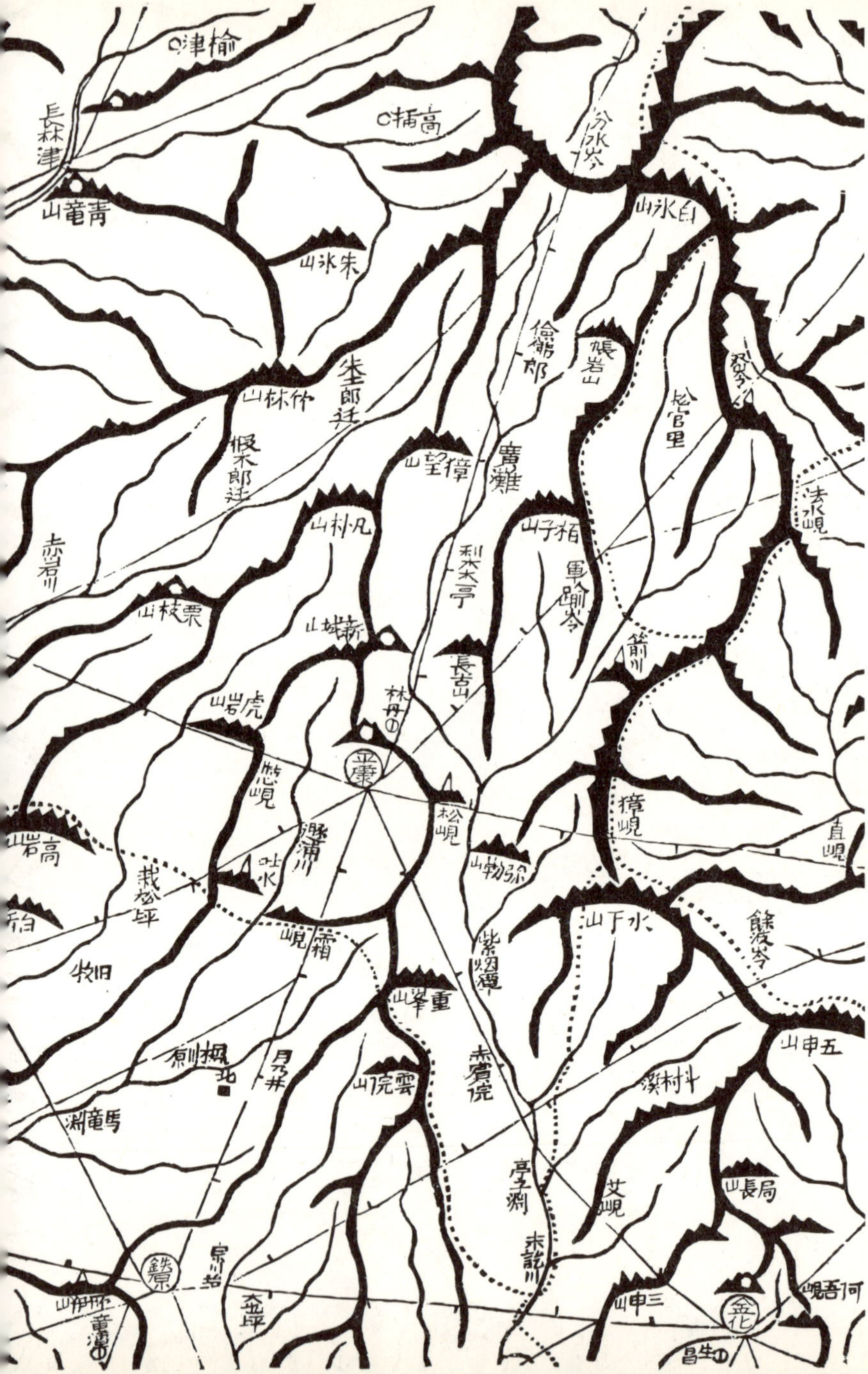
楡津
長林津
高揷
分水嶺
青菴山
白氷山
朱氷山
竹林山
帳岩山
獐望山
凡村山
梨木亭
柏子山
軍踰嶺
法水峴
赤岩川
栗枝山
新城山
長吉山
箭川
虎岩山
林丹
平康
松峴
獐峴
高岩山
吐水
栽松坪
彌勒山
直峴
霜峴
水下山
重峯山
五申山
月井
雲院山
斗村溪
馬竜淵
亭子淵
艾峴
長局山
赤龍川
鐵原
三申山
何吾峴
金化
生昌

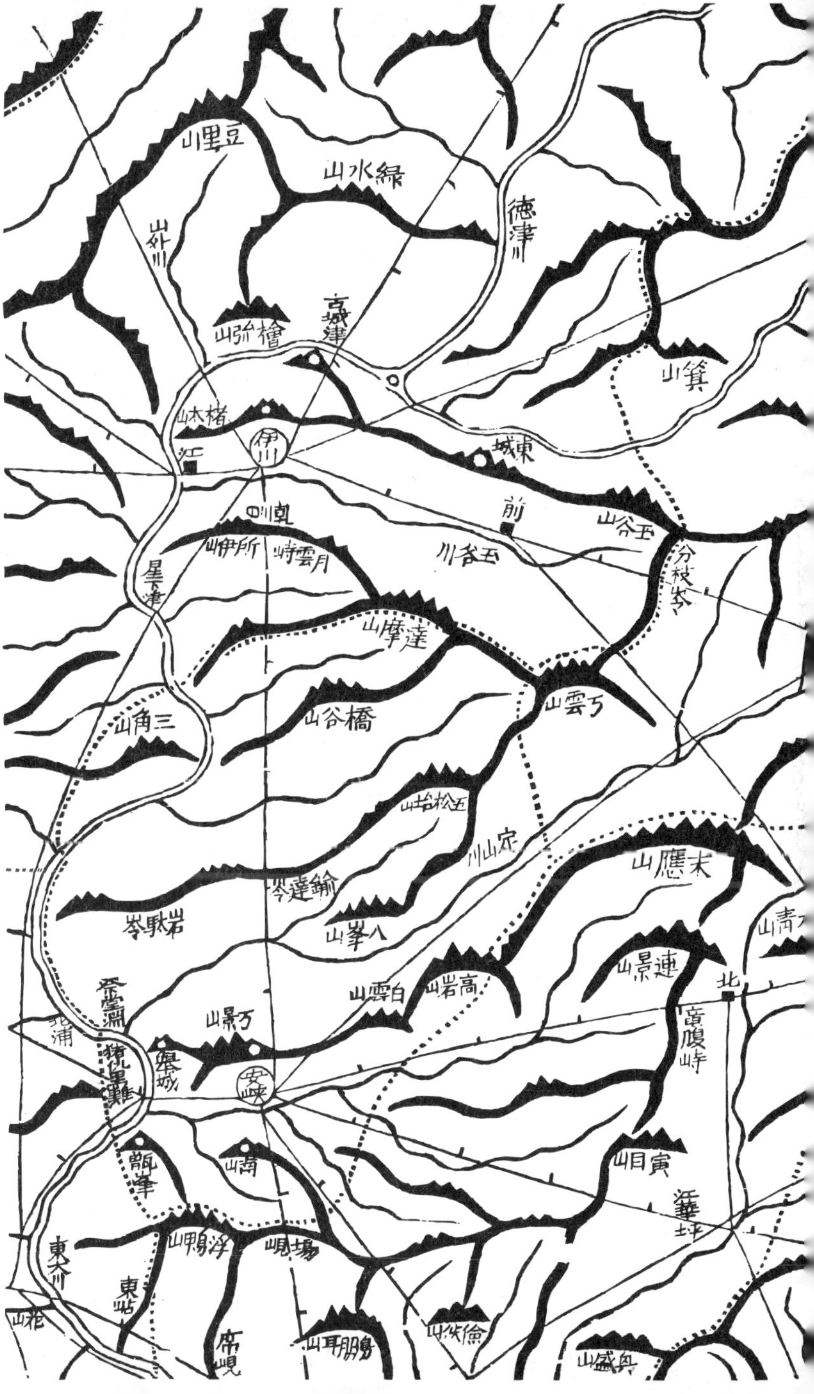
豆里山
綠水山
檜弥山
高城津
德津川
箕山
伊川
東城
前
玉谷山
玉谷川
月雲峙
星下津
達摩山
三角山
橋谷山
五松岩山
末應山
鍮達岺
八峯山
高岩山
白雲山
連景山
安峽
寅目山
場峴
東大川
東站
席峴
興盛山

十一-三 平康・鐵原・伊川

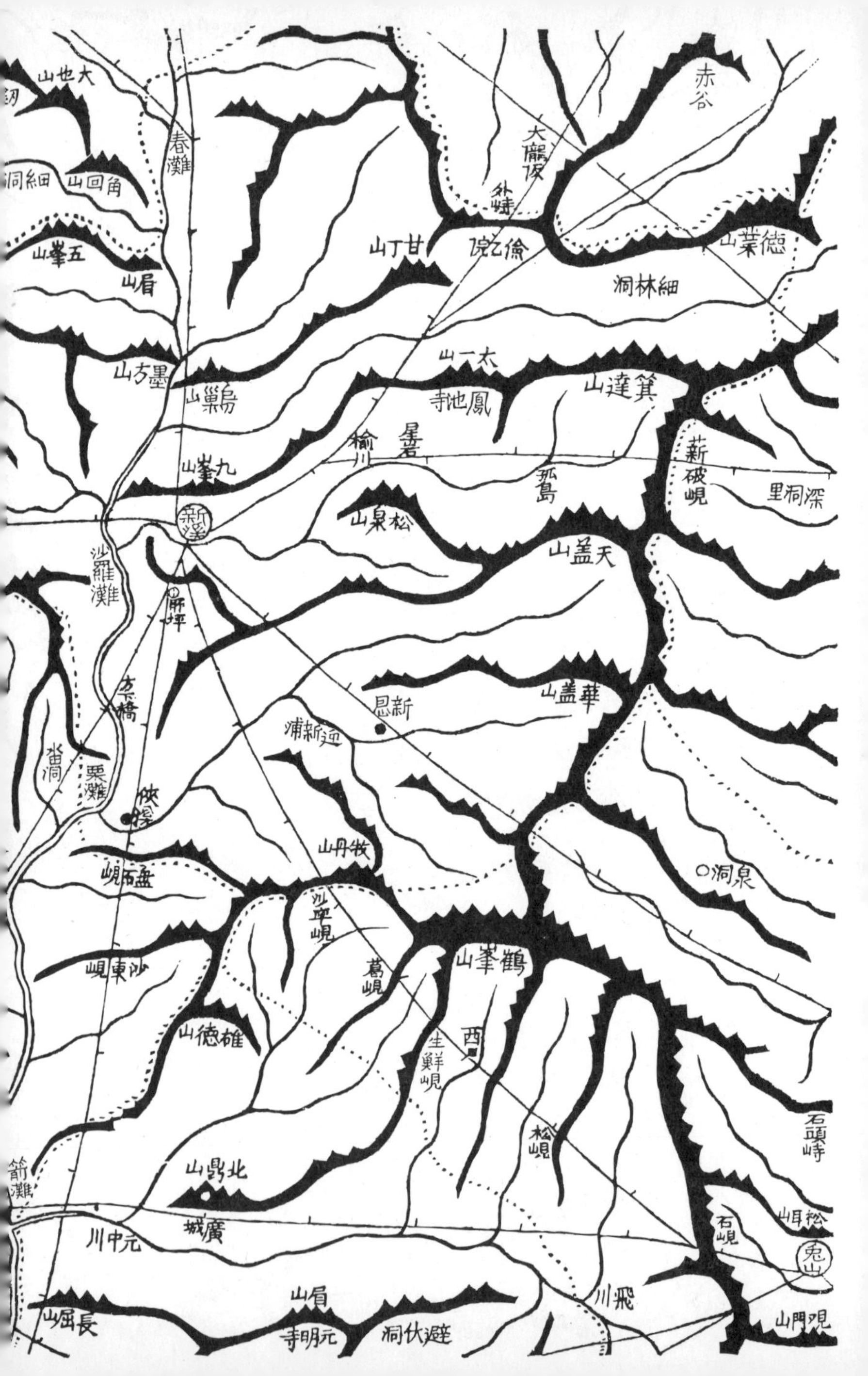

大也山
角回山
細洞
五峯山
眉山
春灘
墨方山
烏巢山
九峯山
新溪
沙羅灘
麻坪
甘丁山
外峙
倫乙院
赤谷
德業山
細林洞
太一山
鳳池寺
箕達山
楡川
星岩
孤島
新破峴
深洞里
松泉山
天盖山
華盖山
新邑
迎新浦
東橋
雀洞
栗灘
俠溪
盤石峴
牧丹山
沙平峴
泉洞
沙東峴
鶴峯山
葛峴
雄德山
生鮮峴
西
松峴
石頭峙
北島山
箭灘
廣城
元中川
石峴
松耳山
兎山
飛川
眉山
長屈山
元明寺
避伏洞
峴門山

十一-四 新溪·瑞興·平山

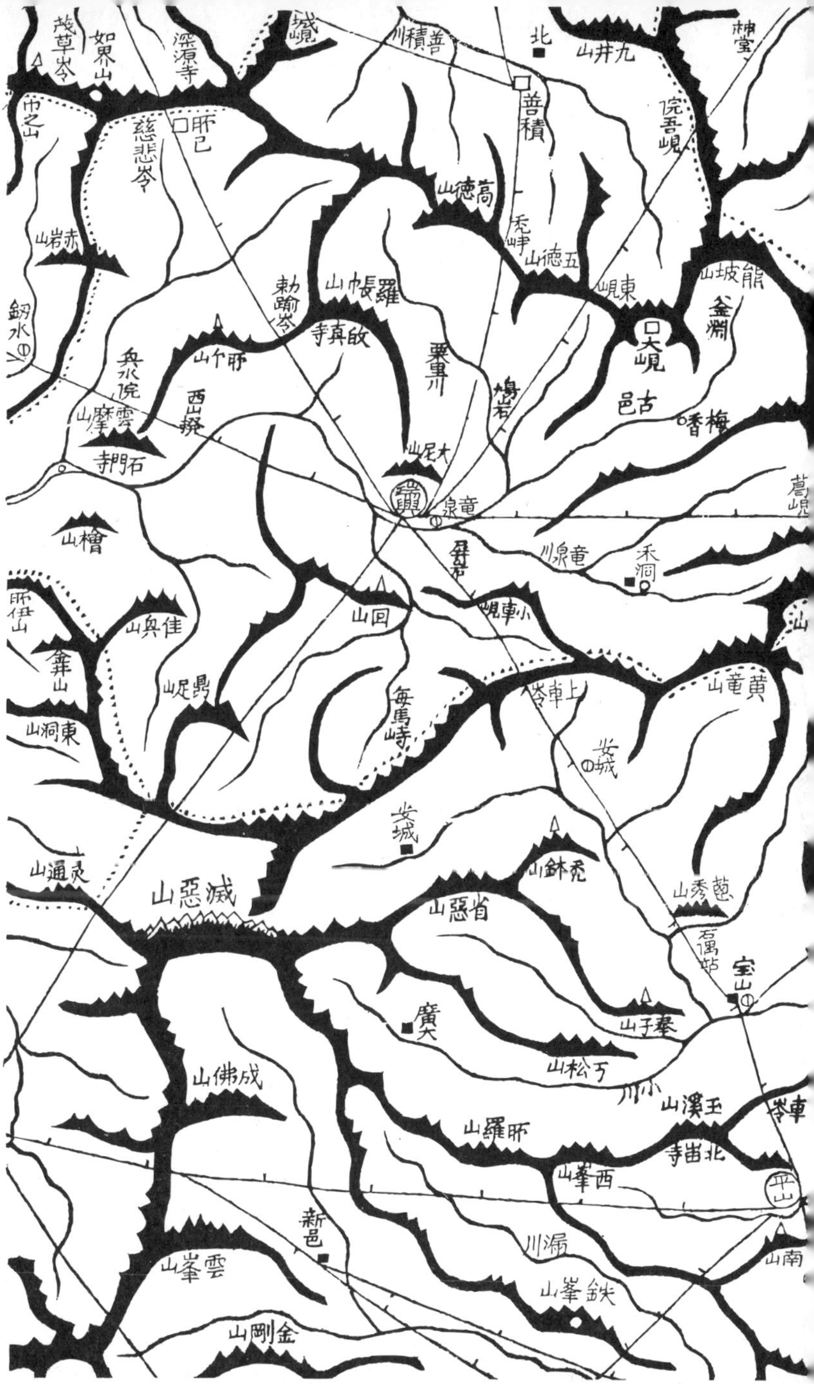
茂草岺
如界山
深源寺
巾之山
慈悲岺
所己
善積川
北
九井山
神堂
善積
俔吾峴
高德山
禿峙
五德山
赤岩山
勅踰岺
羅帳山
東峴
熊坡山
釜淵
敀真寺
所介山
栗里川
大峴
古邑
梅香
雲摩山
石門寺
大尾山
竜泉
檜山
竜泉川
禾洞
回山
小車峴
佳奥山
所伊山
東洞山
每馬峙
上車岺
黃竜山
安城
安城
滅惡山
禿鉢山
省惡山
葱秀山
石隅站
寶山
廣大
琴子山
成佛山
丁松山
小川
玉溪山
所羅山
車岺
北岳寺
西峯山
平山
新邑
漏川
南山
雲峯山
鉄峯山
金剛山

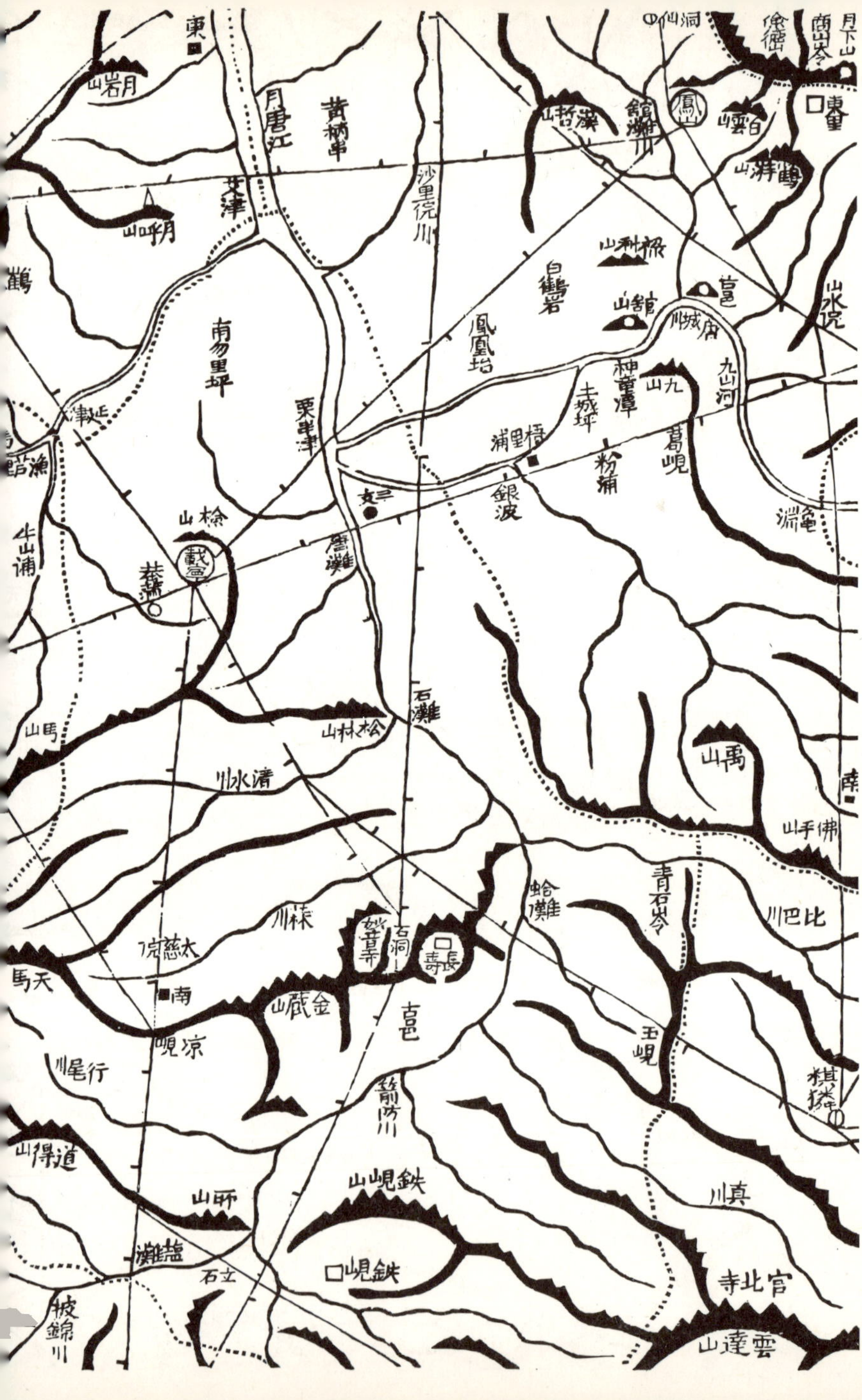

東
月岩山
月唐江
月呼山
沙里浣川
鶴
南勿里坪
鳳凰坮
白鶴岩
鳳
白雲山
東里口
月下山
官舍山
邑
府城川
神童潭
土城坪
九山
九山洞
浦里橋
葛峴
粉浦
銀波
栗串津
檜山
載寧
牛山浦
唐灘
石灘
松林山
馬山
清水川
禹山
佛手山
比巴川
青石岺
蛤灘
大慈院
天馬
南
金藏山
長壽
石洞
邑
涼峴
玉峴
道得山
前防川
鐵峴山
眞川
鐵峴口
鹽灘
立石
官北寺
雲達山

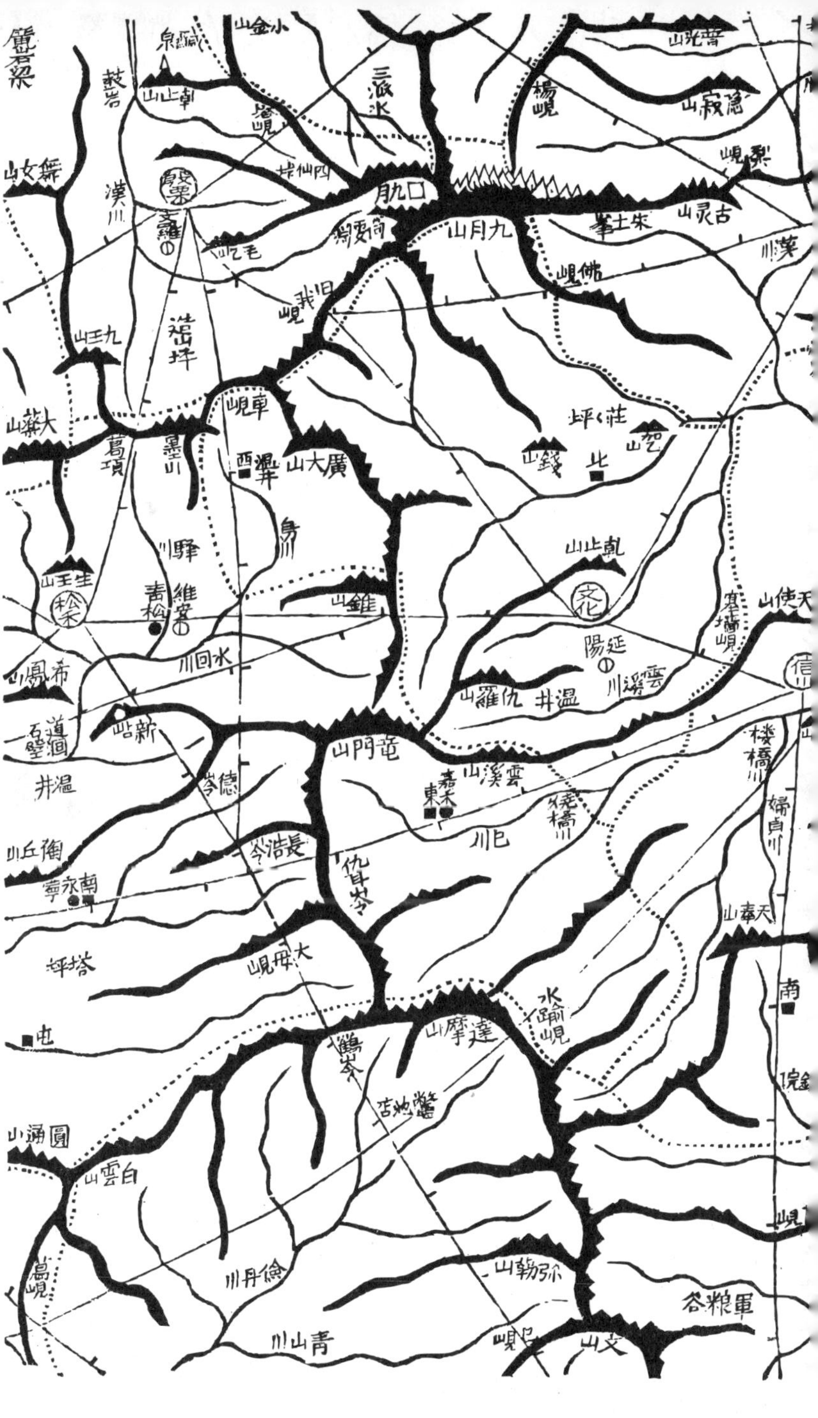
小金山
普光山
鹹泉
乾止山
鼓岩
三派水
楊峴
隱寂山
舞女山
漢川
四仙峙
九月山
古灵山
朱土峯
佛峴
九王山
大藥山
葛項
廣大山
錢山
生王山
松禾
水回川
布鳳山
文化
延陽
天使山
信川
仇羅山
温井
雲溪山
竜門山
新店
長浩峙
衡丘山
南永寧
大母峴
塔坪
天奉山
達摩山
圓通山
白雲山
弥勒山
青山川
軍粮谷
文山

席島
貴林串
比巴串
比巴山
許沙浦
海
乳浦
雲城山
長岺山
大岺
朽斤浦
春雲山
牧
椒島
小白山
唐峴
女妓浦
要項
小藥山
瑞麟峯
豊川
葉清江
清涼山
古里浦
松浦
南川
沉方浦
廣石山
楓長山
安邑寺
通川
唐舘浦
屯
兀串
東令浦
頭白山
小朴山
朴石峴
朴石山
快岩浦
槐林山
鶴栖寺
杜
汪濟屯
海安
杜鵑山
懸崖山
樂山
長淵
新行
鋤川
北
何郎浦
昇仙峯
弥羅山
毗盧峯
三川
南大川
道習山
倭城峴
佛陁山
極樂山
牧甘院
金洞
臨海寺
千佛寺
古邑
五盘山
青石山
碣峴

十一-六 豊川・長淵

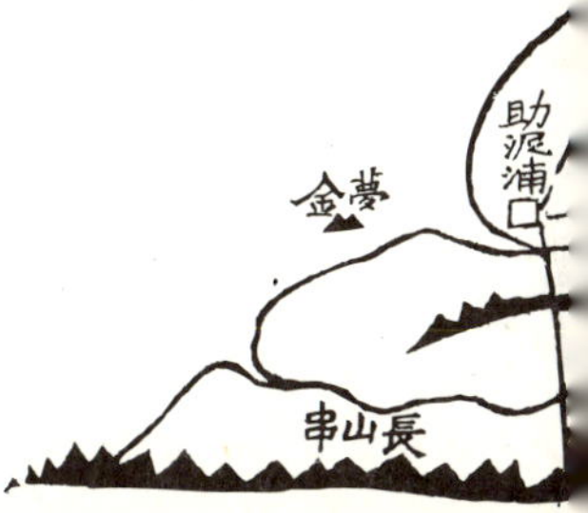

観音窟
峪山寺
連倉
襄陽
南江
大浦
双湖
水山
草峰
神雲
草津山

十二-一 杆城·襄陽·麟蹄

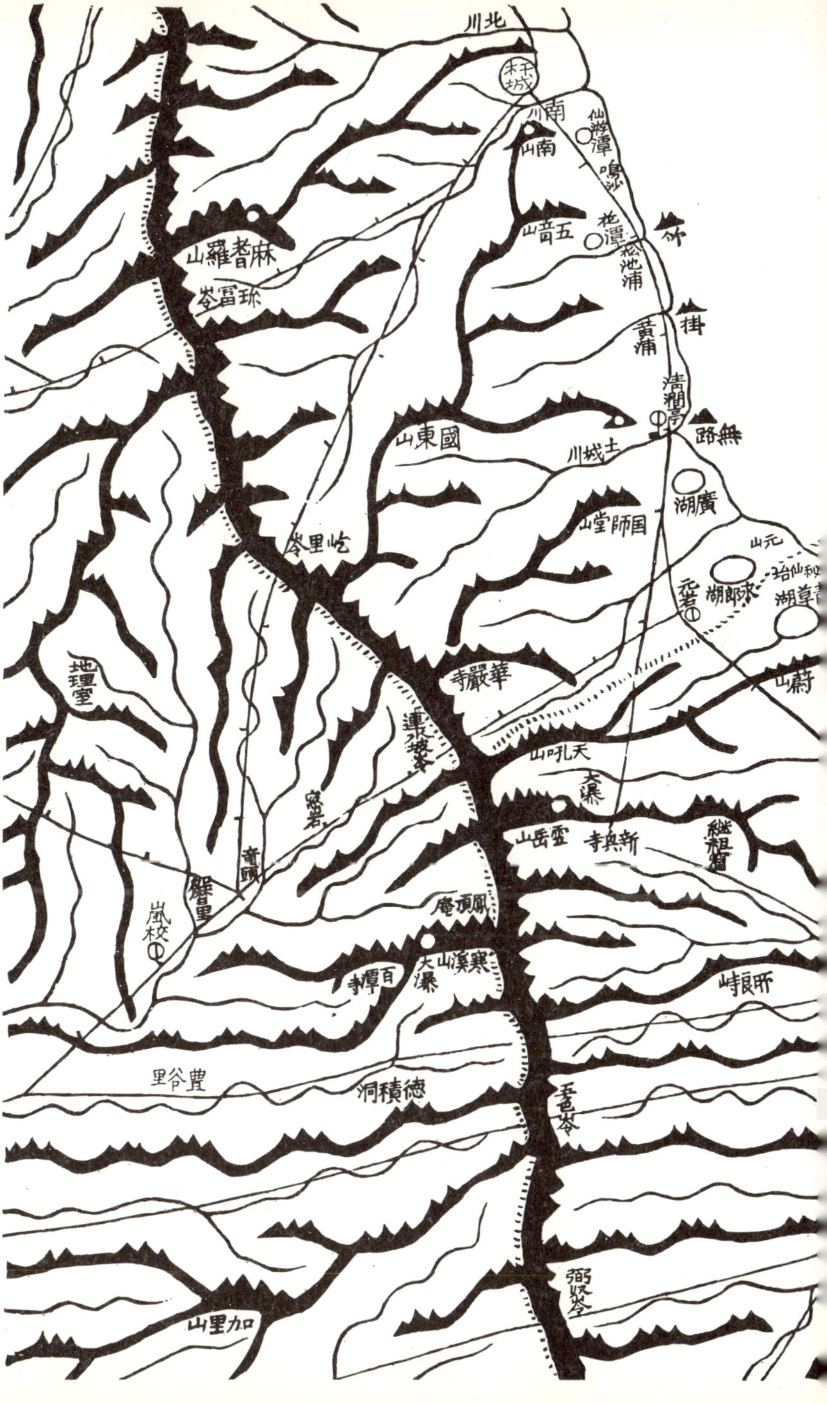

北川
杆城
南川
南山
仙遊潭
鳴沙
五音山
花潭
松池浦
麻耆羅山
黃浦
清澗亭
國東山
土城川
無路
廣湖
元山
永郞湖
華嚴寺
天吼山
大瀑
雲岳山
新興寺
繼祖窟
鳳頂庵
寒溪山
百潭寺
大瀑
豊谷里
德積洞
加里山
地理室

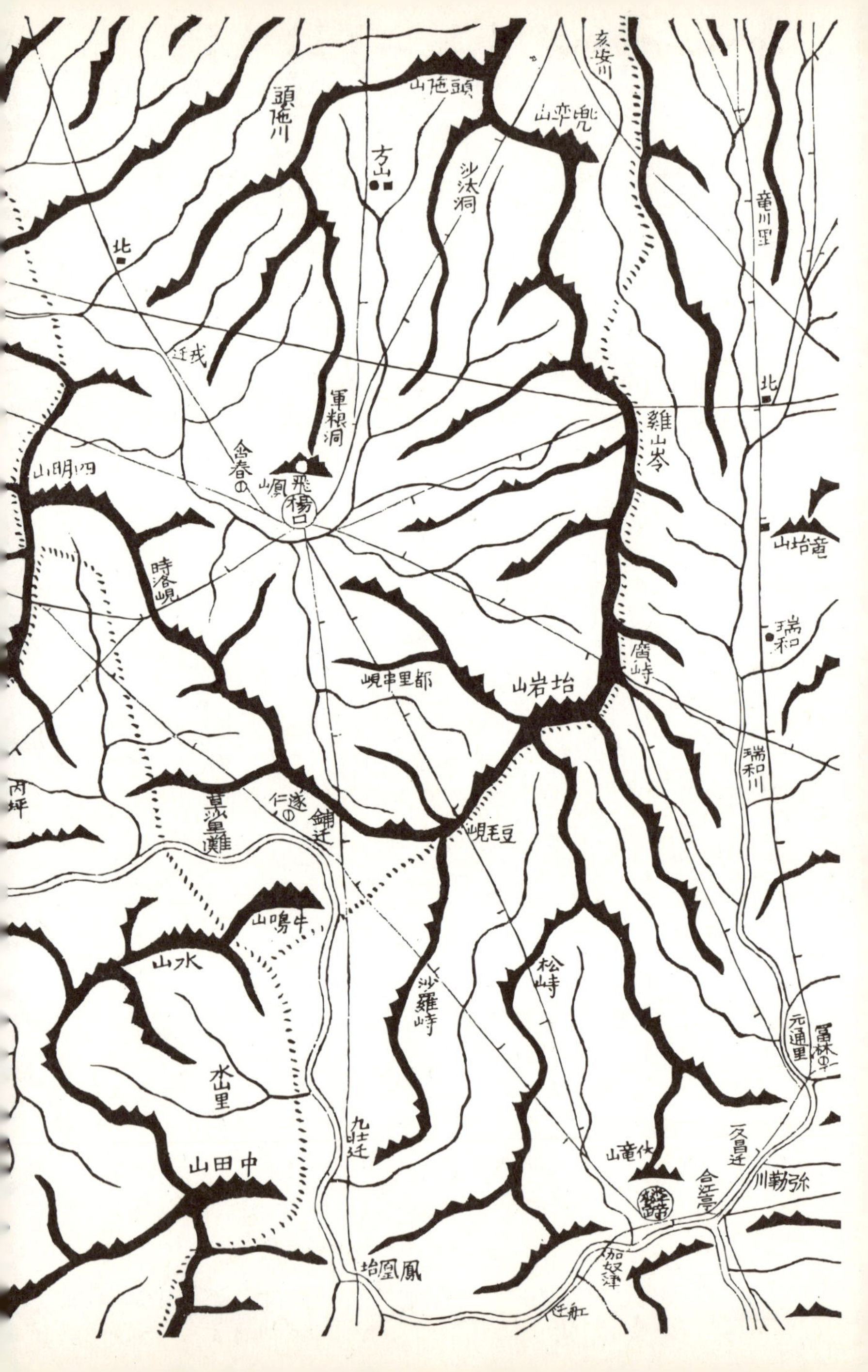

頭俺川
頭俺山
兜率山
方山
沙汰洞
竜川里
北
戎迁
軍粮洞
北
四明山
含春
鳳嶼
飛楊口
時洛峴
瑞和
都里串峴
台岩山
廣峙
瑞和川
內坪
仁遂
鋪迁
豆毛峴
牛鳴山
水山
沙羅峙
松峙
元通里
富林
水山里
九吐迁
伏竜山
合江亭
弥勒川
中田山
鳳凰台
加如津
舡迁

十二－二 楊口・麟蹄・春川

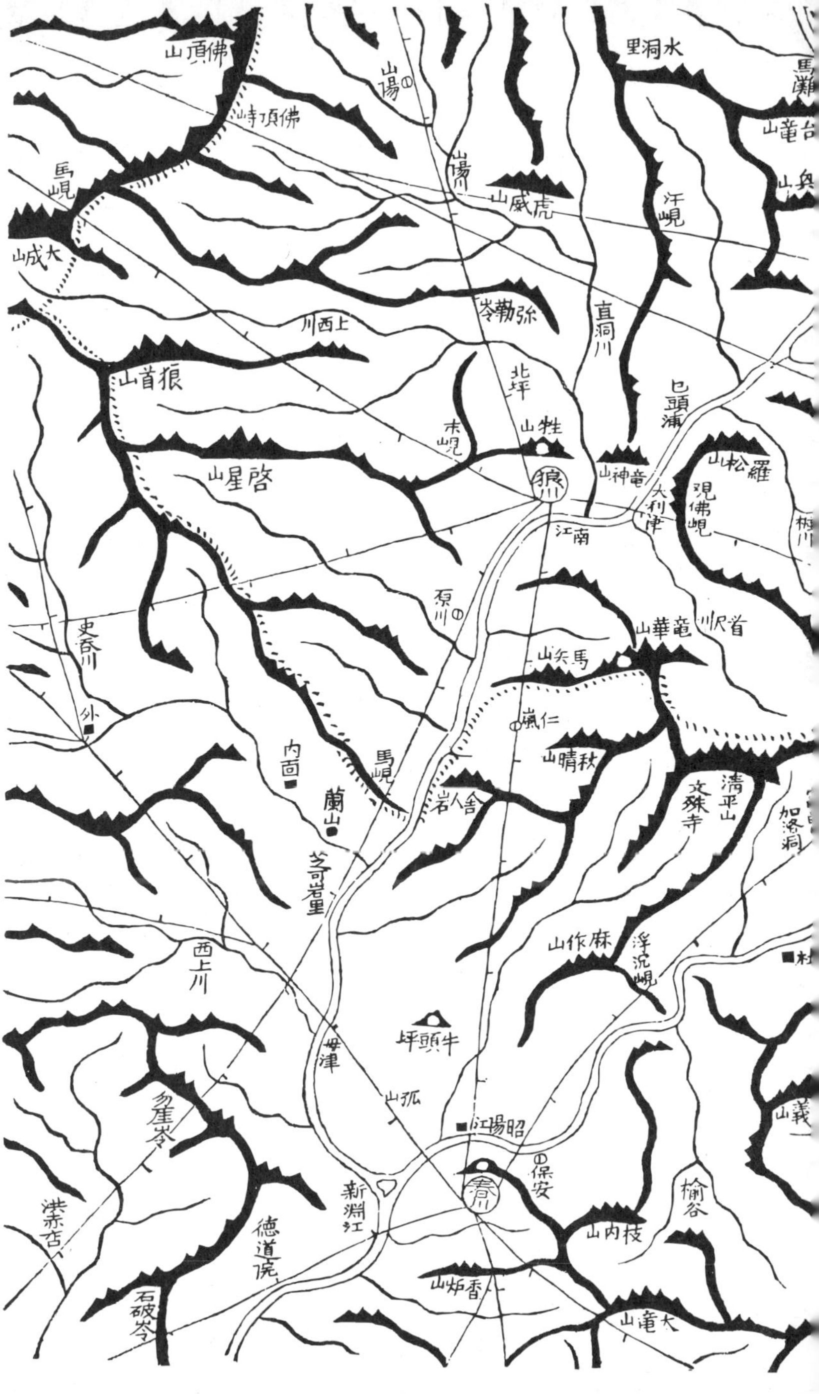
佛頂山
佛頂峙
馬峴
大成山
虎威山
水洞里
汗峴
弥勒岺
上西川
直洞川
狼首山
北坪
木峴
啓星山
竜神山
羅松山
狼川
大利津
見佛峴
江南
竜華山
首尺川
馬矢山
外
秋晴山
清平山
文殊寺
内面
馬峴
蘭山
舍人岩
加洛洞
麻作山
浮沉峴
西上川
牛頭坪
母津
孤山
昭陽江
新淵江
保安
春川
榆谷
枝内山
香炉山
石破岺
大竜山

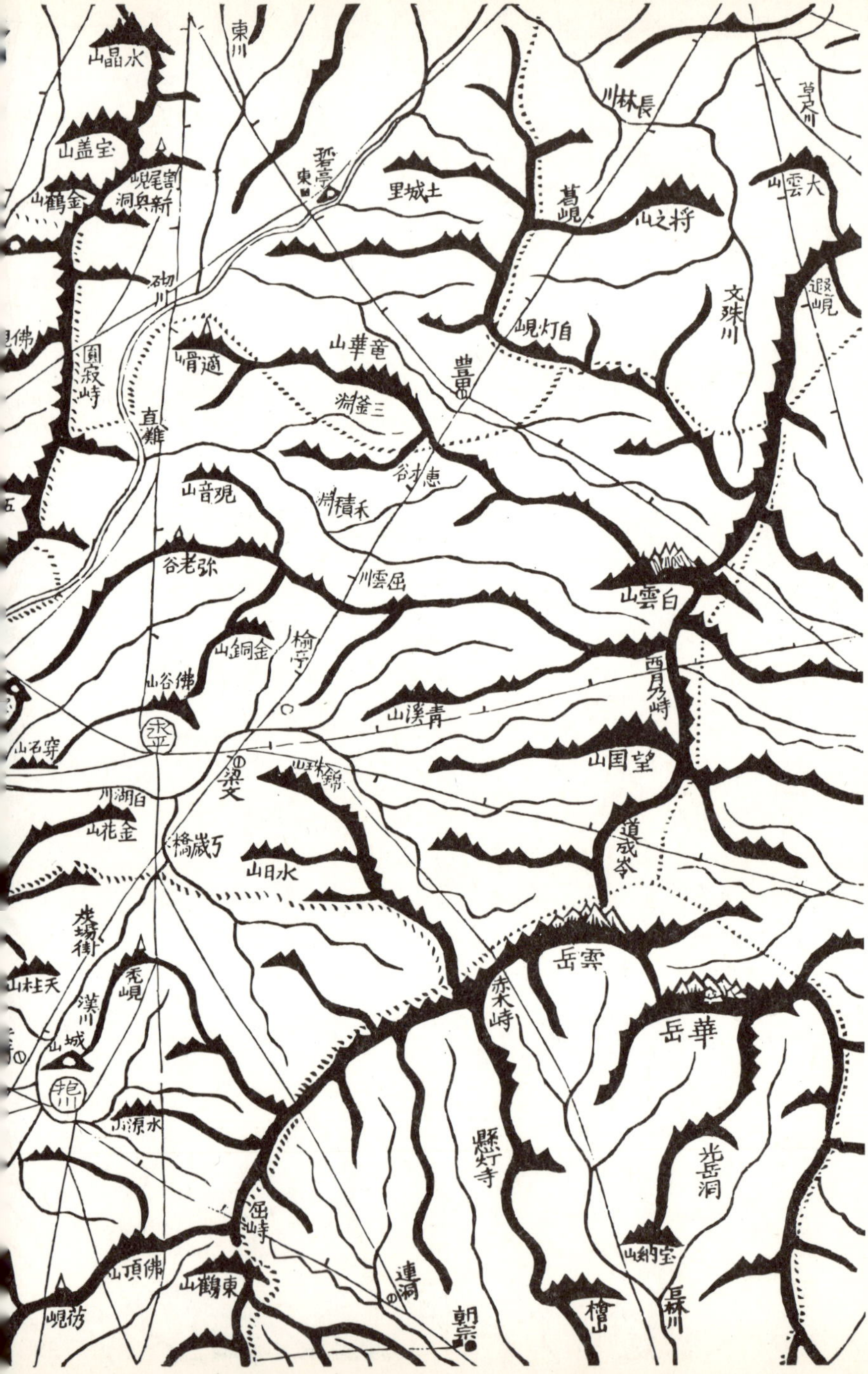

水晶山
東川
長林川
宝盖山
金鶴山
新興洞
宮尾峴
碧亭
東
土城里
葛峴
将之山
大雲山
砂川
圓寂峙
適骨山
竜華山
自灯峴
豊田
文殊川
三釜淵
直離
惠木谷
觀音山
禾積淵
彌老谷
屈雲川
白雲山
金銅山
楡亭
佛谷山
青溪山
穿石山
永平
梁文
望国山
白湖川
金花山
萬歲橋
水日山
道成岑
雲岳
赤木峙
華岳
天柱山
漢川
城山
抱川
水源山
懸灯寺
光岳洞
宝納山
佛頂山
東鶴山
連洞
朝宗
檜山
防峴

十二-三 永平·連川·抱川

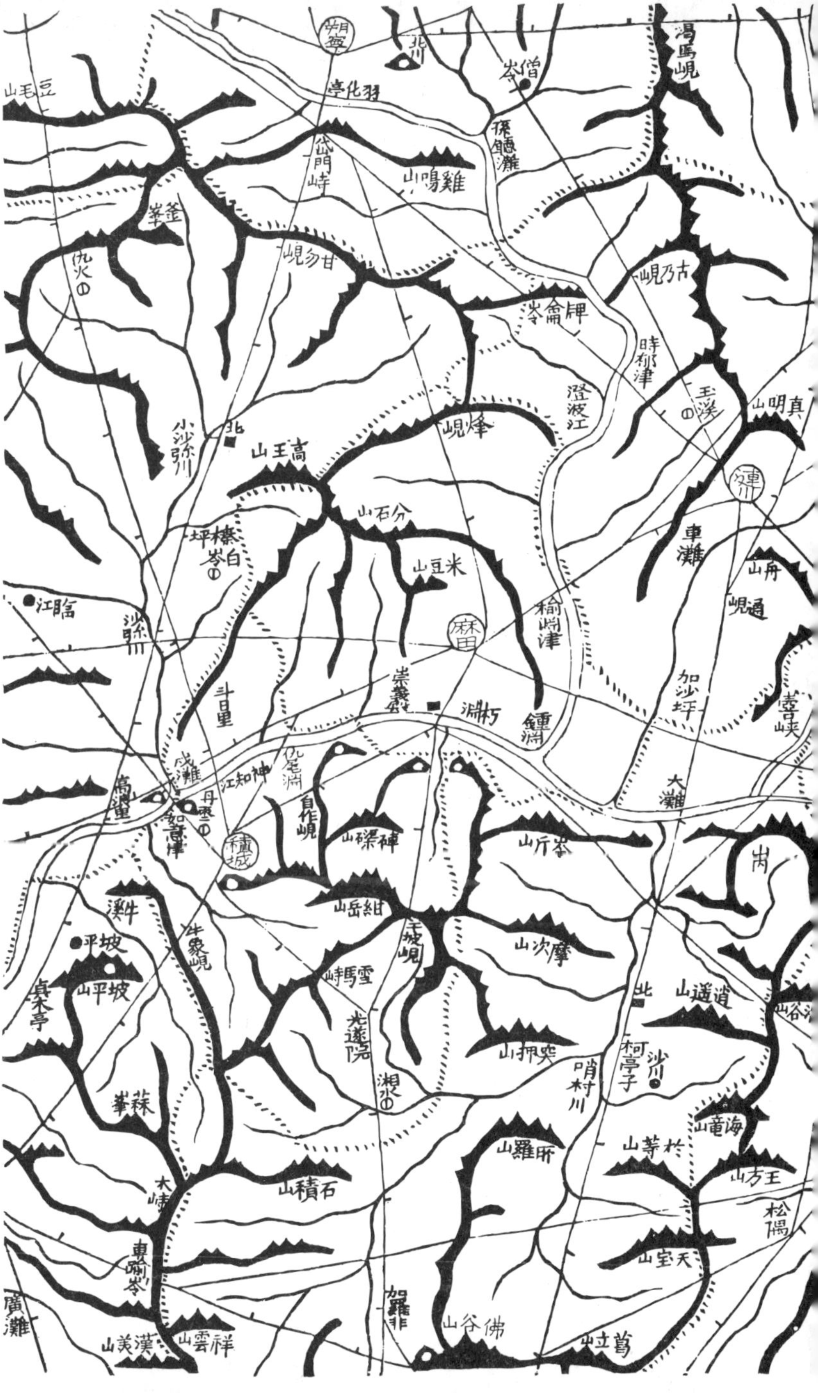
朔寧
北川
羽化亭
豆毛山
渴馬峴
雞鳴山
釜峯
甘勿峴
古乃峴
澄波江
真明山
高王山
漣川
分石山
車灘
舟山
米豆山
臨江
通峴
麻田
沙川
加沙坪
斗日里
鍾淵
大灘
神知江
積城
自作峴
紺岳山
雪馬峙
摩次山
道逍山
坡平
坡平山
石積山
所羅山
天宝山
王方山
佛谷山
祥雲山
漢美山
廣灘
松隅
海龍山
柯亭子
湘水

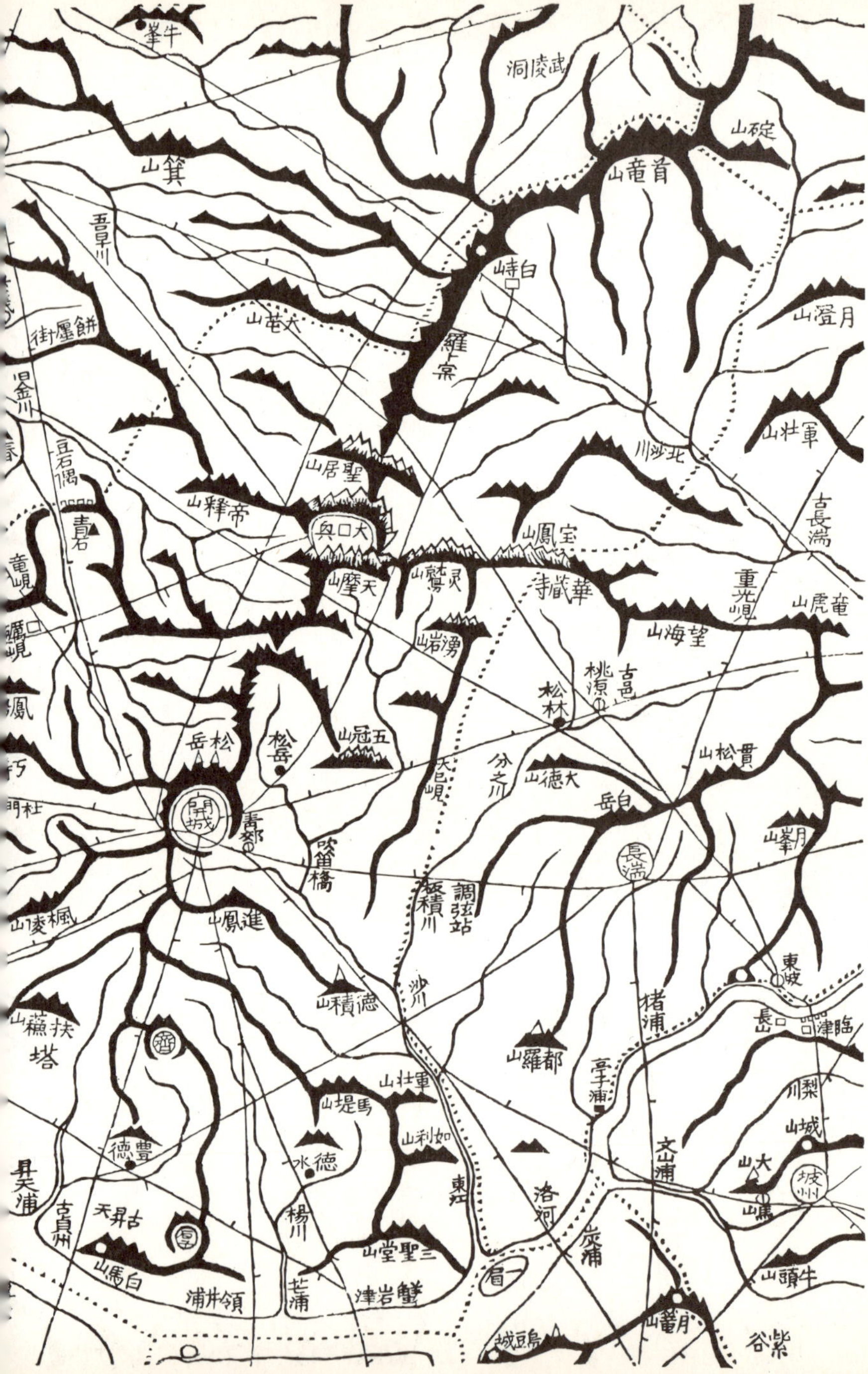

牛峯
武陵洞
碇山
首奄山
箕山
吾早川
白峙
月登山
大芚山
羅宗
金川
豆石隅
軍壯山
北沙川
聖居山
帝釋山
青石
大興
宝鳳山
古長湍
天摩山
靈鷲山
華藏寺
重光峴
望海山
湧岩山
古邑
桃源
松林
五冠山
松岳
松嶽
分之川
大德山
貫松山
白岳
開城
青郊
吹笛橋
長湍
月峯山
進鳳山
調弦站
板積川
沙川
積德山
東坡
猪浦
長山
臨津
扶蘇山
塔
都羅山
亭子浦
梨川
軍壯山
馬堤山
如利山
城山
豊德
德水
文山浦
大山
坡州
東江
洛河
昇天浦
古貞州
古昇天
楊川
三聖堂山
白馬山
炭浦
牛頭山
領井浦
芒浦
蟹岩津
月籠山
烏頭城
紫谷

十二ー四 開城・長湍・白川

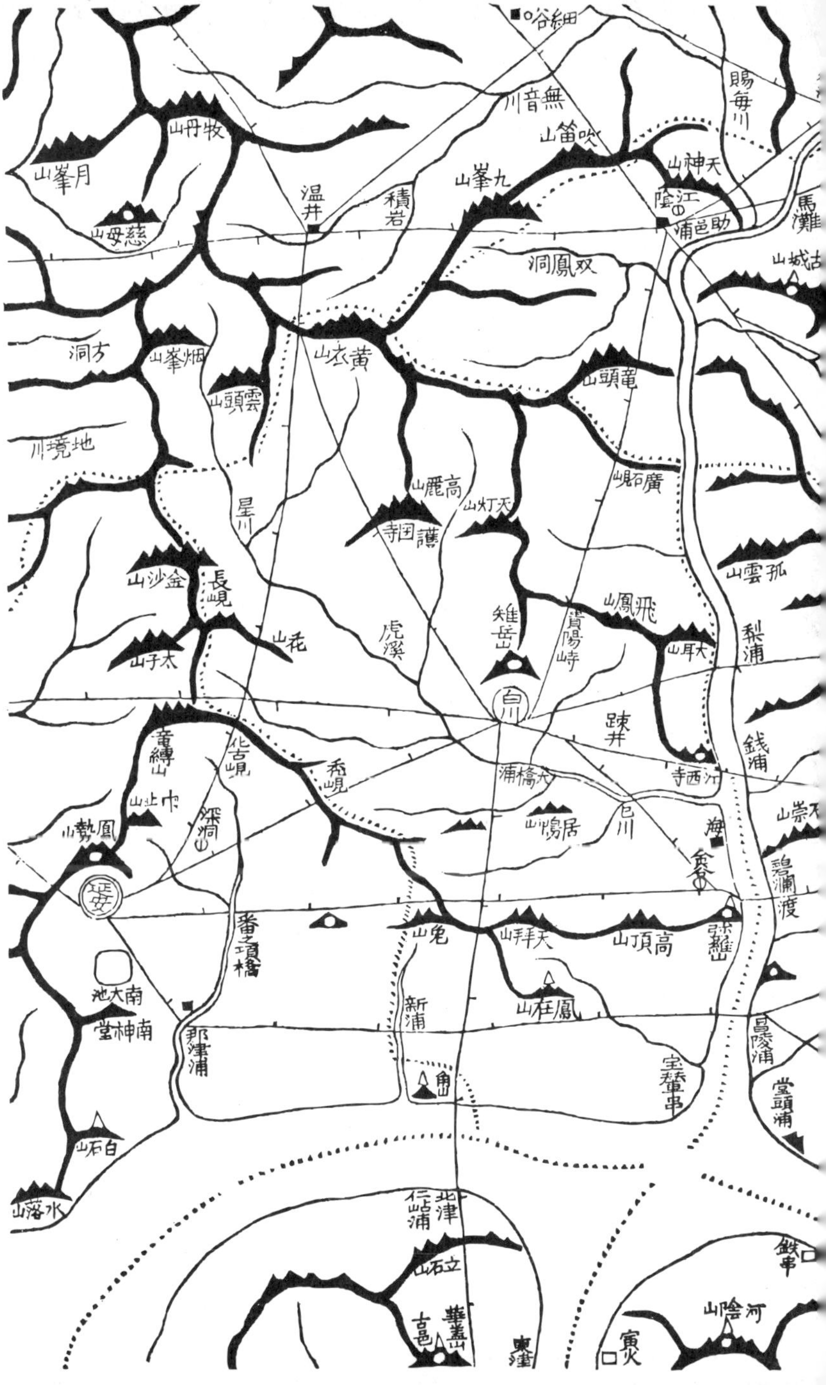

細谷
無音川
牧丹山
月峯山
慈母山
温井
積岩
吹笛山
九峯山
天神山
賜每川
江陰
助邑浦
馬灘
古城山
双鳳洞
方洞
烟峯山
黄衣山
雲頭山
竜頭山
地境川
廣石峴
高麗山
天灯山
星川
護国寺
孤雲山
金沙山
長峴
飛鳳峴
雉岳山
貴陽峙
虎溪
花山
大耳山
梨浦
太子山
白川
跡井
竜縛山
佐吉峴
大橋浦
江西寺
銭浦
巾山
深洞
居陽山
邑川
鳳勢山
海倉
碧瀾渡
延安
番之項橋
亀山
天拜山
高頂山
南大池
鳳在山
新浦
南神堂
那津浦
角山
宝蓋串
堂頭浦
白石山
北津
仁站浦
水落山
立石山
鐵串
河陰山
華蓋山
古邑

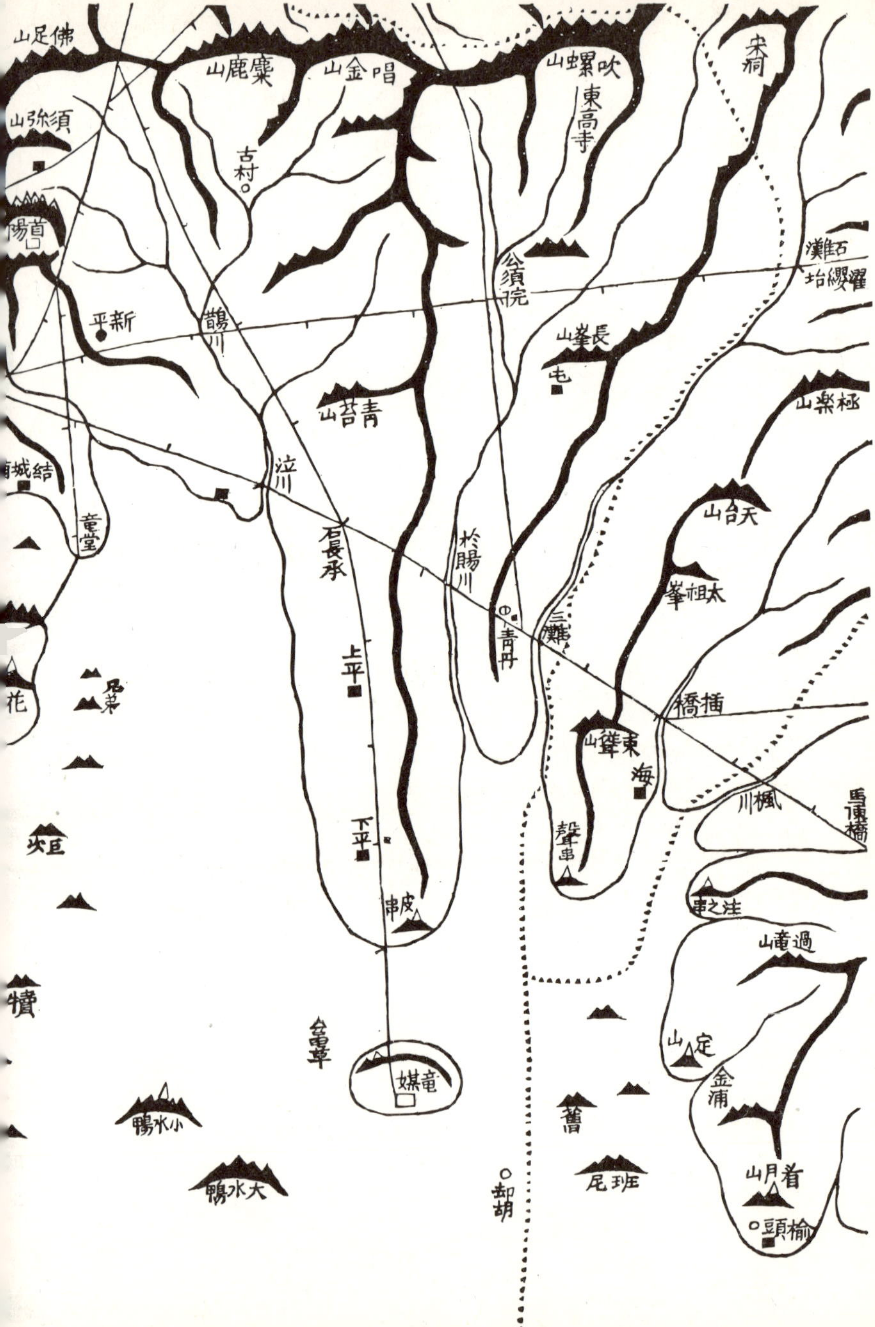

佛足山
須弥山
首陽
欒鹿山
唱金山
古村
吹螺山
東高寺
宋洞
公須院
石灘
翟纓坮
鵲陽川
新平
長峯山
屯
靑苔山
極樂山
結城
泣川
童堂
天台山
於陽川
靑丹
三灘
太祖峯
挿橋
東聳山
海
楓川
馬頭橋
上平
下平
皮串
注之串
過竜山
定山
金浦
竜媒
小水鴨
大水鴨
班尼
首月山
榆頭
花

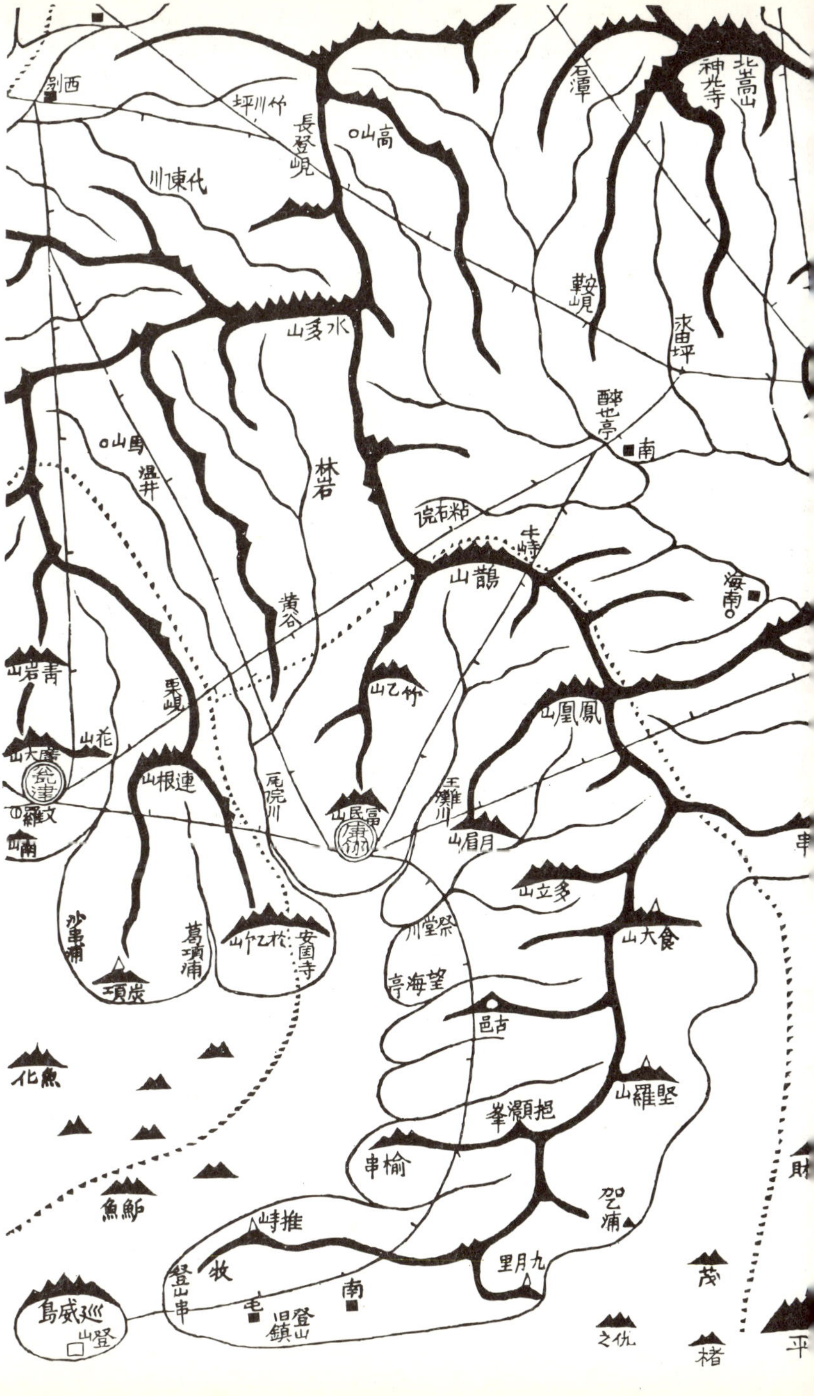
長登峴
水多山
林岩
鵲山
黄谷
青岩山
鳳凰山
連根山
富民山
康翎
甕津
尾院川
月眉山
醉也亭
海南
望海亭
古邑
堅羅山
九月里
登山串
登山舊鎮
牧
南
茂

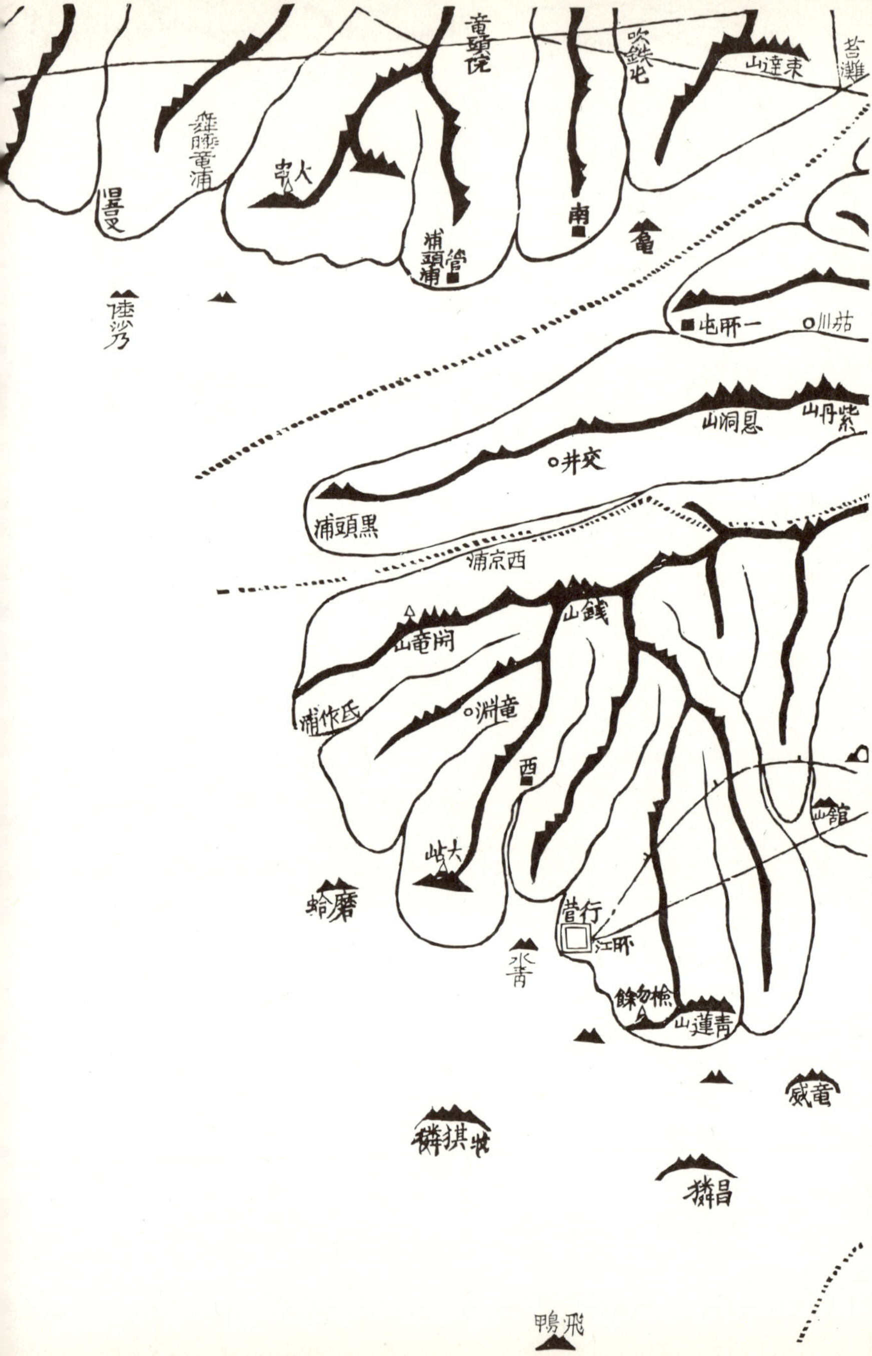
竜頭院
吹鐵屯
東達山
南
一所屯
紫丹山
息洞山
交井
黑頭浦
西京浦
錢山
氏作浦
竜淵
西
館山
大屹
行營
所江
青水
青蓮山
飛鴨

十二―六 長淵・甕津

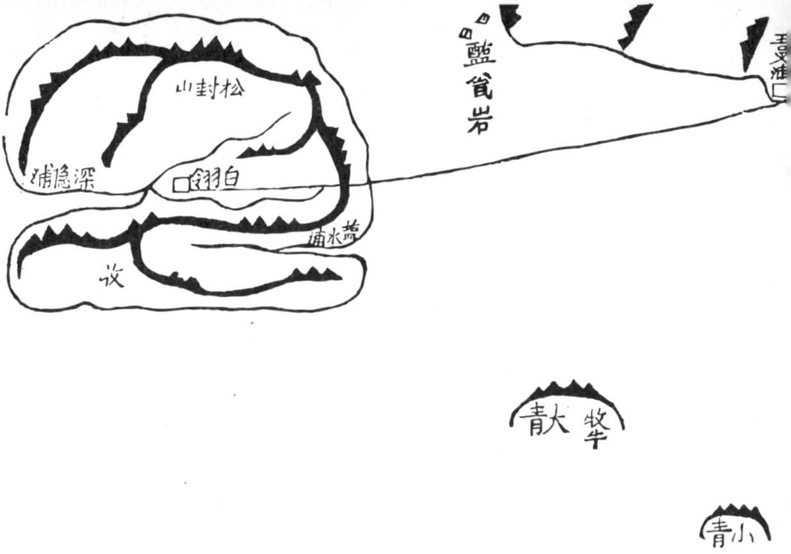

十三—一 江陵

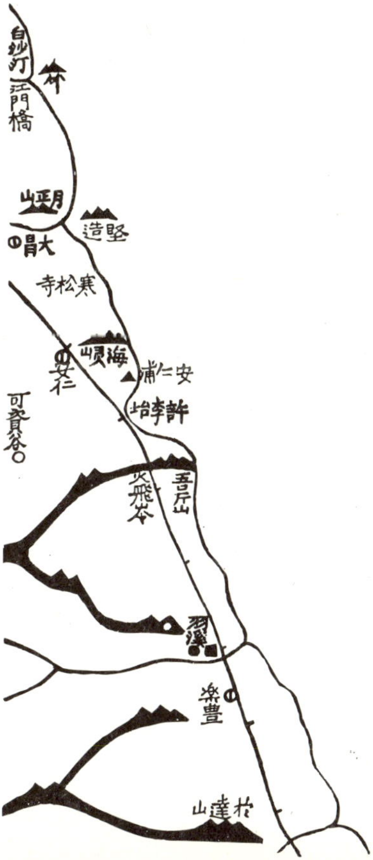

観瀾亭
洞山
道寂寺
明珠寺
陽野山
麻湖
香湖
新里
注文津
冬德
連谷
青鶴山
真雲峯
九竜淵
天浮洞
道岩
沙火山
泥峴
城山
鏡浦台
嘉南
普賢山
海松亭
月精寺
大關岺
横溪
済民院
丘山
江陵
德方
月精街
横溪川
高端
淡定山
臨溪
東
棟堤
餘糧
木溪
典王山
素來洞川
地境里
插雲岺
細川

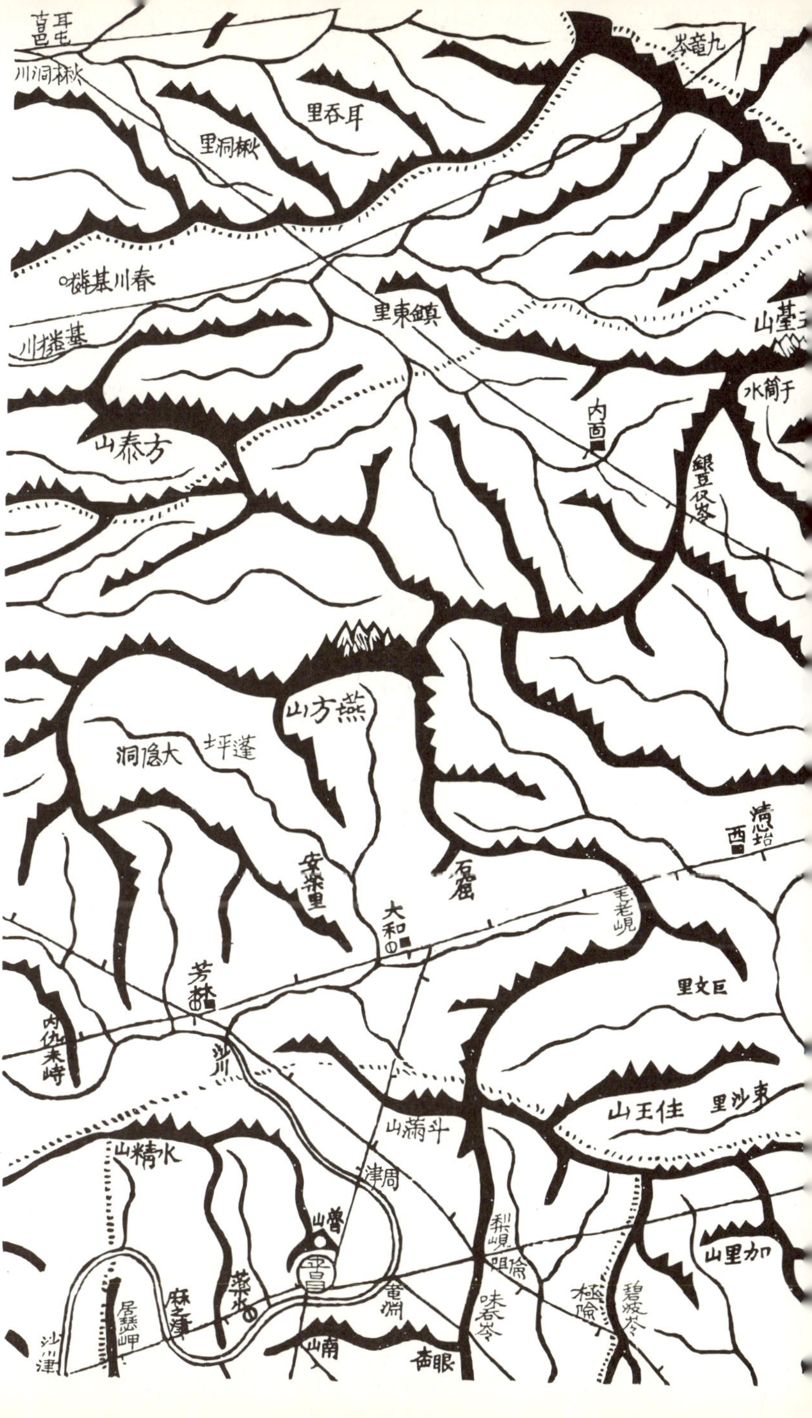
耳屯
古邑
秋洞川
秋洞里
耳呑里
九龍岺
春川基
鎮東里
方泰山
內面
千筒水
燕方山
蓬坪
大隱洞
大和
芳林
毛老峴
清心坮
西面
巨文里
內仇未峙
住王山
東沙里
水精山
周津
平昌
加里山
梨峴
味呑岺
碧波岺
麻之津
南山
沙川津

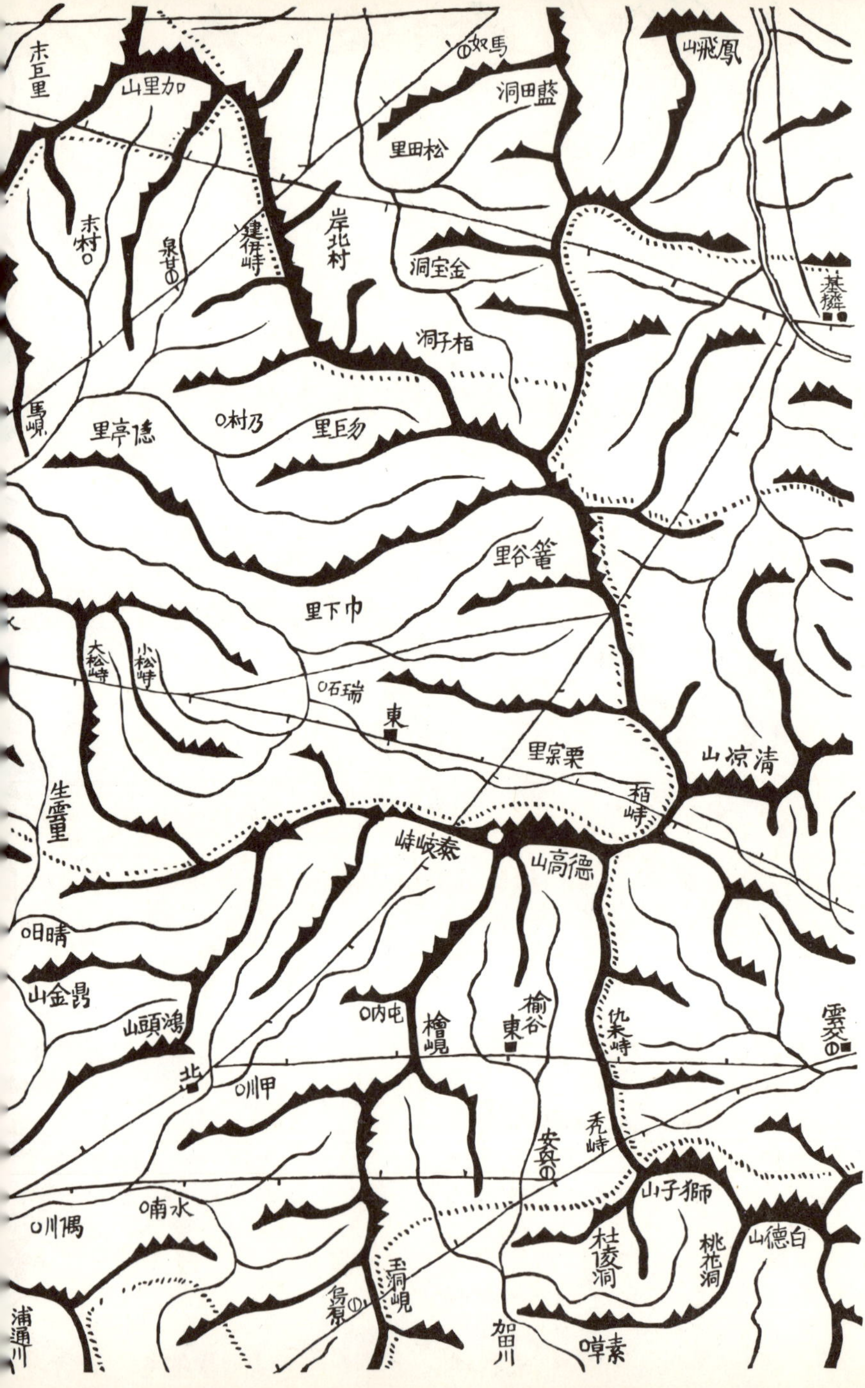

赤巨里
加里山
馬如
鳳飛山
藍田洞
松田里
赤村
甘泉
建俳峙
岸北村
金宝洞
柏子洞
麒麟
馬峴
德亭里
乃村
勿巨里
篭谷里
巾下里
大松峙
小松峙
瑞石
東
栗宗里
栢峙
清涼山
生靈里
泰岐峙
德高山
晴日
昌金山
鴻頭山
內屯
檜峴
榆谷
東
仇未峙
雲交
北
甲川
安興
禿峙
獅子山
水南
偶川
杜陵洞
桃花洞
白德山
玉洞峴
烏原
浦通川
加田川

安保
三岳山
南社
芳谷
五峯山
孔之川
前防山
松田峙
沙峴
武陵峡
原昌
九折山
楡峴
君子谷
北川
柯亭川
鳴岩川
石花山
金鶴山
洪川
伐力川
九湾里西
洪川江
三浦
大弥山
八峯山
盤谷里
陽徳院
玉流洞
南
白羊峙
神堂峙
鳩峙
外
新岱里
不動山
飛竜山
葛峴
於路峴
加五峙
墨方山
新
馬山
横城
地向谷
獐峴

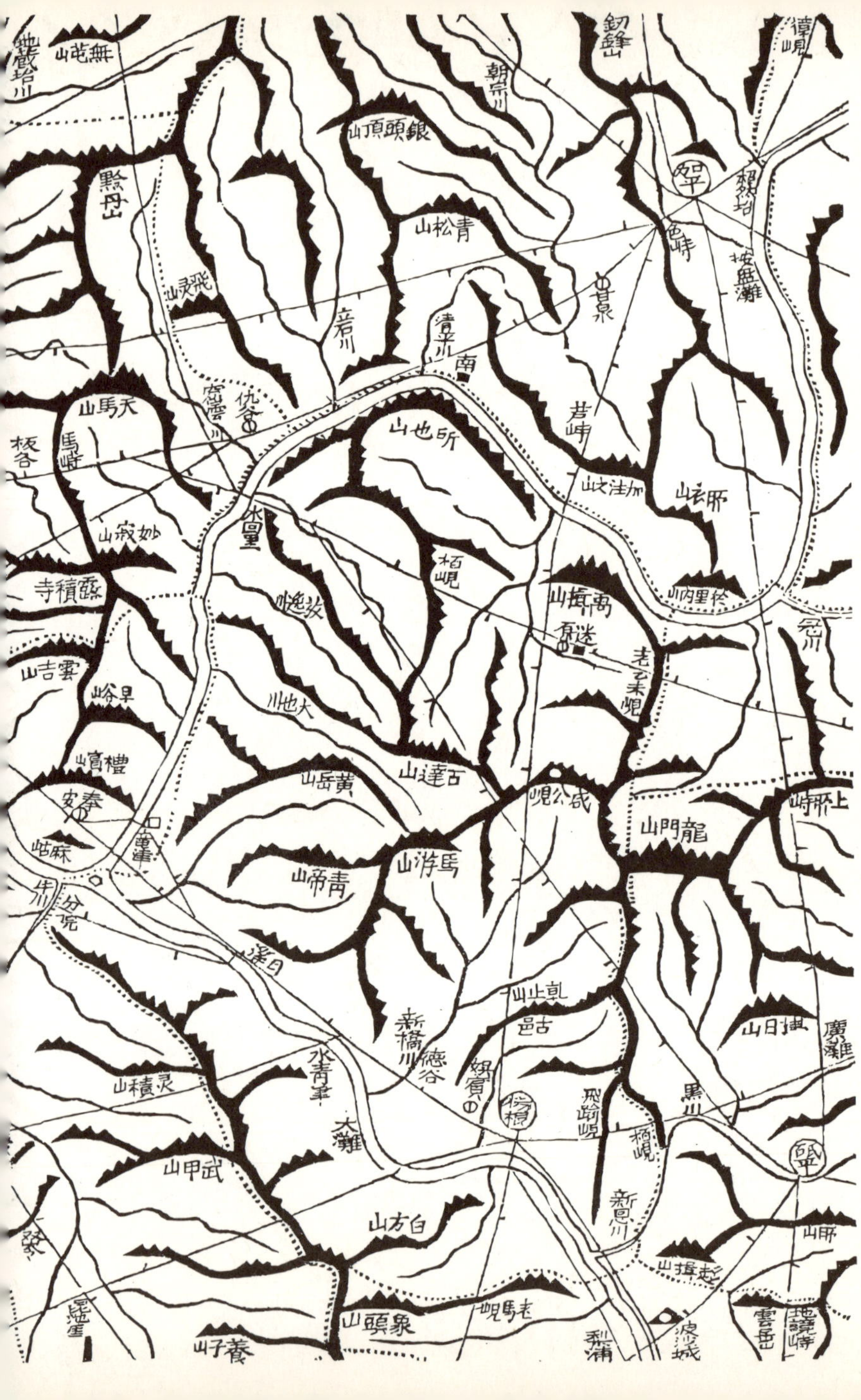

銀頭頂山
青松山
黔丹山
天馬山
馬峙
所也山
妙寂山
蘇積寺
雲吉山
早谷峙
黃岳山
古達山
龍門山
青帝峙
乾止山
古邑
新橋川
德谷
大灘
武甲山
白方山
象頭山
老馬峴
養子峙
黑川
梨浦
楊根
砥平
雲岳山

十三－四 楊州・廣州・楊根

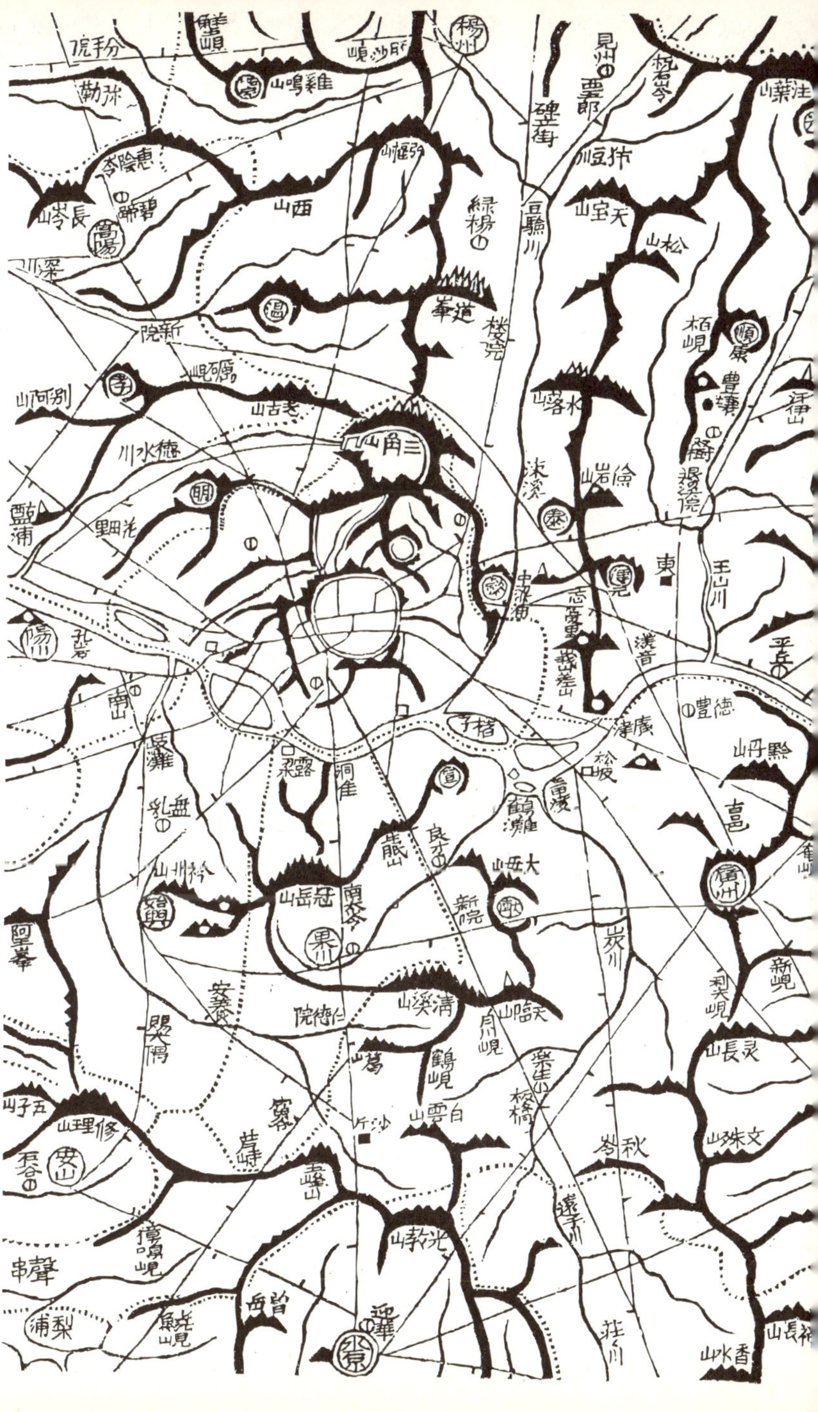
楊州
見州
雞鳴山
天寶山
松山
西山
高陽
碧蹄
惠陰嶺
長嶺
綠楊
道峯
三角山
德水川
東
廣津
楮子
冠岳山
南泰嶺
果川
大母山
新院
炭川
清溪山
仁德院
安養
月川峴
鶴峴
葛山
沙斤
白雲山
修理山
安山
光教山
文殊山
秋嶺
廣州

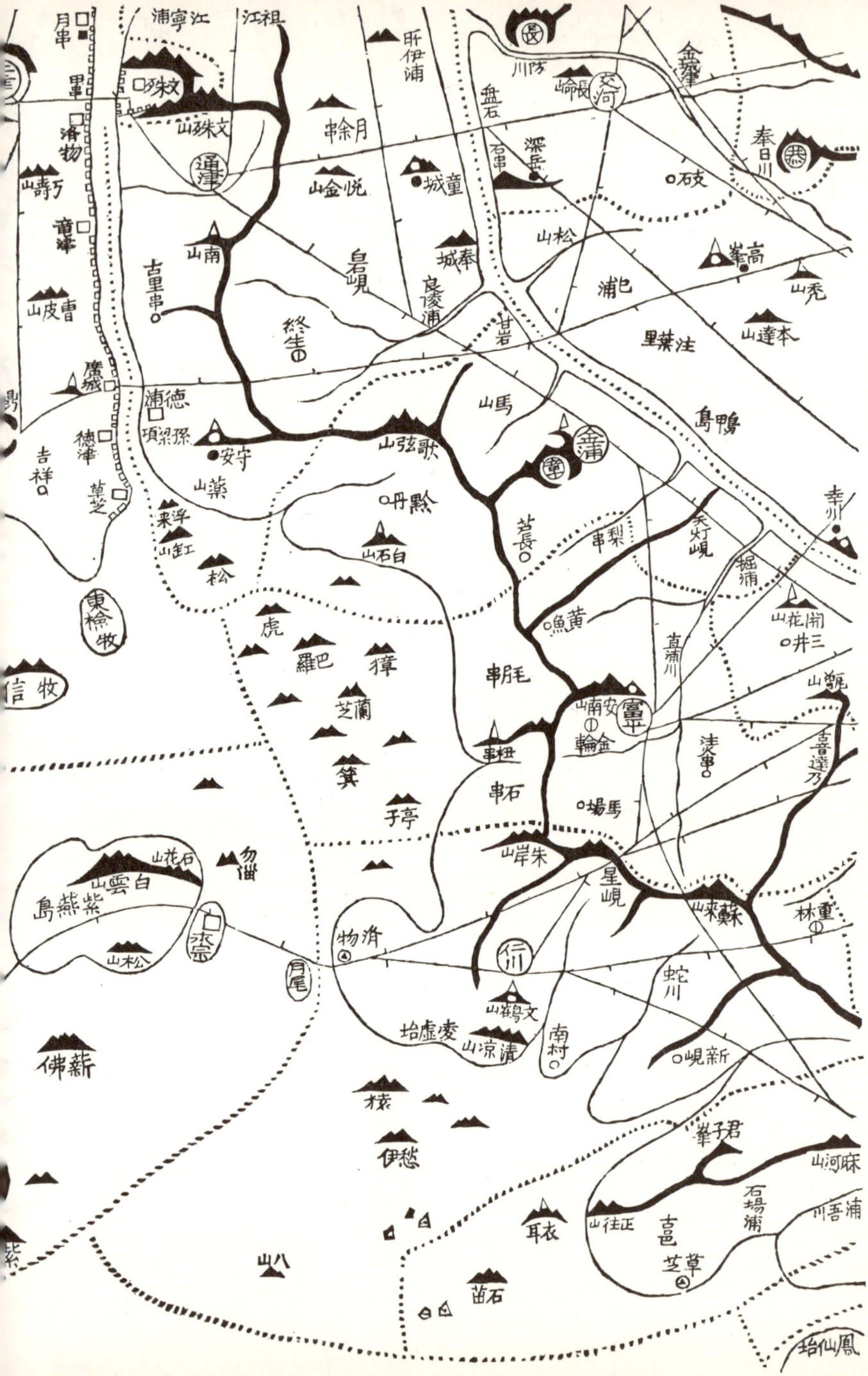

祖江
文殊山
通津
南山
古里串
德浦
守安
藥山
歌弦山
月餘串
悅金山
童城
奉城
盤石
深岳
交河
防川
奉日川
高峯
禿山
本達山
鴨島
幸州
開花山
三井
黃魚
梨串
安南山
富平
金輪
馬場
石串
朱岸山
星峴
蘇來山
重林
仁川
蛇川
新峴
文鶴山
淸凉山
南村
麥虛坮
濟物
月尾
紫燕島
白雲山
石花山
松山
新佛
石苗
衣耳
君子峯
正往山
草芝
石場浦
鳳仙坮
東檢牧
信牧
白石山
羅巴
蘭芝
亭子
吉祥
德津
廣城
龍津

十三－五　江華・金浦・仁川

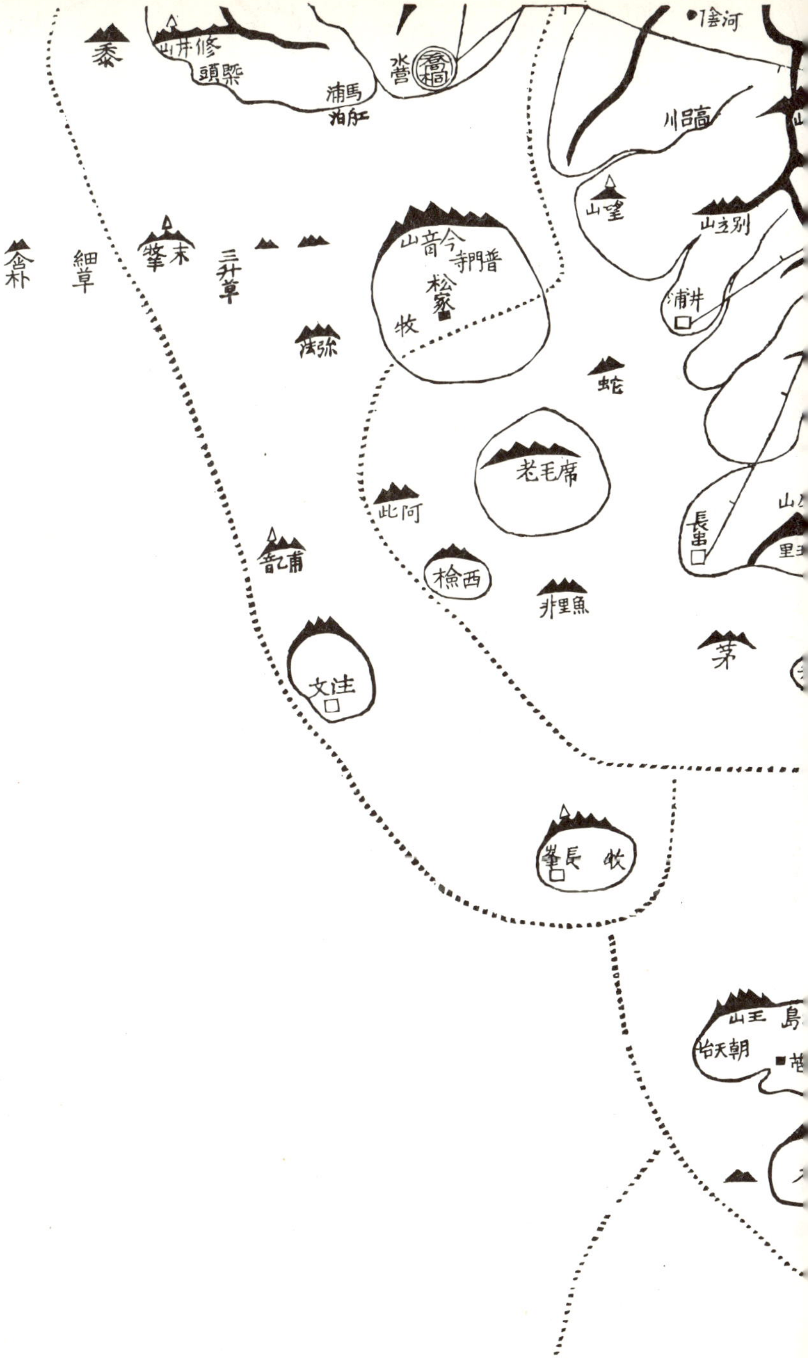
修井山
熙頭
馬浦
水營
喬桐
河陰
高邑川
望山
別立山
井浦
普門寺
今音山
松家
牧
末峯
三升草
細草
彌法
蛇
席毛老
阿此
西檢
魚里非
茅
文注
長峯
牧
王山
朝天台

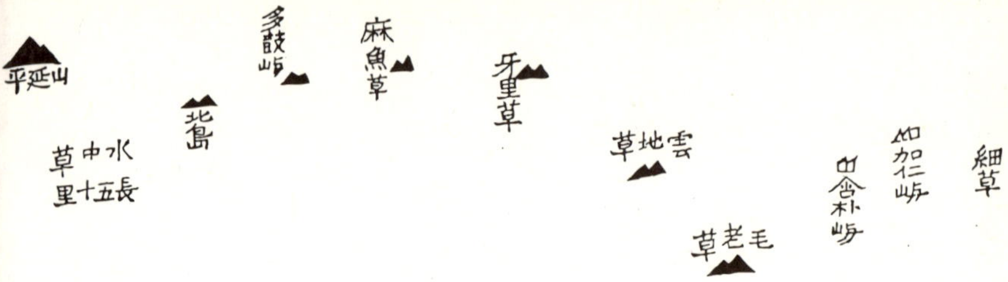

平延山
北島
多鼓峙
麻魚草
牙里草
水中草
長五十里
雲地草
毛老草
合朴峙
加仁峙
細草

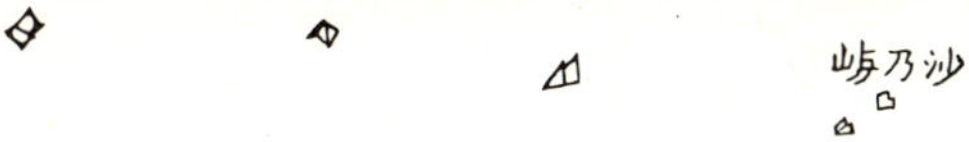
屿乃沙

二島相去不遠風日清明則可望見

于山

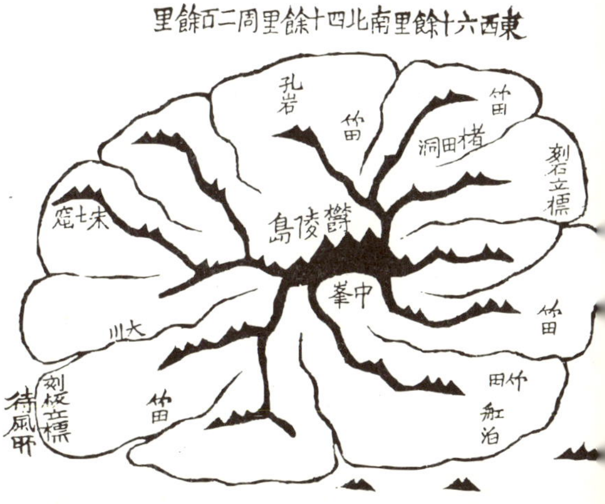
東西六十餘里南北四十餘里周二百餘里
鬱陵島
中峯
孔岩
楮田洞
刻石立標
朱土窟
大川
刻板立標
待風所
竹田
船泊

城
葛岺
恒出道山
興富
竹邊串

十四-二 三陟·蔚珍

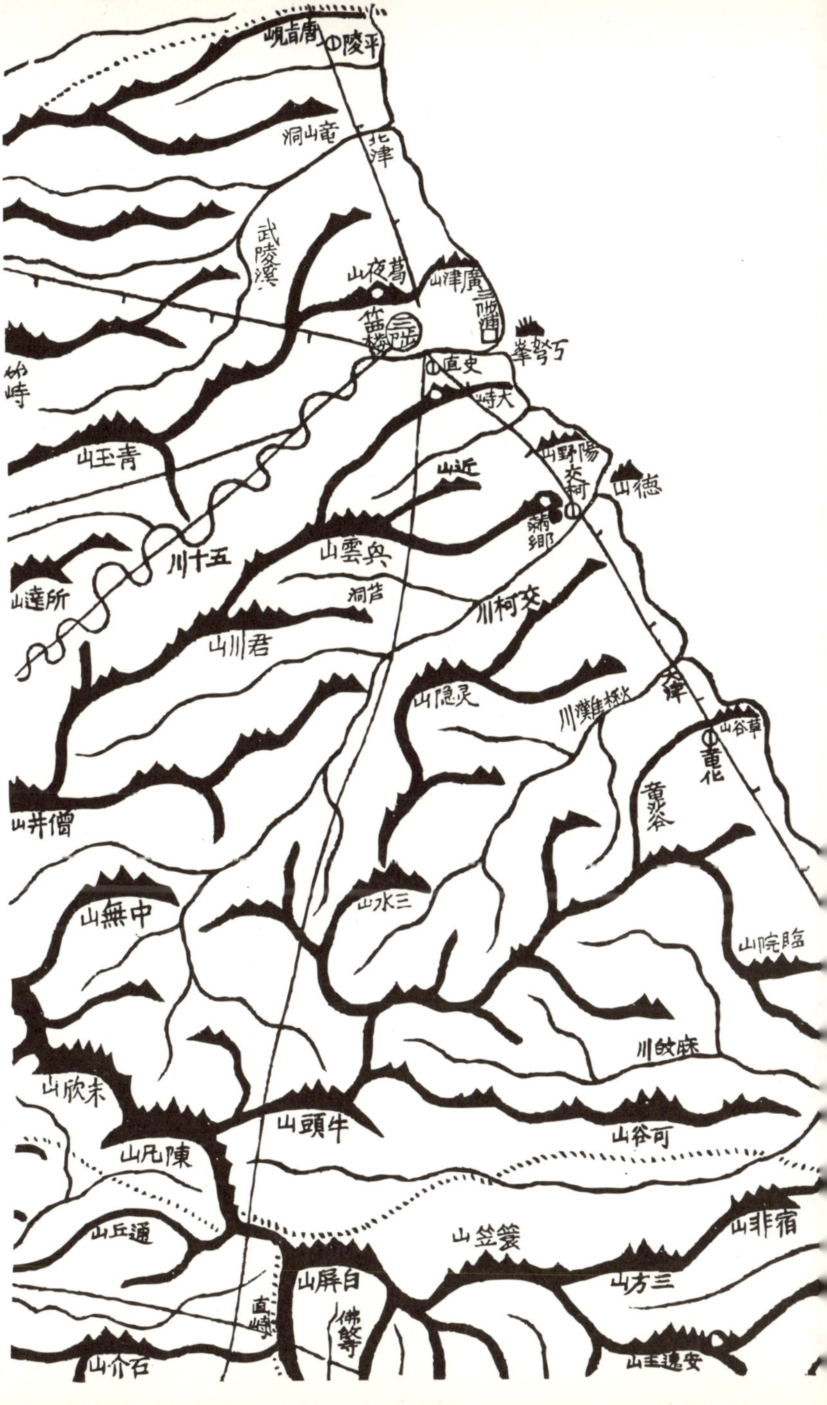

峴吉唐
陵平
洞山竜
北津
武陵溪
山夜葛
山津廣
三陟浦
三陟
峯弩丁
直史
峙大
竹峙
山王青
山野陽
交柯
山徳
山近
川十五
山雲與
山達所
川柯交
山川君
山隱灵
大津
山谷草
黃沙谷
山井僧
山水三
山無中
山院臨
山欣末
山頭牛
山谷可
山凡陳
山丘通
山笠簑
山非宿
山屏白
山方三
直峙
山介石
山主遠安

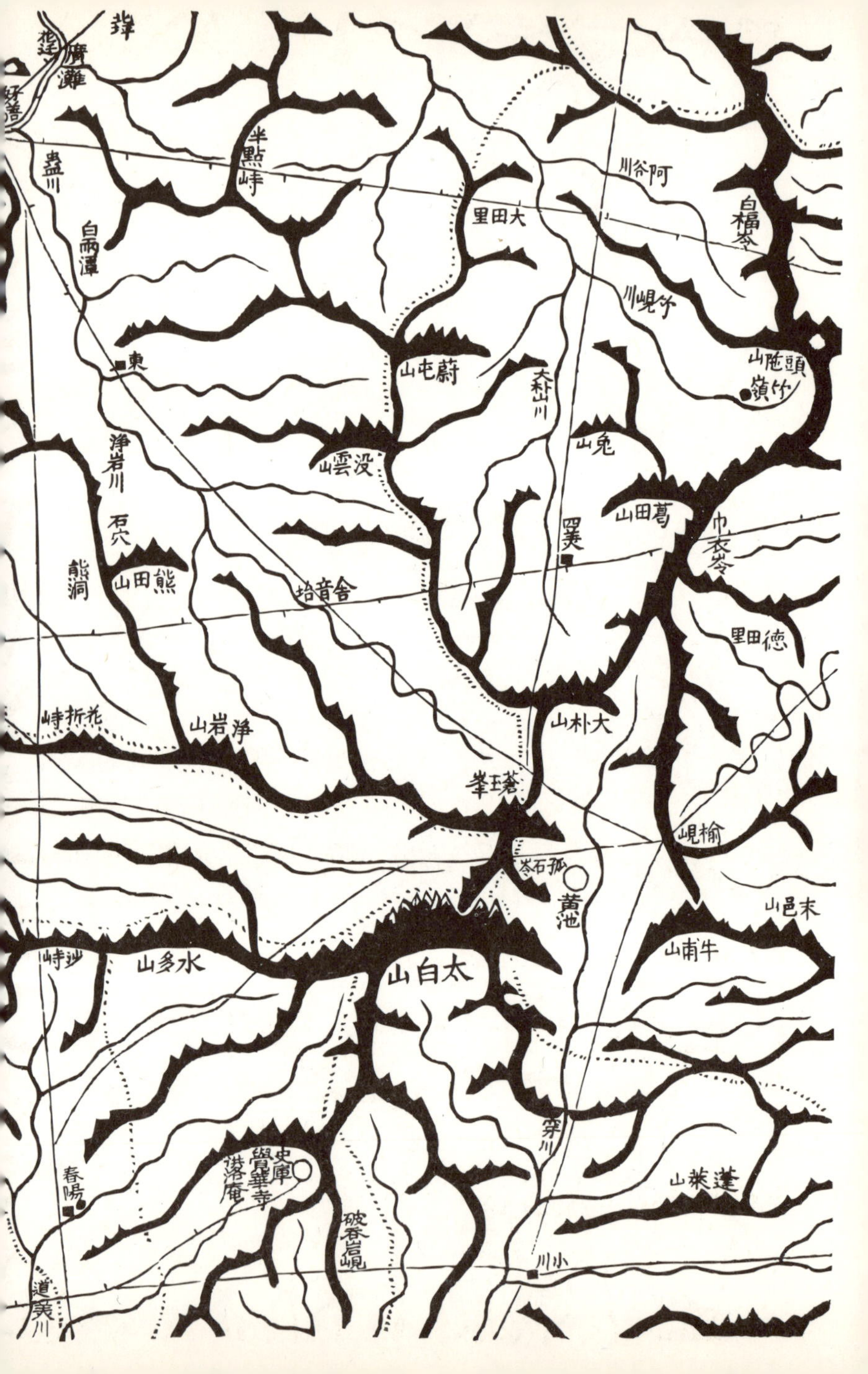
廣灘
好善
半點峙
白雨潭
東
淨岩川
石穴
熊洞
熊田山
花折寺
淨岩山
沙寺
水多山
春陽
道美川
史庫
覺華寺
破香岩峴
太白山
孤石岑
黃池
穿川
小川
蓬萊山
牛甫山
末邑山
榆峴
大朴山
舍音培
沒雲山
蔚屯山
大田里
阿谷川
竹峴川
竹嶺
頭陀山
兎山
葛田山
德田里

新興
德田里
高德峙
麻池里
平安
味春
三清山
延平
梁山
三仙山
北浦
楊淵
分德峙
清泠浦
寧越
正陽山
蓬萊山
錦障江
金鳳淵
木羅里
東
會稽山
太華山
梨木里
杜
角斤峙
義豐川
石壁
浮雲峯
永春
順興地
香山邊
禮佛岺
智林寺
兄弟山
於尼山
別退峴
伐海川
串赤岺
小白山
鳳凰山
浮石寺
飛鳳山
南

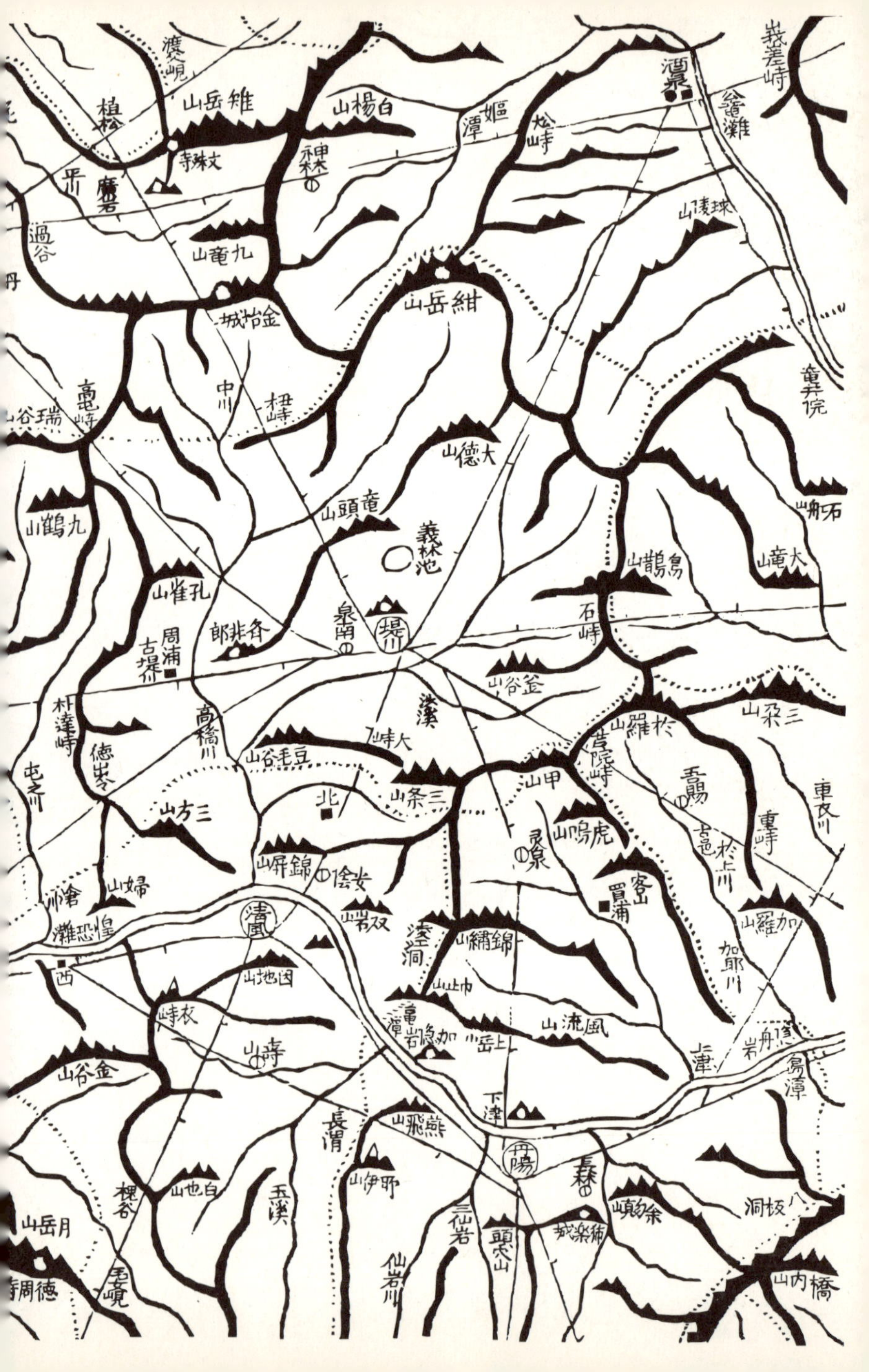

雉岳山
白楊山
植松
文殊寺
神林
嫗潭
松峙
酒泉
過谷
九竜山
球陵山
紺岳山
中川
大德山
竜頭山
義林池
九鶴山
孔雀山
周浦
泉南
堤川
石峙
釜谷山
大峙
三朶山
豆毛谷山
三方山
三條山
甲山
北
虎鳴山
錦屏山
安陰
客山
買浦
婦山
清風
双岩山
錦繡山
加羅山
西
衣峙
金谷山
長渭
風流山
上岳
下津
丹陽
伊耶山
白也山
月岳山
槐谷
玉溪
頭山
洞板
烏潭

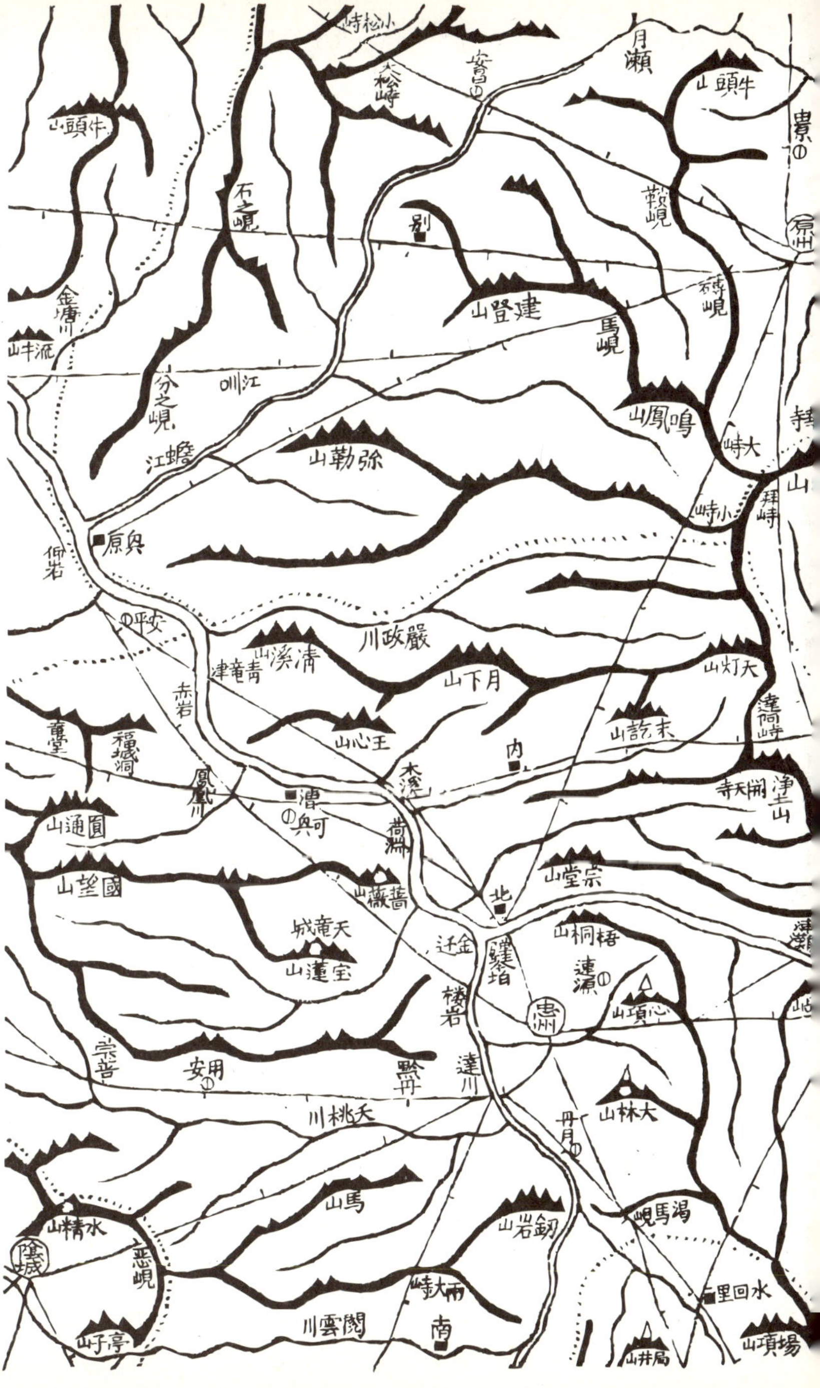
小松峙
大松峙
安昌
月瀨
牛頭山
牛頭山
石之峴
建登山
鞍峴
原州
馬峴
分之峴
蟾江
弥勒山
鳴鳳山
大峙
小峙
拜峙
興原
安平
嚴政川
清溪山
青竜津
月下山
天灯山
赤岩
王心山
末訖山
達阿峙
木溪
內
鳳凰川
圓通山
漕
可興
淨土山
開天寺
荷淵
宗堂山
國望山
薔薇山
北
天竜城
金遷
梧桐山
蓮源
寶蓮山
樓岩
忠州
心項山
崇善
用安
黔丹
達川
大林山
天桃川
丹月
馬山
渴馬峴
鈒岩山
水精山
陰城
惡峴
水回里
闊雲川
南
亭子山
局井山
場項山
十四-四 原州・堤川・忠州

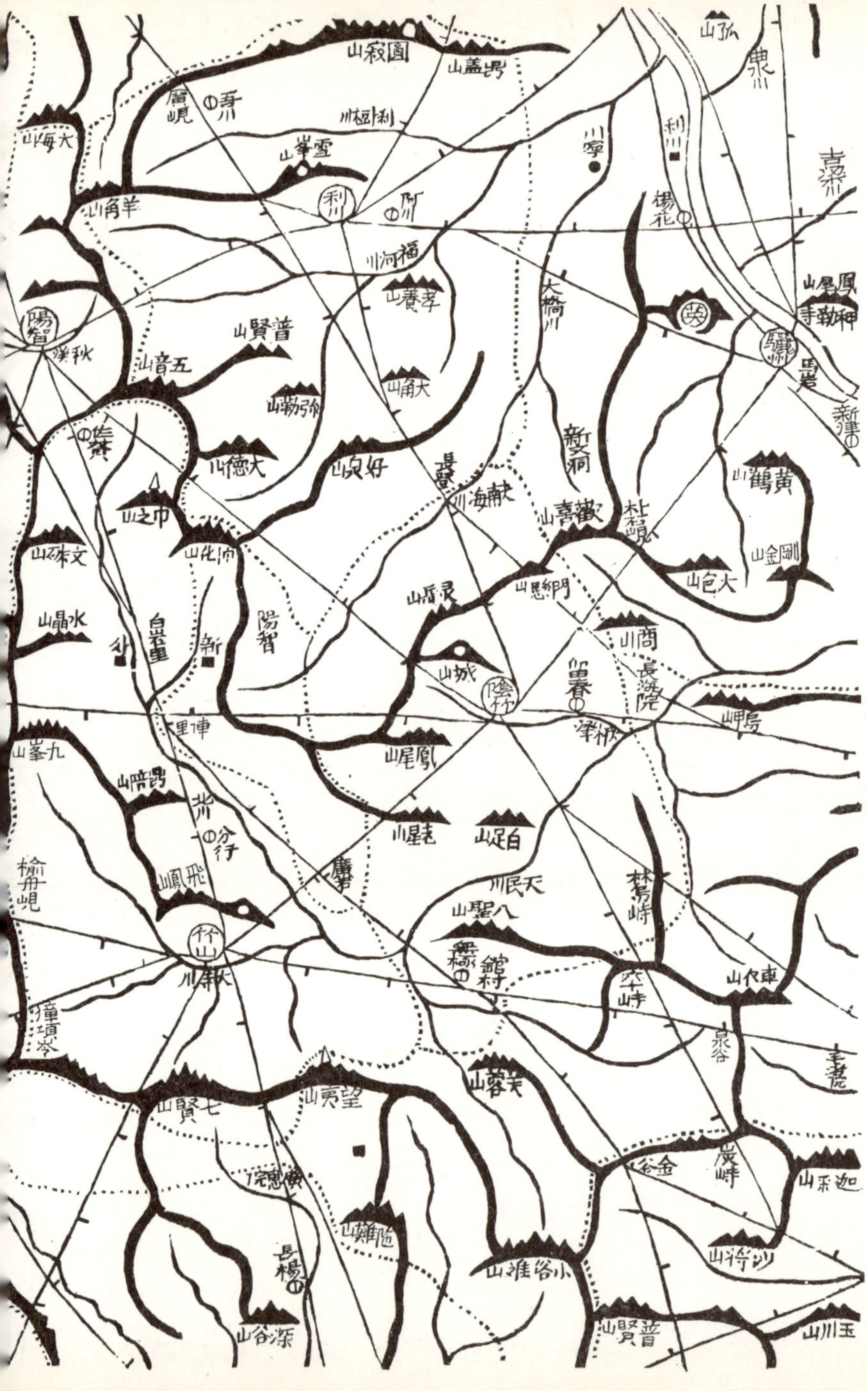
圓寂山
大海山
雪峯山
利川
羊角山
福河川
孝養山
陽智
普賢山
五音山
大角山
大德山
黃鶴山
金剛山
驪州
新津
大橋川
城山
陰竹
長湖院
鳳尾山
九峯山
白足山
天民川
八聖山
飛鳳山
竹山
七賢山
望夷山
普賢山
玉川山

十四-五 龍仁·安城·驪州

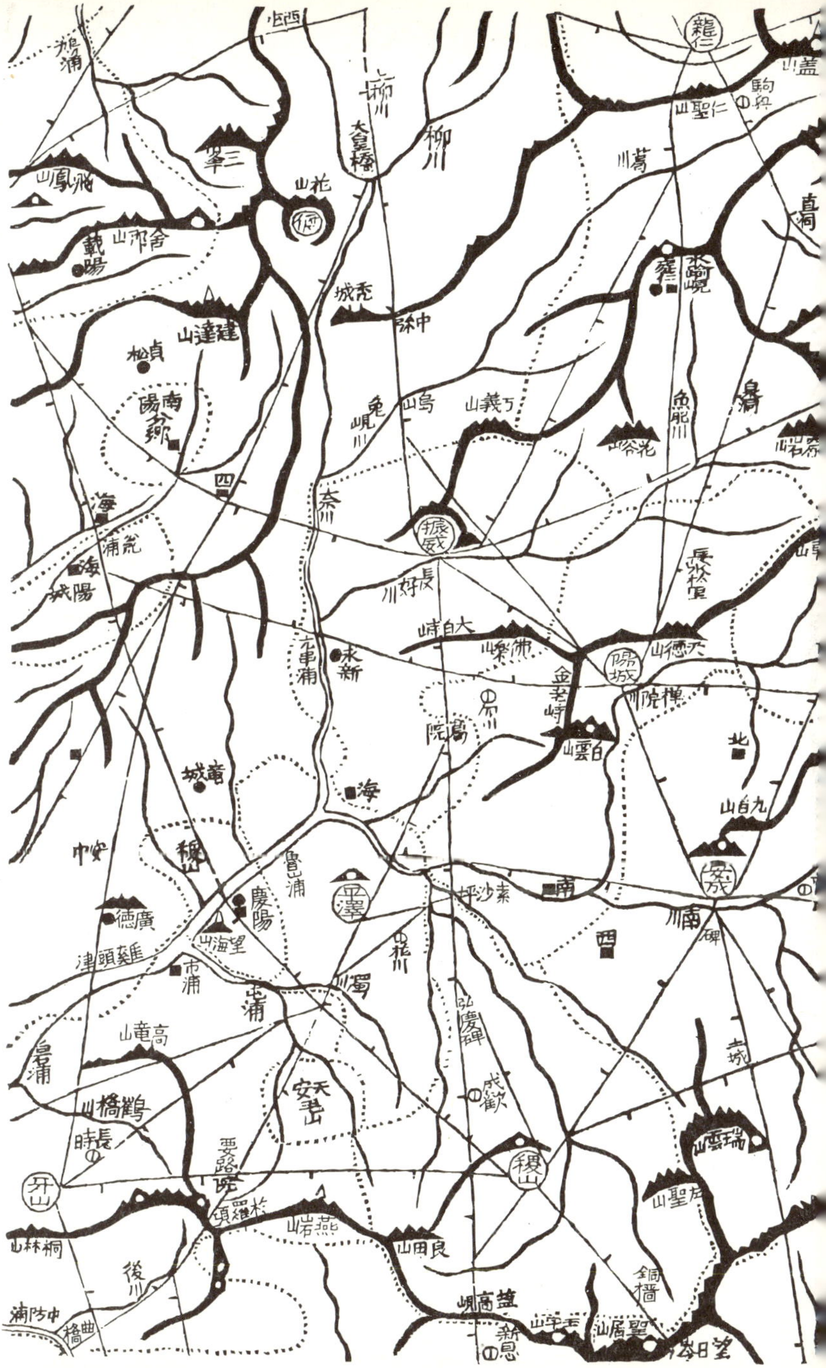

龍仁
三峯
花山
大皇橋
柳川
禿城
建達山
貞松
南陽分鄉
舍那山
載陽
飛鳳山
葛川
仁聖山
烏山
花谷山
魚川
振威
長好川
大白峙
佛象山
大德山
陽城
禪院川
白雲山
九白山
素沙坪
平澤
慶陽
望海山
廣德
龍城
高竜山
鶴橋山
稷山
牙山
瑞雲山
左聖山
良田山
桐林山
燕岩山
中防浦
成歡
弘慶碑
聖居山

仁川地
結五里
海竜山
屋業山
海
海雲山
黃金山
大阜
牧
靈興牧
召忽
牧
佛
天灯山
馬山津
南陽
海門
新
清明山
花梁
念佛山
立波
鳴鳳山
大猪
小猪
大興寺
麻洪
陽城
牧
陽也串
牧
三島
望遠台
大津
熊浦
北
倉宅山
中興
甘泉
北
高山
聖堂山
赤契堤
唐津
太山
申岩山
昇仙川
新平
老隱峙
赤峴
多佛山
蒙山
沔川
大母川
餘美
洪州地
牛坪
沔川地
天安
頓義
海
大浦
笠岩山
貢津
梅乞

十四—六 南陽·唐津·沔川

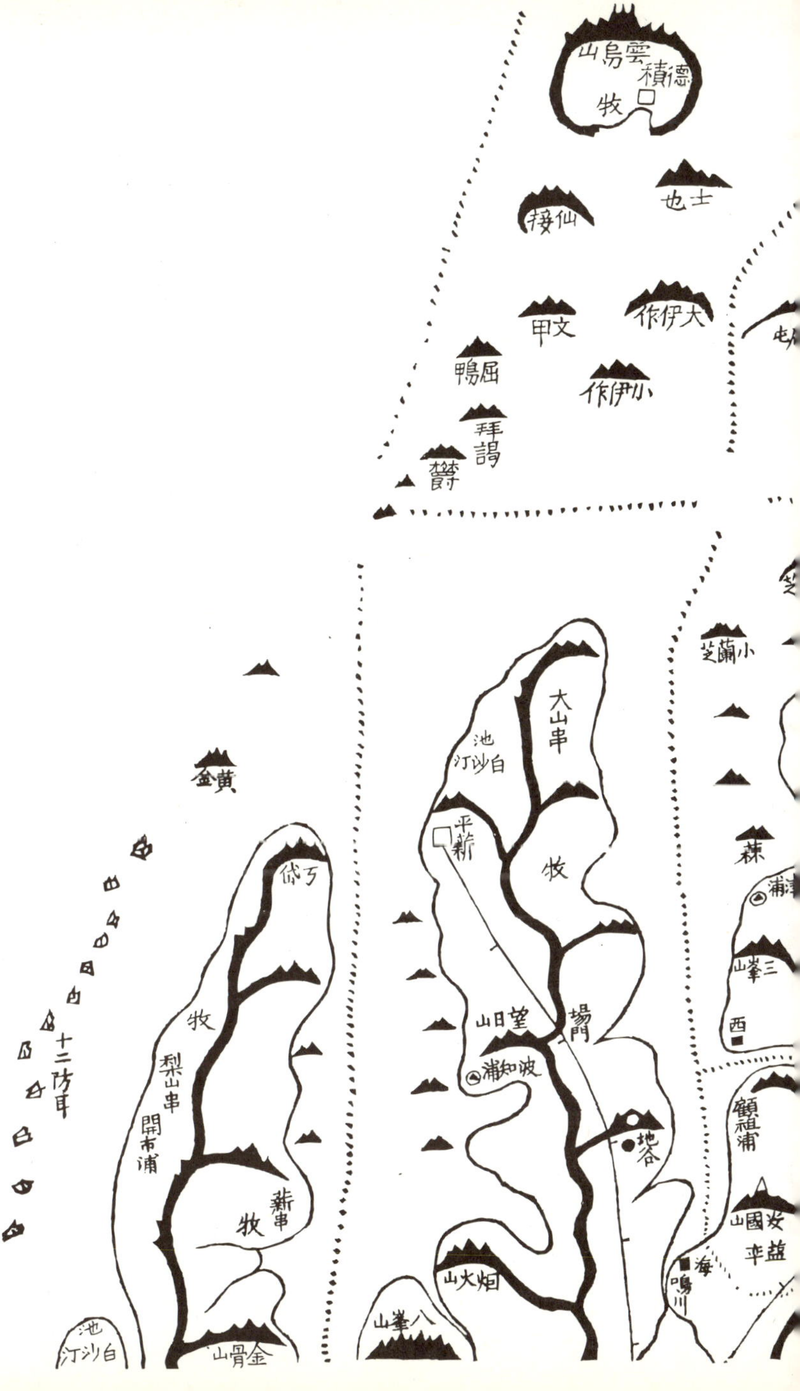

山島雲
德積
牧
也士
接仙
甲文
作伊大
鴨屈
作伊小
大山串
池
汀沙白
平
薪
牧
山日望
場門
浦知波
地谷
山火炬
山峯八
小蘭芝
三峯山
顧祖浦
安國山
海
鳴川
黃金
十二防耳
梨山串
開市浦
牧
薪串
牧
池
汀沙白
山骨金

岩門
骨長浦
守山
酒泉

佛吉山
蔚然山
葛川
潘伊山
飛鳳山
釣磨山
道成寺
生達山
佛影山
比巴山
錦溪川
七星峯
大峴
梅山
白岩山
白岩寺
溫泉
將軍川
大川
金藏山
翰屛山
仙淵
花山
三乘嶺
青鶴山
廣興寺
方山
仇里峴
騰雲山
加乙山
黃丁場
廣山
加西山
赤川
東海山
明月山
庵洞山
寧海

比巴山
小川
買吐川
齊飛山
昆泥峴
月明潭
日月山
清凉山
丹砂溪
東山峴
乾芝山
仁宜
退溪
孤山
浮津
長葛岑
青杞
陶山
青杞川
蓼村灘
御廩山
鉄屯山
紫陽山
北
河豊山
斗陰山
店山
冊街
高山
五里岐山
虎鳴川
琴召
臨河
葉山
神法山
南角山
巴川
琴召川
安吉
天馬山
月外山
東始山
放光山
青松
枝峴

十五—二 安東・英陽・榮川

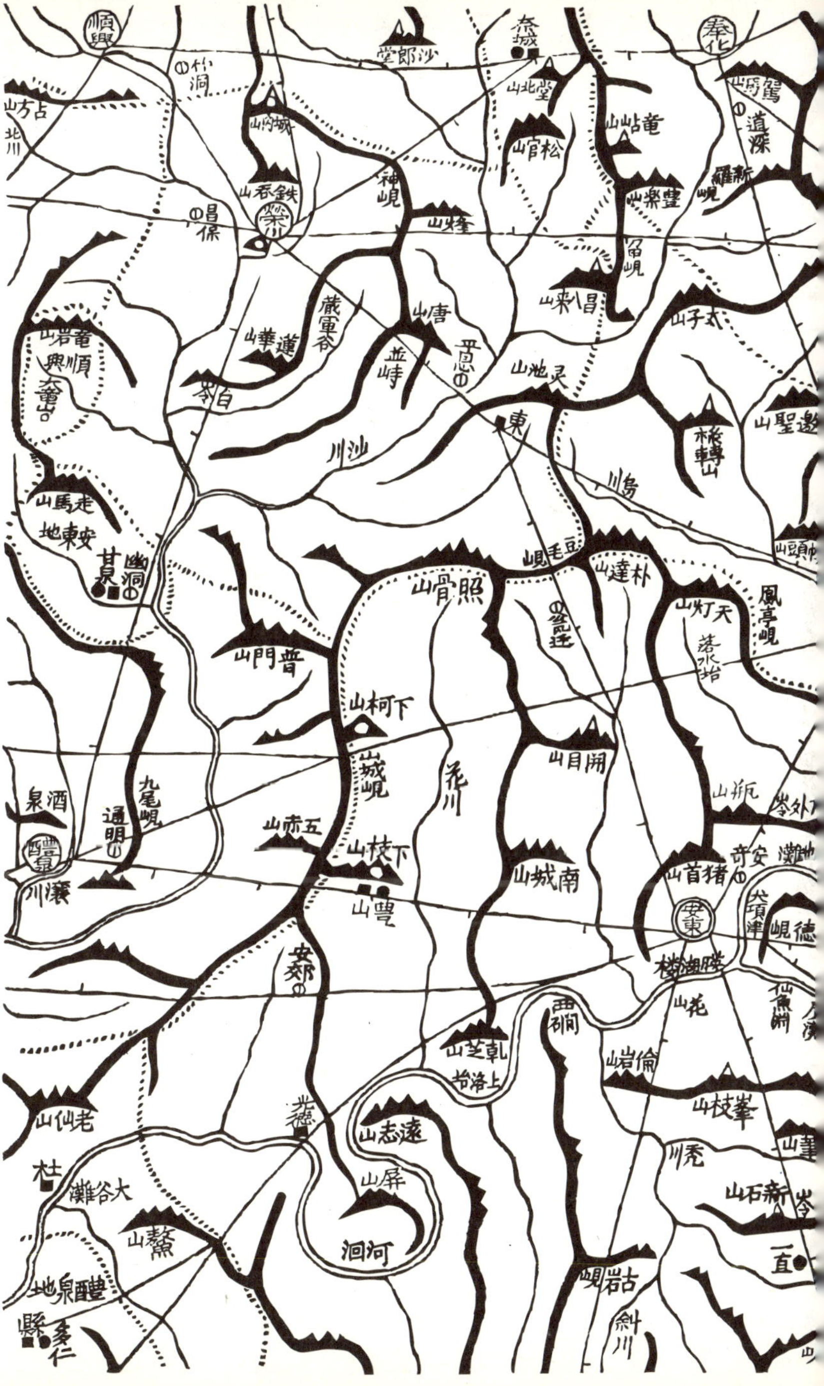

東
雞立
德山
雞頭山
竹岑
順興
昌樂
豐基
南川
骨里峴
望前山
鵲城山
故峴
狐項岑
大弥山
炭項
野雲岑
大佛峴
桂山
鳴鳳峙
西川
警清山
東川
夫老山
主屹山
聞慶
鳳鳴山
聊城
雲達山
天藏山
葛平
安仁
氷城
芙蓉山
龍門山
流里洞川
馬浦院
禪岩山
新院
兎遷
虎溪
犬灘
寅川
店山
黃岑山
幽谷
陽山
陽山川
西庵山
箕川
馬北山
辛岳山
竹谷
串川
龍宮
省火川
舊邑
利安川
咸昌
德通
竜飛山
天德山
三灘
永順
猪谷川
南山
五峯山
恭儉池
大恒山
委峯山
牛頭山
大駕山
松峴
河豐津
渴雲山
羅浮山
加叩峴
鳳凰川
五峯山
月老山
守山
洛源
天峯山

松明山
古峴
永登峙
新店
目所山
明德山
大源峙
槐山
七宝山
松峴
景頂山
馬本山
新豊
長豊
槐津
普光山
商山
金鳳山
元城山
伊火川
公正山
松峴
亭子山
龍在山
三古山
伊火峴
伊火南岺
椒峴
周峴
洛陽山
萬東庵
曦陽山
箕谷山
弥勒山
華陽洞
青山
佛日山
仙遊洞
大冶山
不寒岺
陽山寺
九老洞
龍華洞
松面里
青華山
加恩
文北岾
杻峙
青山
俗離山
天王峯
熊峙
大灘
葛岺
九峯山
回踰峙
車衣峴
報恩
甑項
馬峴
龍川
大德山
秋林峙
長光峙
元岩
鳳凰山
金積山
馬川
安邑
長林
化寧

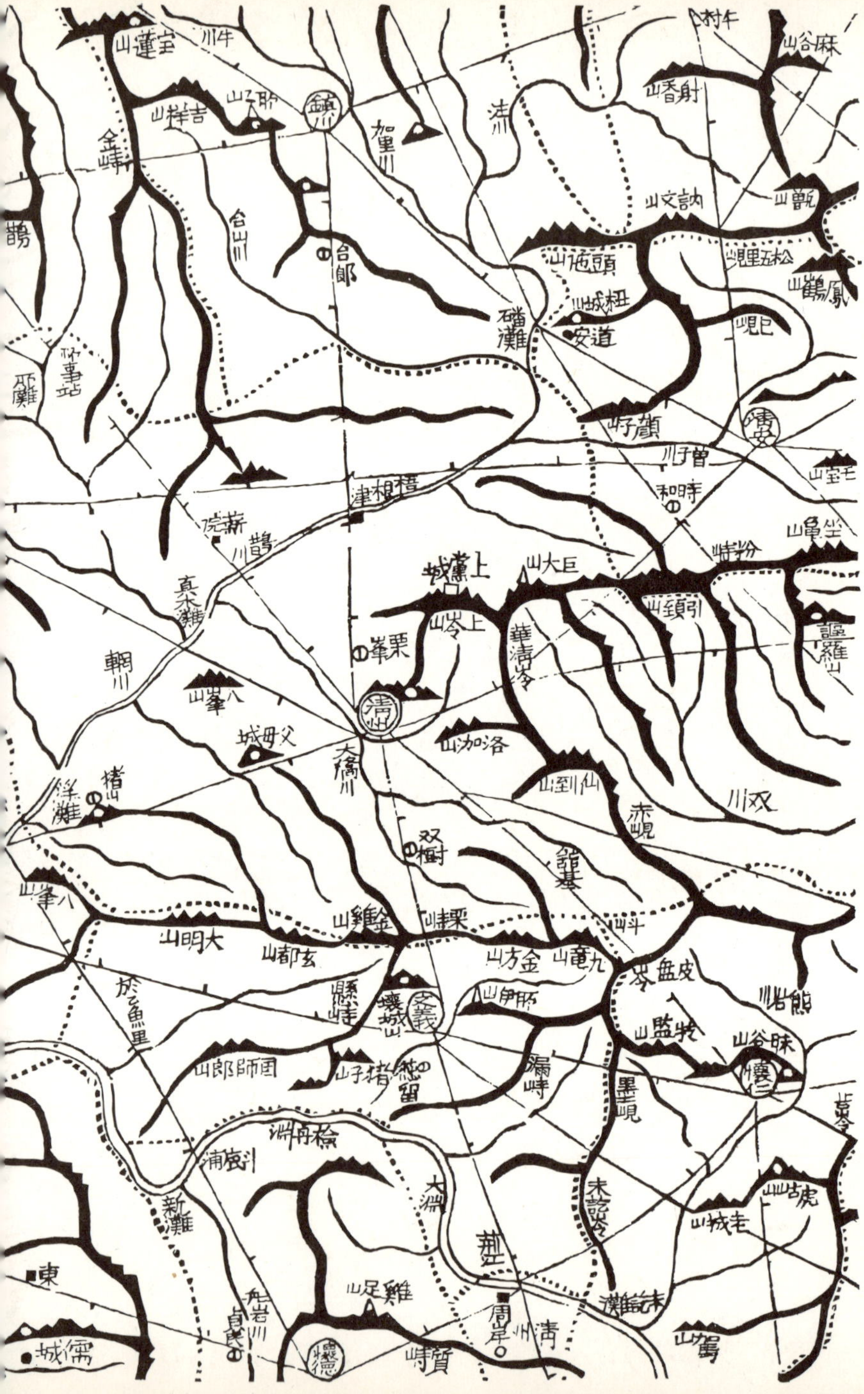

寶蓮山
鎭川
射香峰
訥文山
頭陀山
道安
磻灘
淸安
時和
上黨城
上嶺山
栗峯
淸州
望夫城
洛加山
大橋川
双樹
八峯山
大明山
玄都山
金方山
九龍山
皮盤嶺
文義
懷仁
周岸
淸州
懷德

十五－四 天安・清州・公州

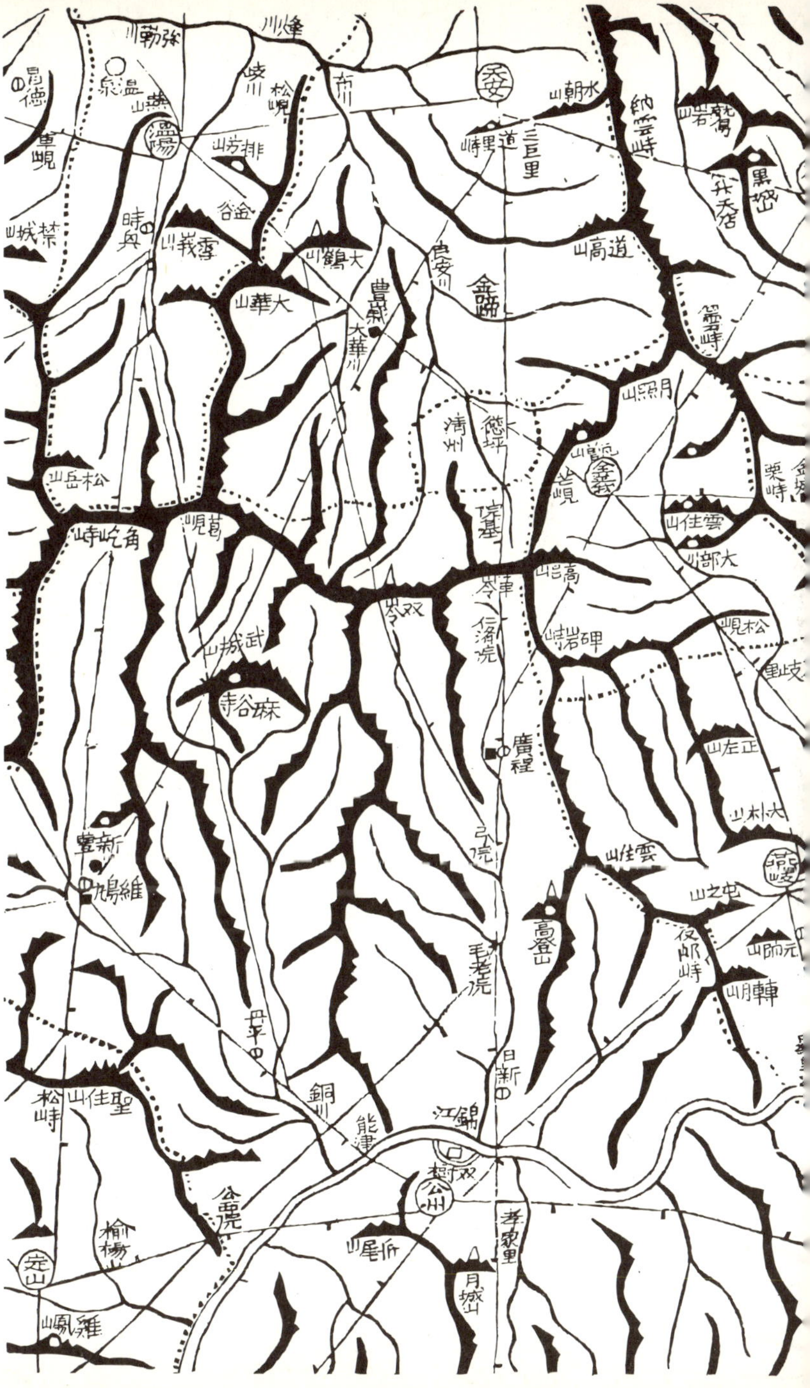

溫陽
公州
定山
錦江
大華山
大鶴山
麻谷寺
武城山
角屹峙
松岳山
雪峩山
道高山
禁城山
高登山
廣程
日新
銅川
能津
孝家里
維鳩
新豐
雲住山
大部山
正左山
碑岩峙
水朝山
排芳山

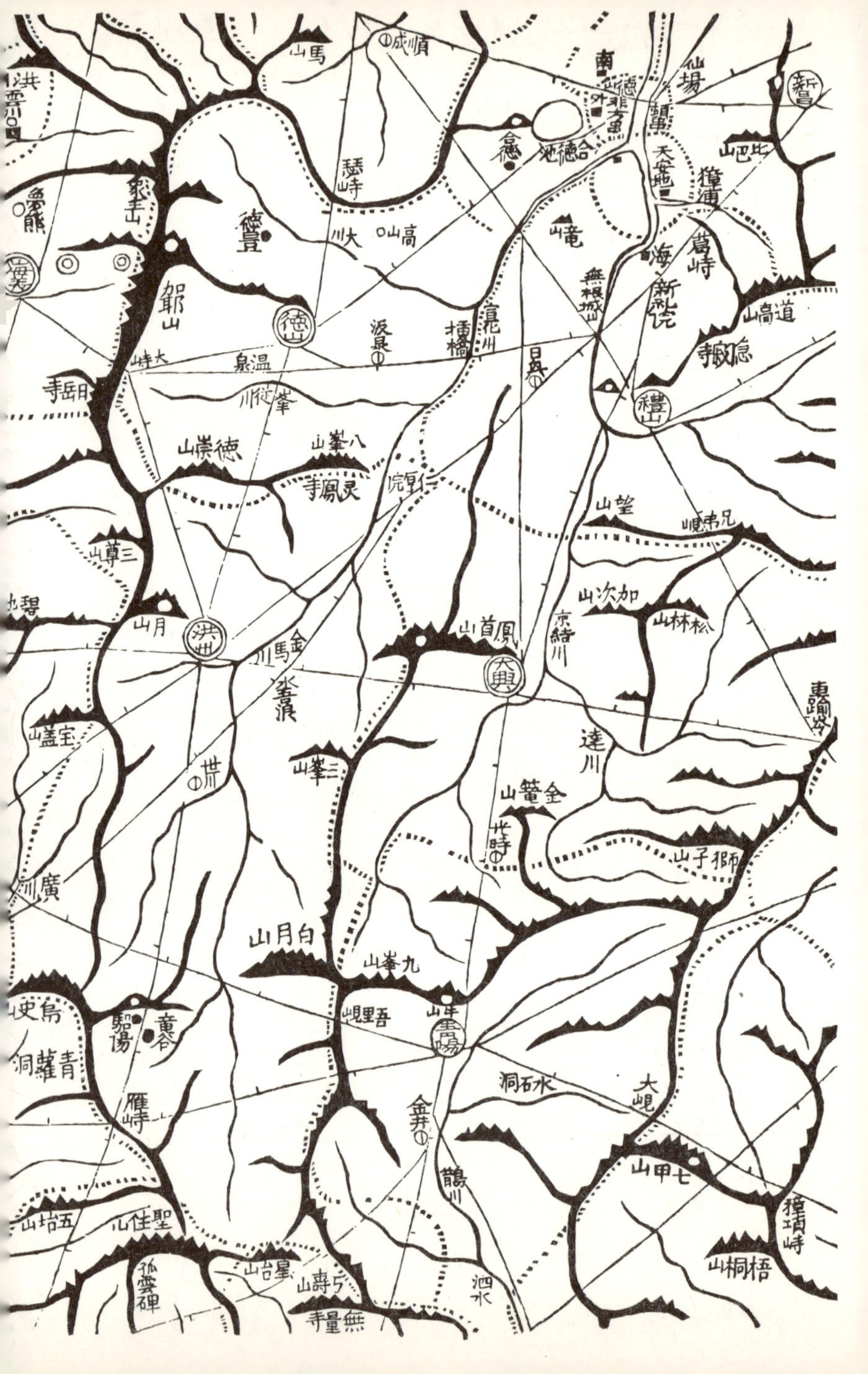

馬山
大川
高山
溫泉
大寺山
德崇山
八峯山
靈鳳寺
三尊山
月山
洪州
德山
大興
禮山
青陽
金馬川
寶蓋山
三峯山
廣川
白月山
九峯山
吾里峴
青蘿洞
雁峙
五坮山
聖住山
孤雲碑
無量寺
七甲山
大峴
梧桐山
水石洞
師子山
達川
松林山
加次山
望山
鳳首山
道高山
葛峙
合德池
仙場

十五－五 禮山・瑞山・保寧

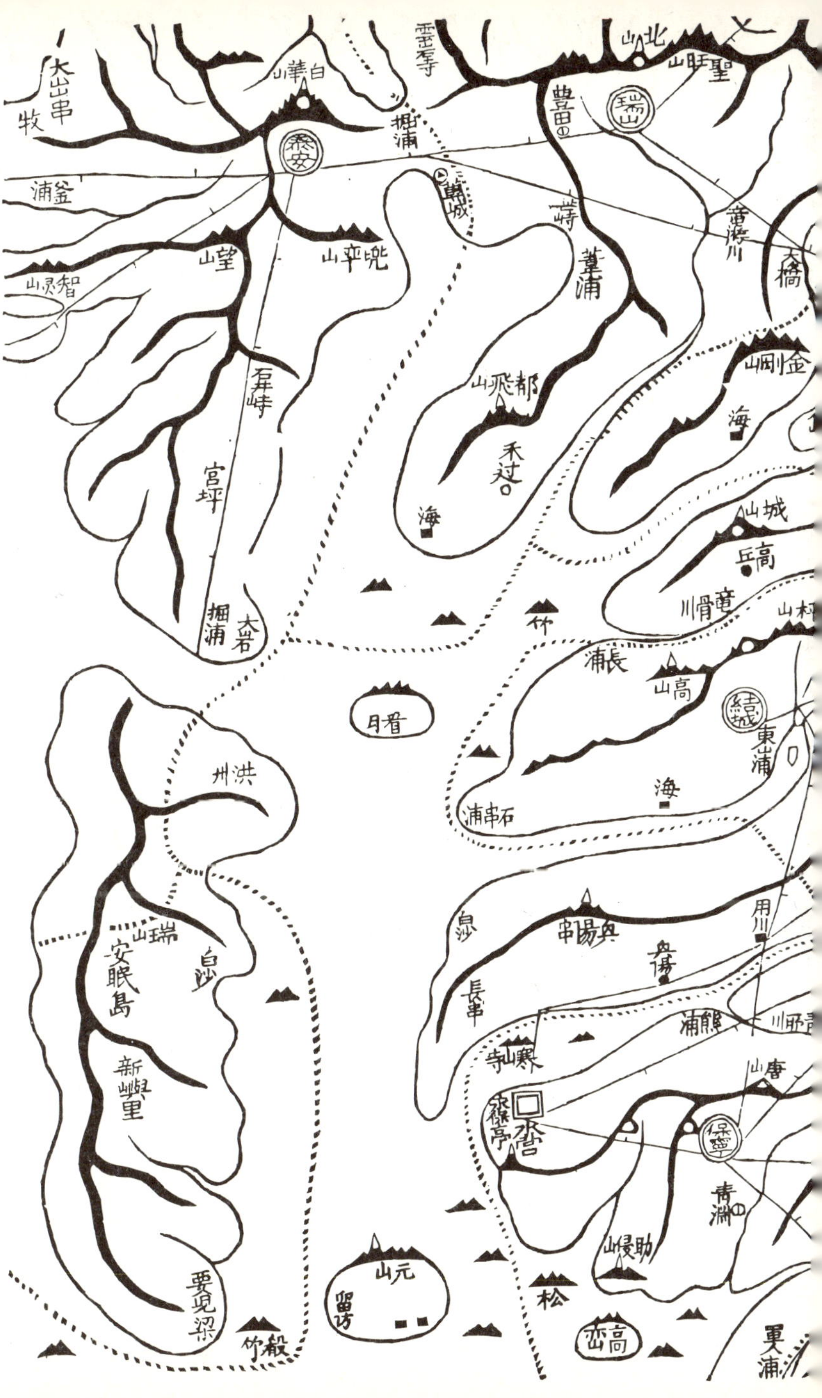
大山串
牧
山華白
泰安
浦釜
掘浦
山望
山卒兜
山灵智
豊田
山北
山旺聖
瑞山
川
蓴浦
宮坪
掘浦
大岩
山飛都
禾過
海
山剛金
海
山城
丘高
川骨童
竹
浦長
山高
結城
東浦
海
浦串石
月音
州洪
山瑞
安眠島
白沙
新野里
要見梁
山元
松
用川
長串
浦熊
寺山寒
山唐
保寧
水營
永保亭
青淵
山侵助

波濤只
花似
止
獨
梧
兄弟
安興
冠文
馬
賈誼
鼎足
鏡
田橫
峯三
橫者
內耶
外耶
吉山

十五—六 泰安

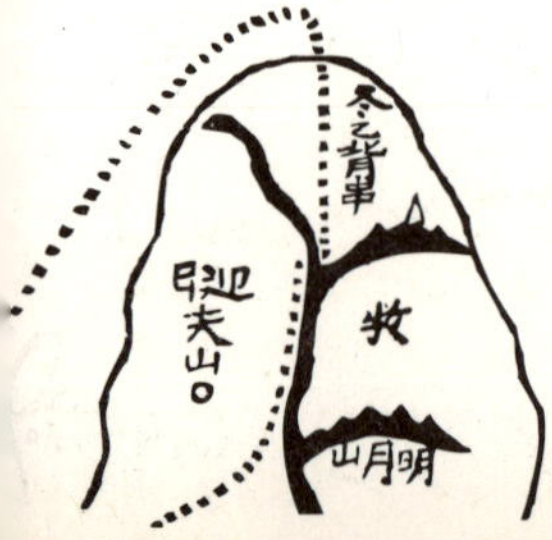
牧
山月明

十六－一 盈德・淸河・興海

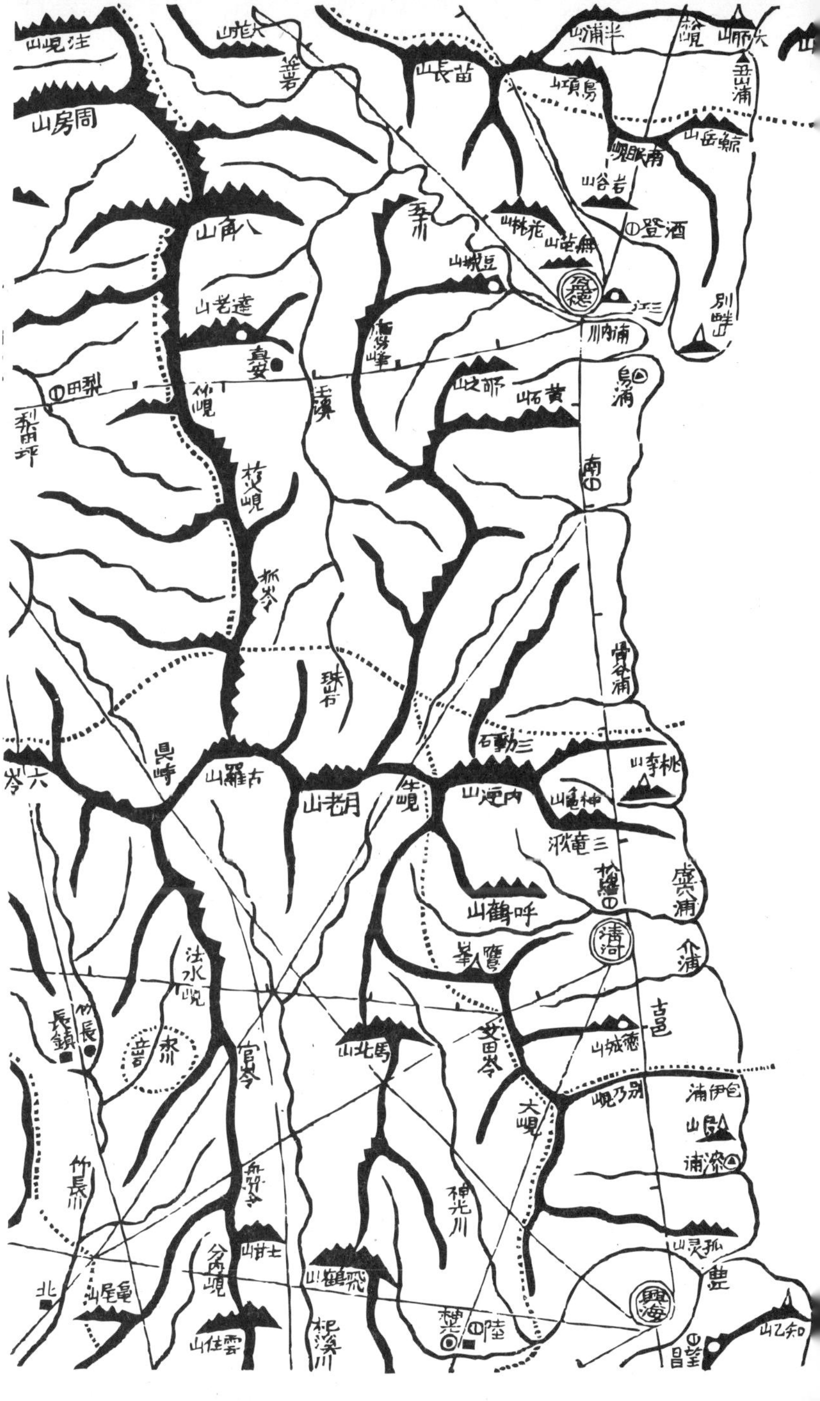

注峴山
周房山
八角山
達老山
眞安
梨田
苗長山
烏項山
半浦山
鯨岳山
岩谷山
酒登
花林山
豆城山
盈德
浦內川
別畔山
黄石山
烏浦
南
三動石
桃李山
神龜山
內迎山
月老山
古羅山
六岑
呼鶴山
淸河
介浦
德城山
安田岑
馬北山
官岑
法水峴
長鎭
竹長
別乃峴
大峴
竹長川
神光川
士甘山
飛鶴山
分水峴
北
雲住山
杞溪川
陸
興海
知乙山

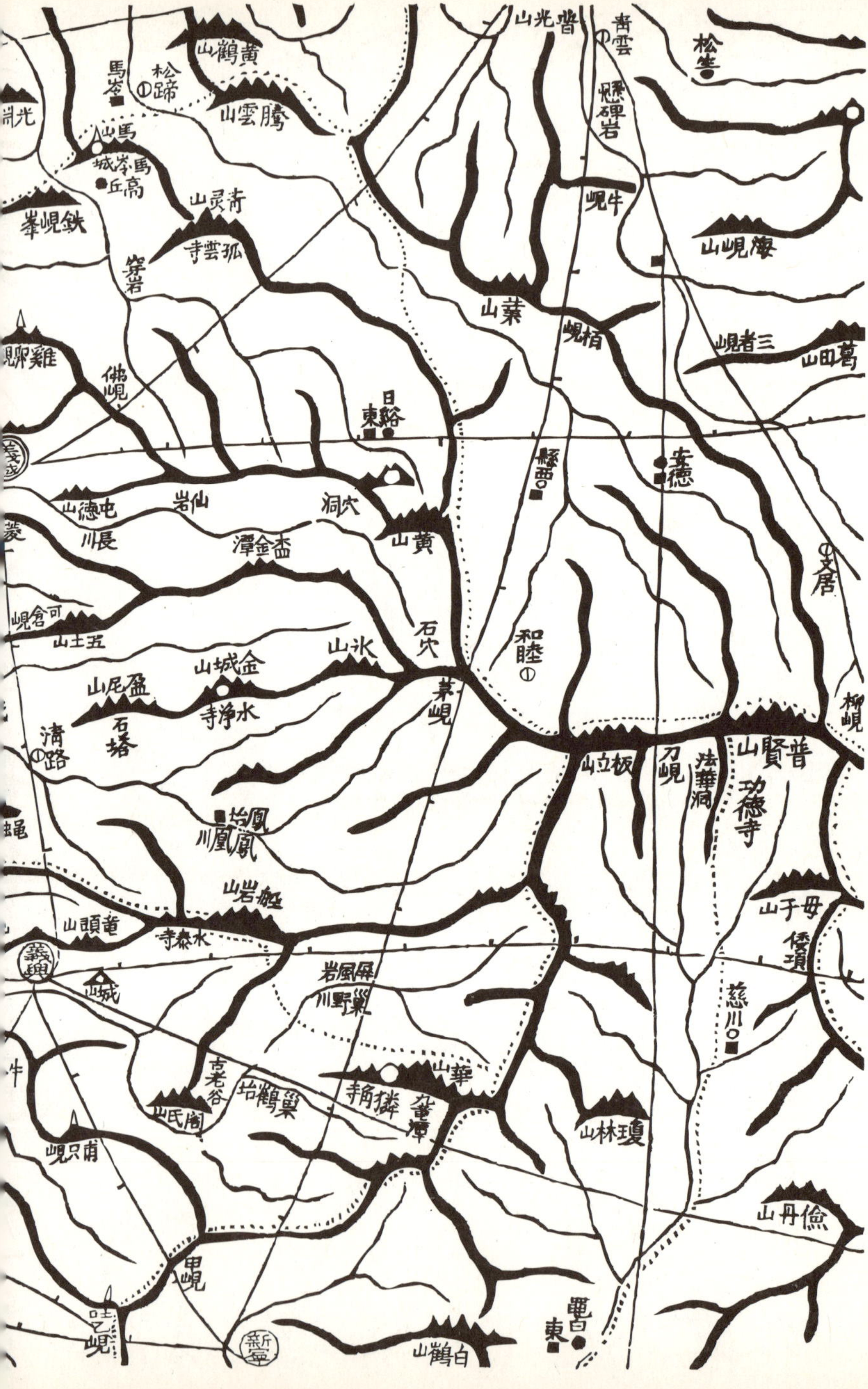
黃鶴山
松蹄
騰雲山
普光山
青雲
牛峴
鐵峴峯
孤雲寺
三者峴
葛田山
葉山
栢峴
佛峴
日谿
東
安德
仙岩
穴洞
黃山
長川
五土山
冰山
石穴
金城山
水淨寺
石塔
清路
和睦
普賢山
板立山
刀峴
法華洞
功德寺
柳峴
文居
鳳凰川
水泰寺
義興
山城
屛風岩
華山
麟角寺
古老谷
甲峴
白鶴山
慈川
新寧

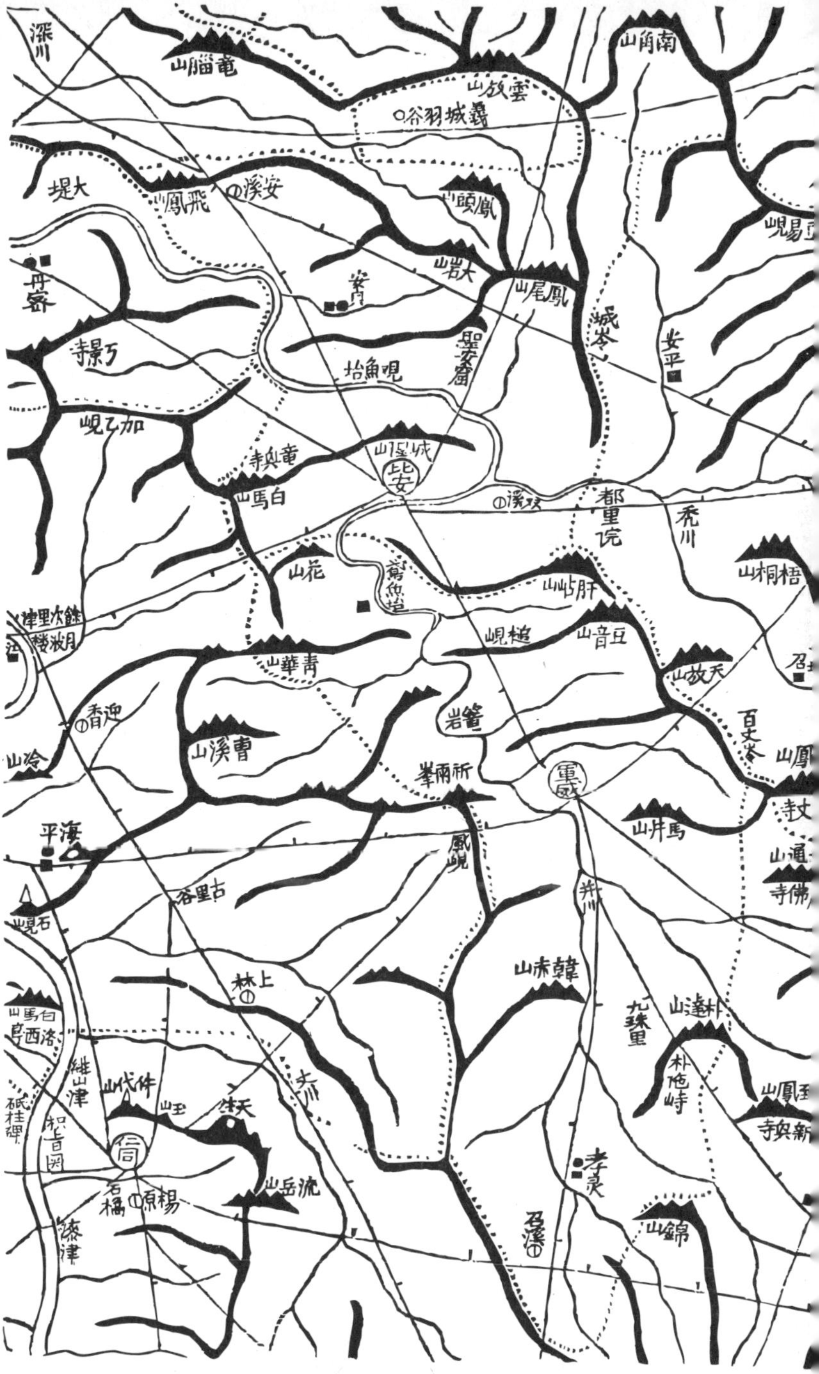
深川
龍腦山
南角山
義城
大堤
飛鳳山
安溪
鳳頭山
大岩山
鳳尾山
加乙峴
白馬山
比安
安平
梧桐山
花山
青華山
豆音山
曹溪山
迎香
冷山
平海
古里谷
石峴
軍威
馬井山
韓赤山
上林
洛西亭
流岳山
楊原
石橋
錦山
孝靈
召溪
九珠里
新興寺

尙州
洛陽
洛西
露陰山
巢湖川
長川
洛平
成功
甲長山
洛東
石岳山
渭水
安谷
俗門山
伏牛山
新堂浦川
飛鳳山
善山
甘文山
開寧
甘川
五波山
金山
金泉
高城山
德大山
金烏山
葛項
若木

十六－三 尙州·善山·茂朱

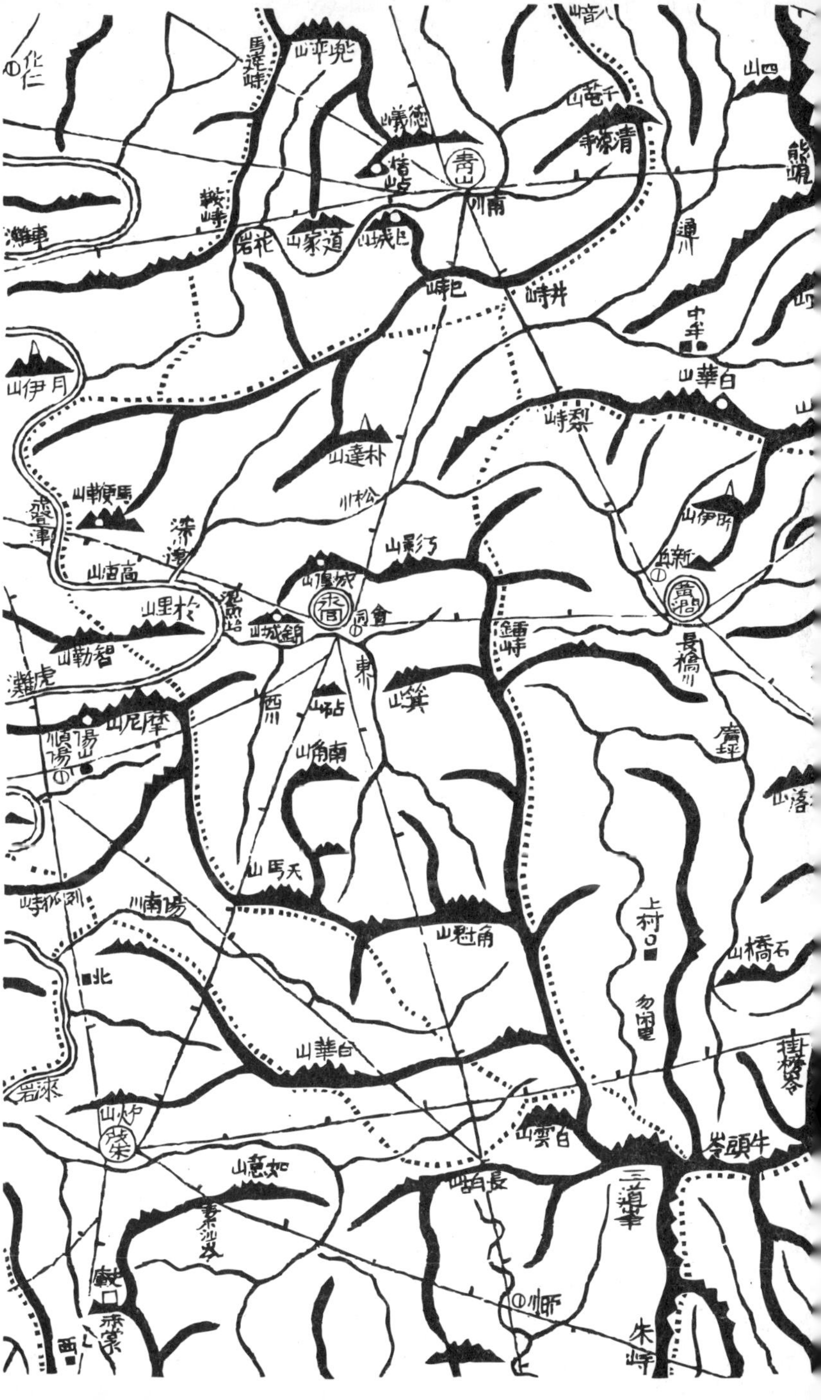
青山
月伊山
朴達山
鎭城山
摩尼山
智勒山
於里山
南角山
天馬山
白華山
白華山
白雲山
如意山
長白山
石橋山
長橋川
廣坪
上村
牛頭谷
三道峯
茂朱
梨峙
松川
西川
東川
陽南川
朱峙

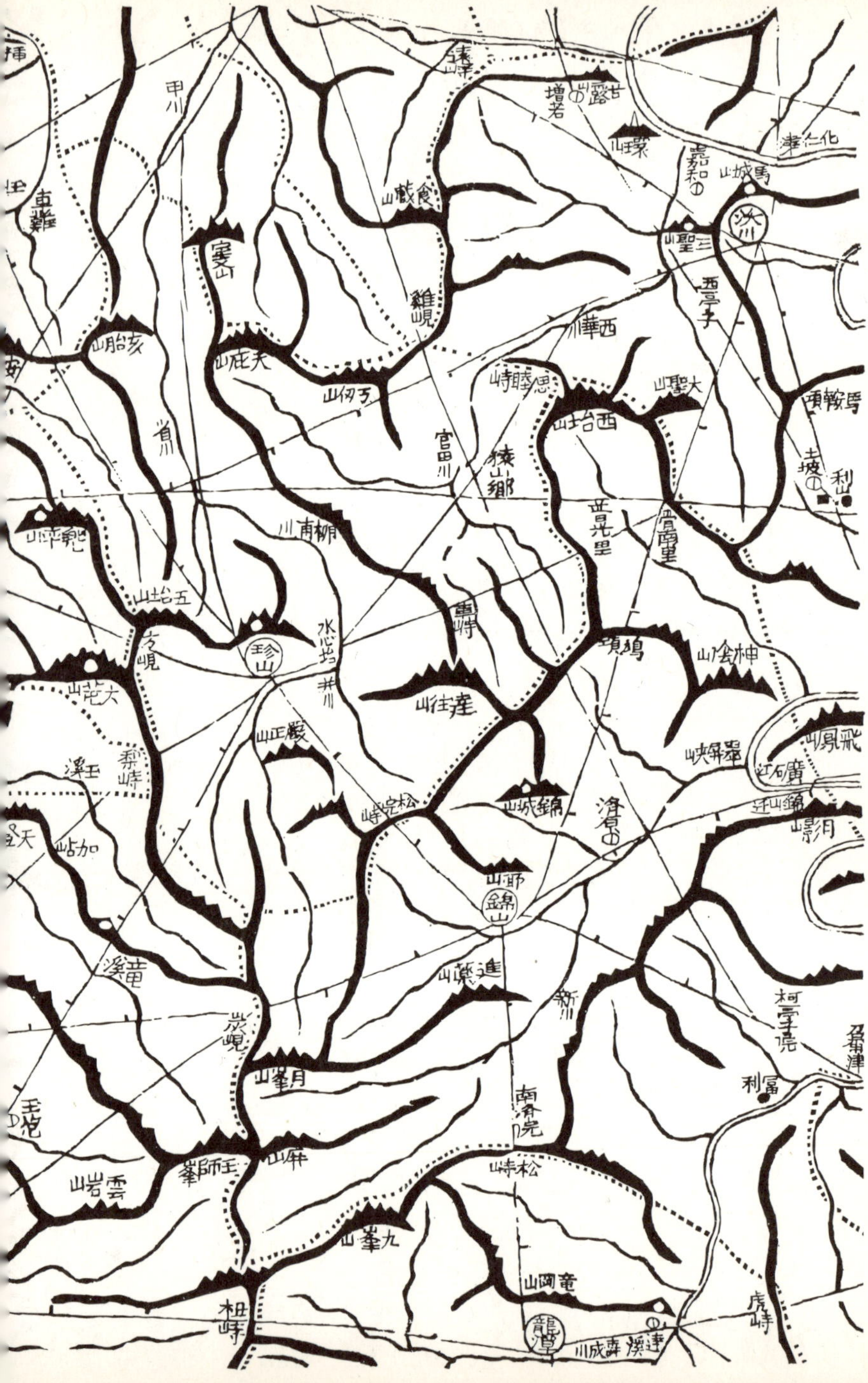

珍山
錦山
龍潭
甲川
水心坮
井川
新川
利富
五台山
天庇山
九峯山
月峯山
雲岩山
王師峯
松峙
西台山
錦城山

十六—四 沃川・連山・益山

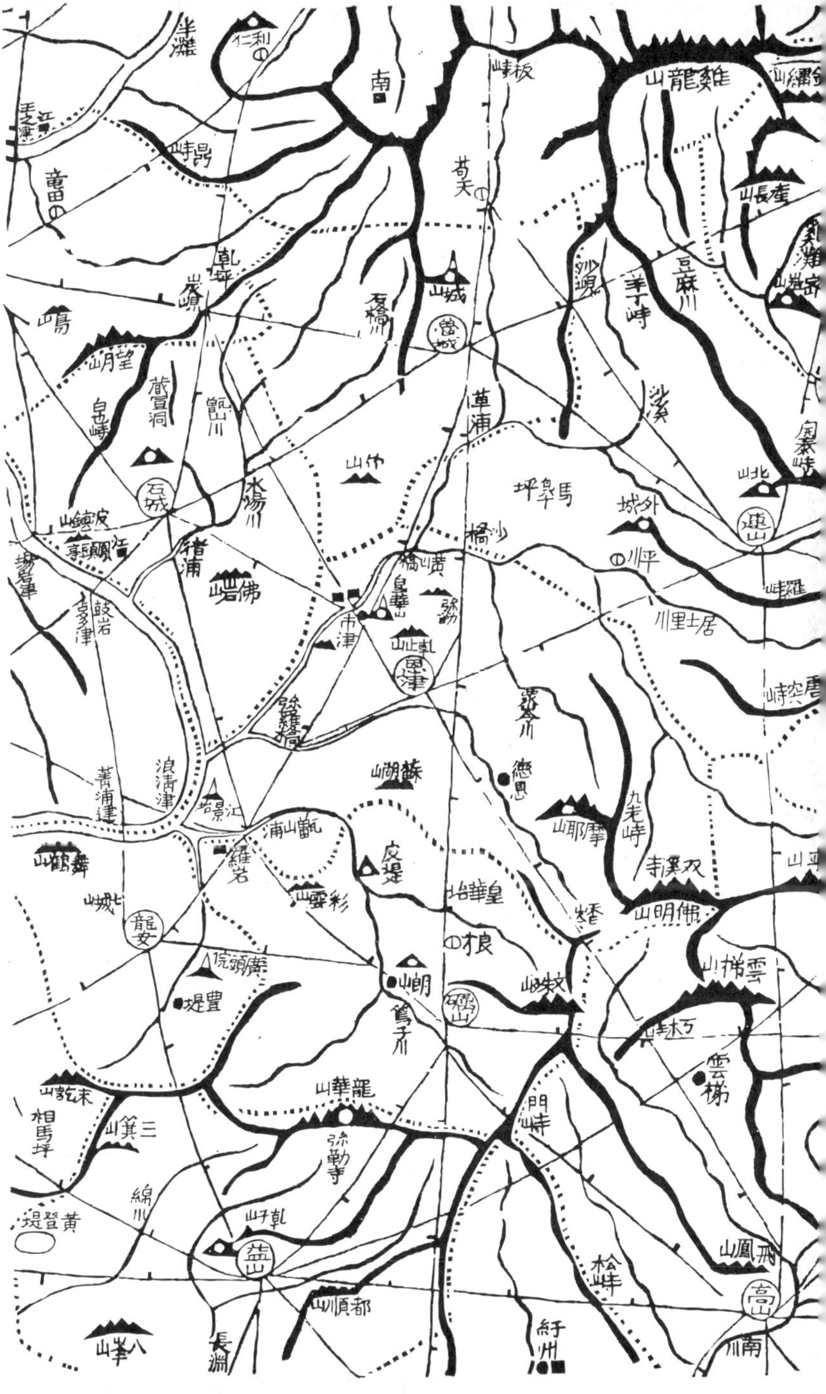

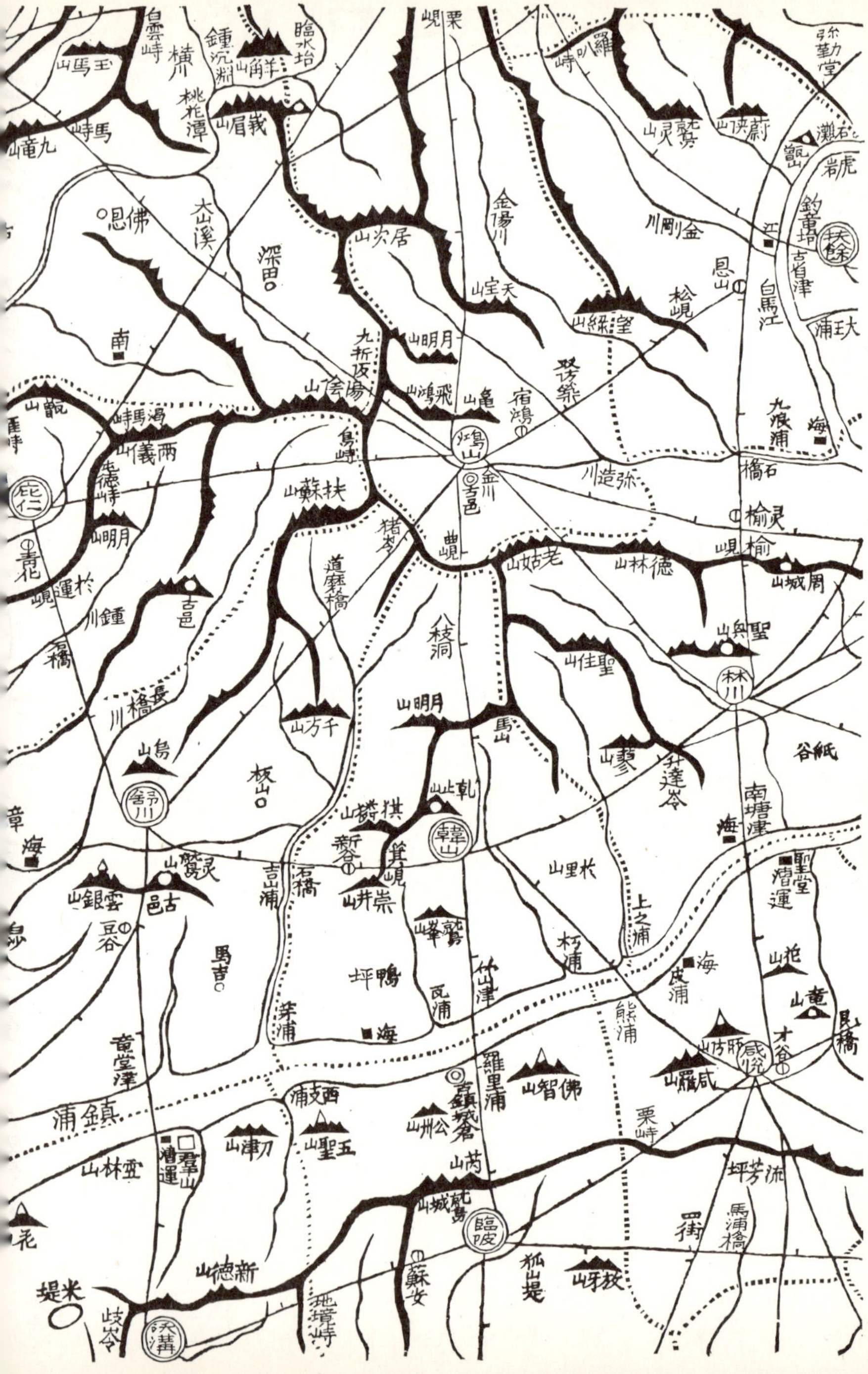

白雲峙
橫川
鍾沉淵
臨水坮
王馬山
桃花潭
粟峴
羅叱峙
弥勒堂
九竜山
馬峙
佛恩
大山溪
深田
金陽川
金剛川
天宝山
恩山
松峴
白馬江
大王浦
扶餘
虎岩
南
九折坂
月明山
飛鴻山
龜山
宿鴻
鴻山
弥造川
金川
古邑
石橋
靈楡
楡峴
周城山
德林山
老姑山
豊峴
道䕃橋
八枝洞
聖興山
聖住山
林川
紙谷
南塘津
吉邑
長橋川
鳥山
舒川
千方山
月明山
馬山
板山
麒麟山
韓山
新谷
箕峴
崇井山
吉山浦
石橋
靈鷲山
雲銀山
古邑
豆谷
馬吉
鴨坪
竹山津
瓦浦
芽浦
海
上之浦
杉浦
皮浦
熊浦
聖堂
漕運
童山
咸悅
才谷
佛智山
羅里浦
古鎭城倉
西支浦
鎭浦
童堂津
栗峙
公州山
五聖山
刀津山
宝林山
漕運
羣山
流芳坪
馬浦橋
臨陂
蘇安
狐山堤
拔牙山
新德山
米堤
地境峙
岐谷
沃溝

流
鹿
青
栗
月
六
海
竹立
竹黃
並

時插

次麻

安外

青於

十六-六 洪州

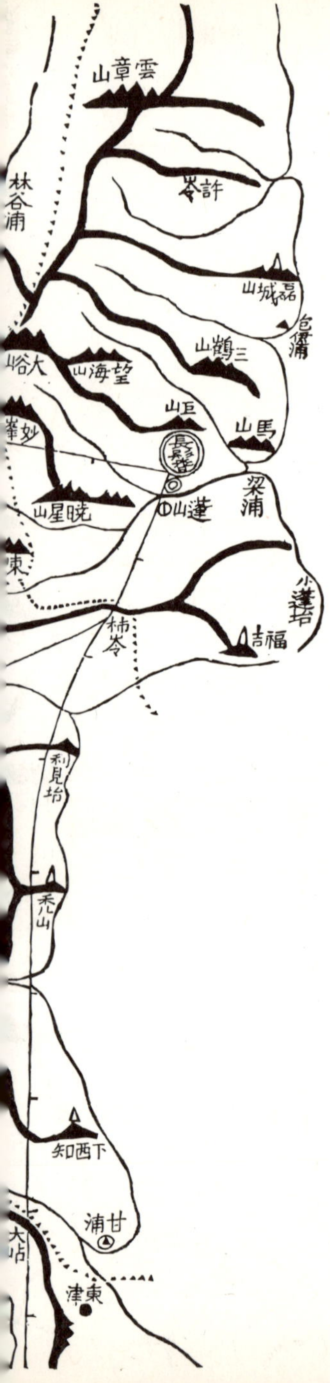
雲章山
許岑
林谷浦
磊城山
邑儒浦
三鵲山
大峪
望海山
巨山
馬山
妙峯
長鬐
梁浦
曉星山
蓬山
小蓬坮
柿岑
福吉
利見坮
禿山
下西知
甘浦
大占
東津

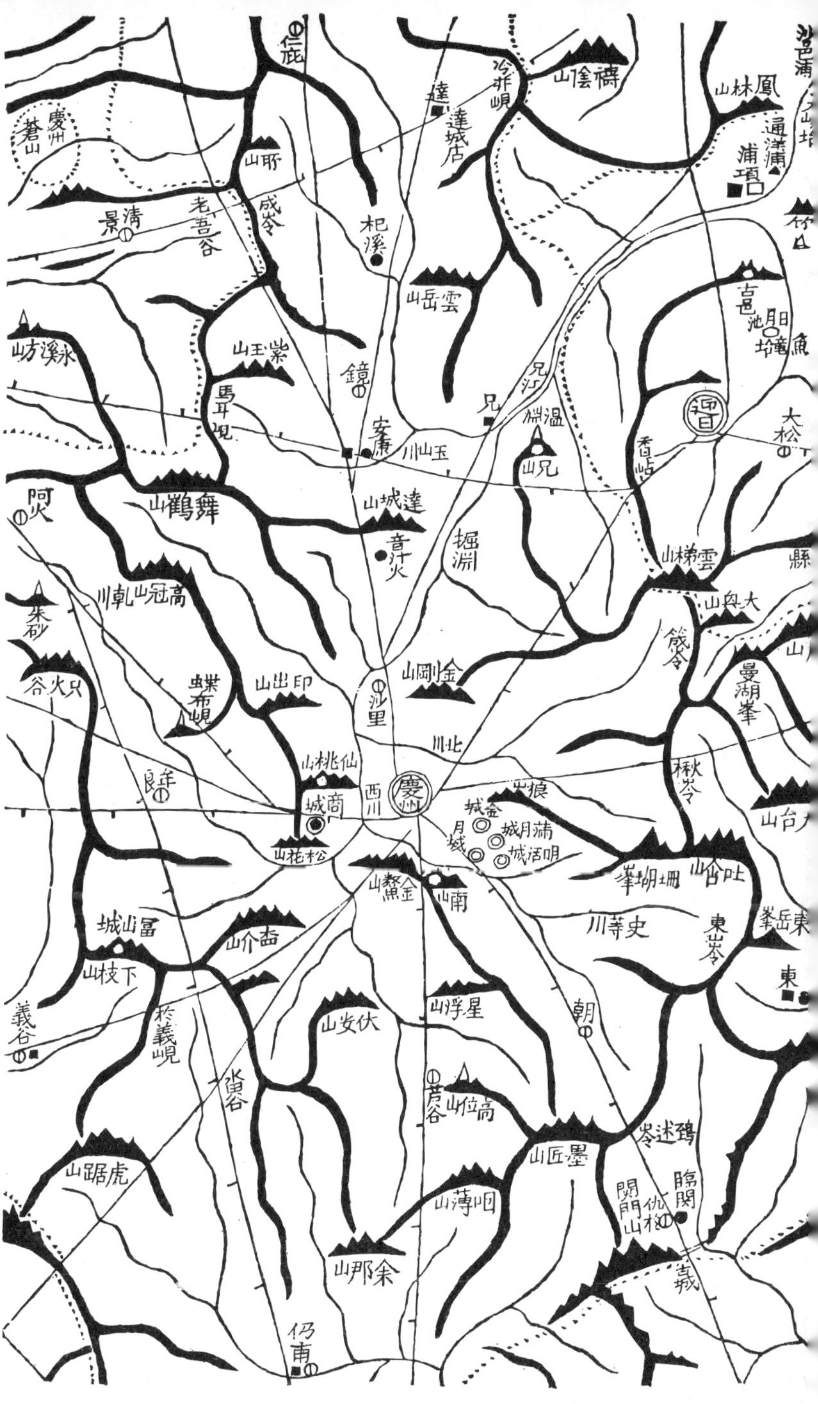
慶州
迎日
長鬐
慶州蒼山
清景
老古谷
耶山
成令
杞溪
達城店
冷非峴
禱陰山
鳳林山
通洋浦
浦項
雲岳山
紫王山
永溪坊
馬耳峴
安康
玉山川
兄山
溫淵
鏡
兄江
古邑
舞鶴山
達城山
阿火
音汁火
掘淵
雲梯山
大松
高冠山
乾川
朱砂
只火谷
蝶布峴
印出山
金剛山
沙里
大與山
曼湖峯
北川
仙桃山
西川
狼山
金城
月城
滿月城
明活城
商城
松花山
金鰲山
南山
吐含山
冊坍峯
史等川
富山城
杏介山
下枝山
東岳峯
義谷
於義峴
伏安山
星浮山
朝
雀谷
高位山
鵄述令
墨匠山
虎踞山
明薄山
臨關
余那山
仍南

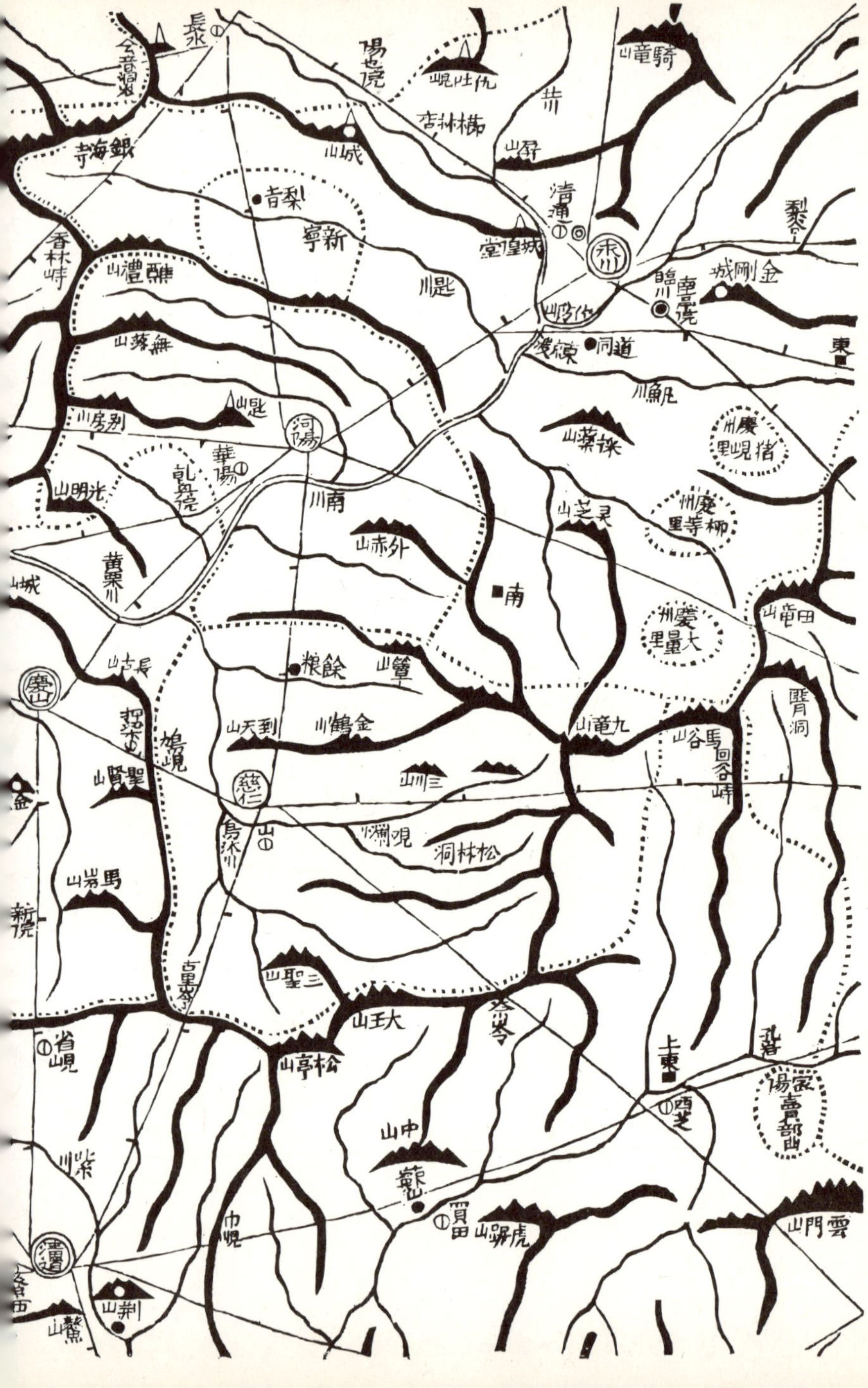

長水
騎龍山
城山
銀海寺
新寧
音梨
城隍堂
永川
金剛城
道同
東
別房川
河陽
華陽
光明山
南川
外赤山
黃栗川
南
大量里
餘粮
九龍山
到天山
金鶴川
慈仁
松林洞
聖賢山
馬岩山
三聖山
大王山
松亭山
省峴
中山
買田
虎踞山
雲門山
慶山
上東
西芝
馬谷山
清道
荊山
紫川

十七-二 大邱・永川・清道

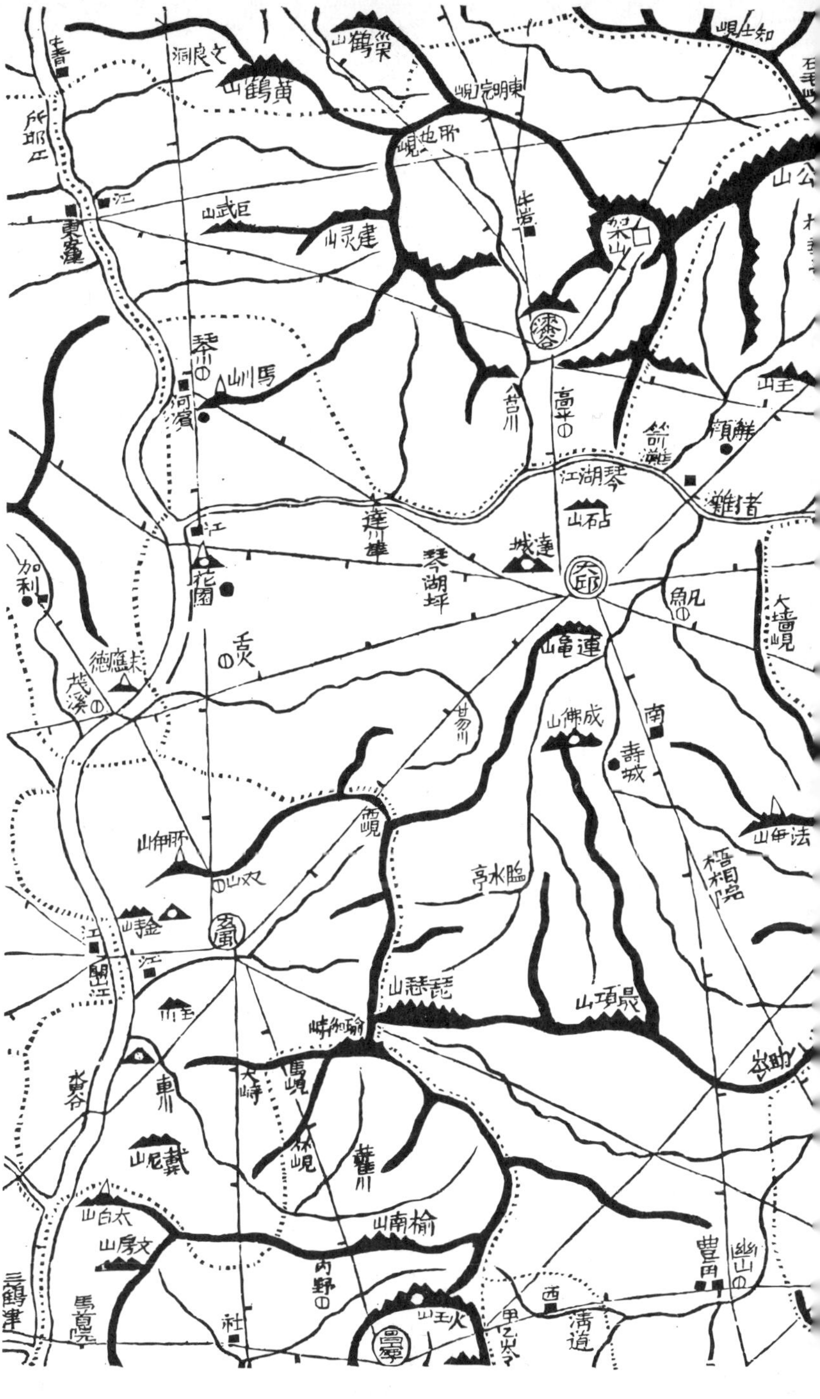

黃鶴山
巢鶴
東明院峴
公山
巨武山
馬川山
琴湖江
大邱
達城
花園
高平
八莒川
蓮龜山
成佛山
南
壽城
琵瑟山
臨水亭
楡南山
火王山
玄風
清道
豐角

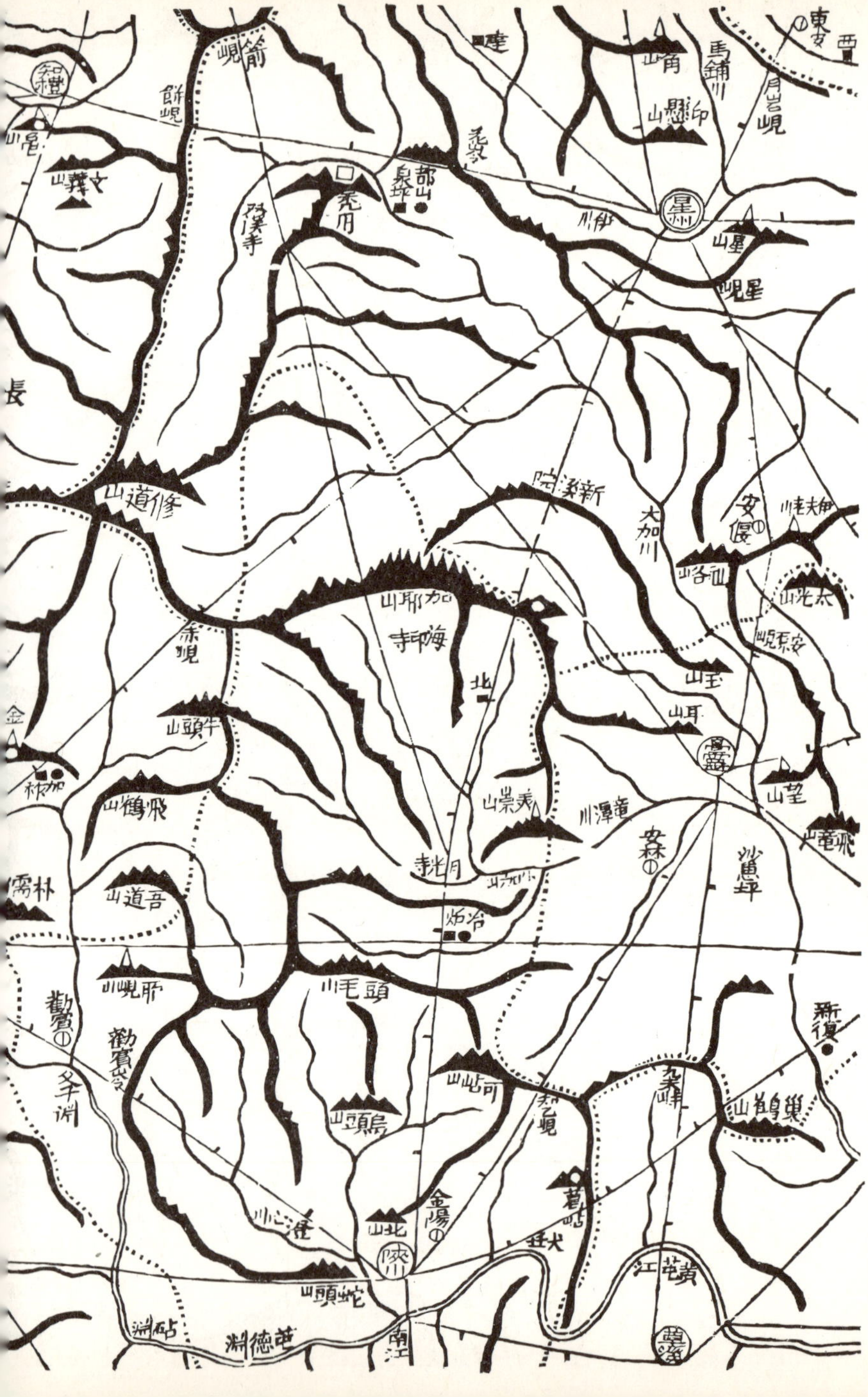
箭峴
餅峴
知禮
文殊山
修道山
加耶山
海印寺
新溪院
大加川
安偃
星州
星山
星峴
伊川
角山
馬鋪川
月岩峴
東安
長
牛頭山
飛鶴山
月光寺
龍潭川
安林
高靈
耳山
玉山
望山
飛龍山
吾道山
冶爐
頭毛山
可屹山
烏頭山
北山
陜川
金陽
蛇頭峴
巢鶴山
新復
黃芚江
南江
勸賓

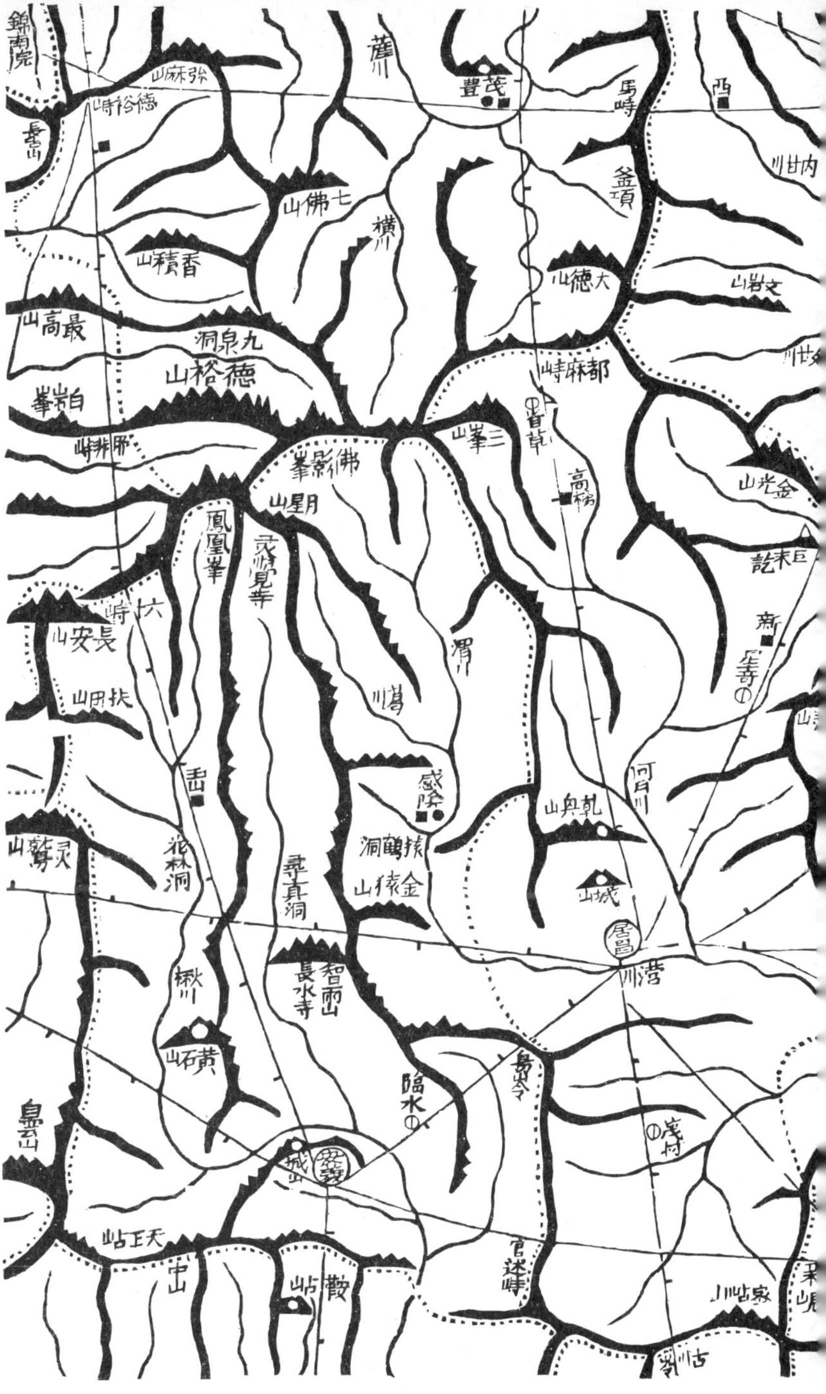

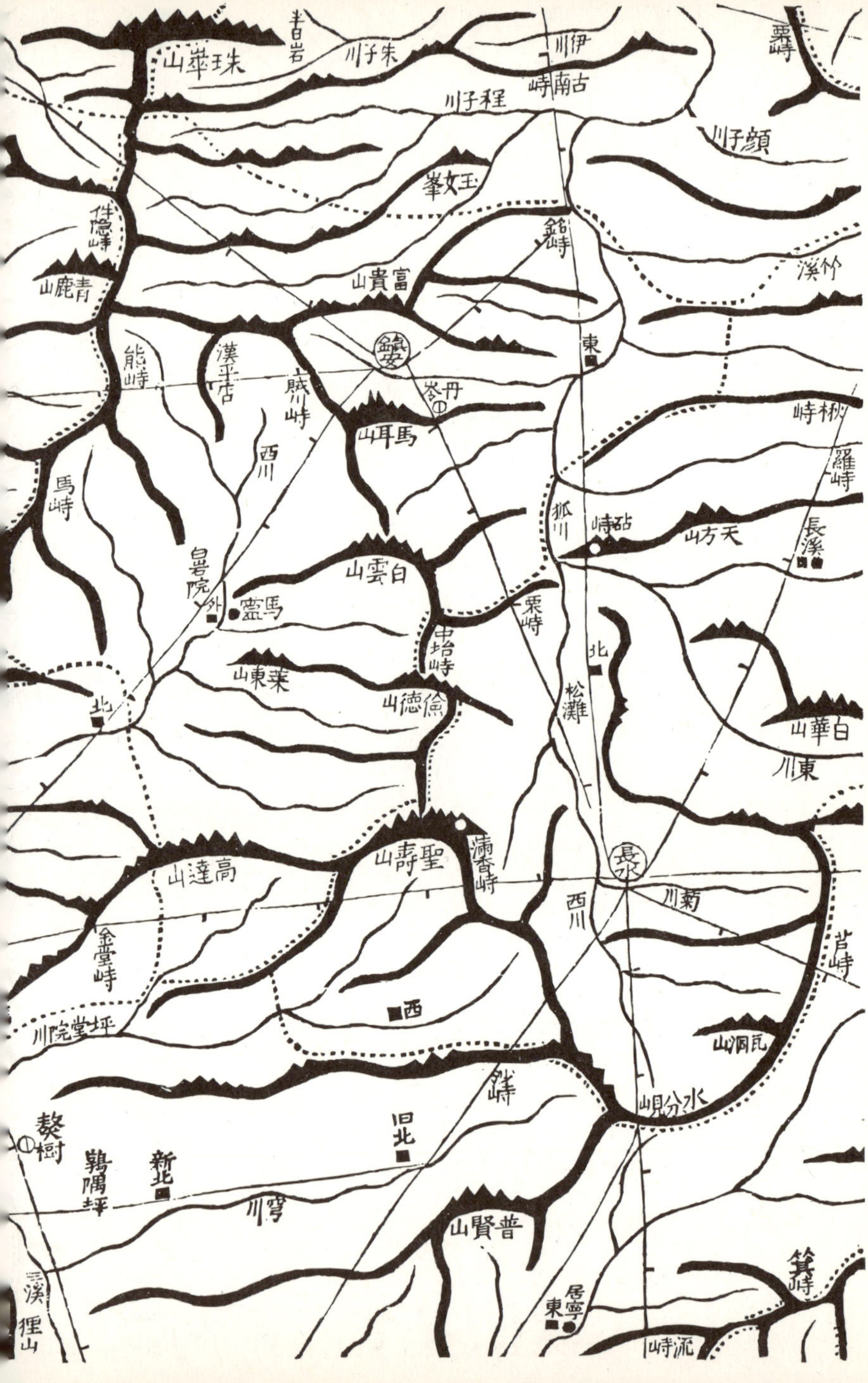

珠華山
朱子川
伊川
古南峙
程子川
顔子川
玉女峯
仵隱峙
鉛峙
竹溪
青鹿山
富貴山
鎭安
能峙
漢平店
賊川峙
丹岑
東
秋峙
馬耳山
西川
羅峙
馬峙
狐川
砧峙
天方山
長溪
白雲山
皀岩院
外
馬靈
栗峙
中坮峙
北
萊東山
倫德山
松灘
北
白華山
東川
聖壽山
滿香峙
高達山
長水
西川
菊川
金堂峙
芦峙
西
坪堂院川
瓦洞山
水分峴
獒樹
旧北
鶴隅坪
新北
雲川
普賢山
箕峙
三溪
狸山
居寧
東
流峙

十七－四 全州・鎭安・任實

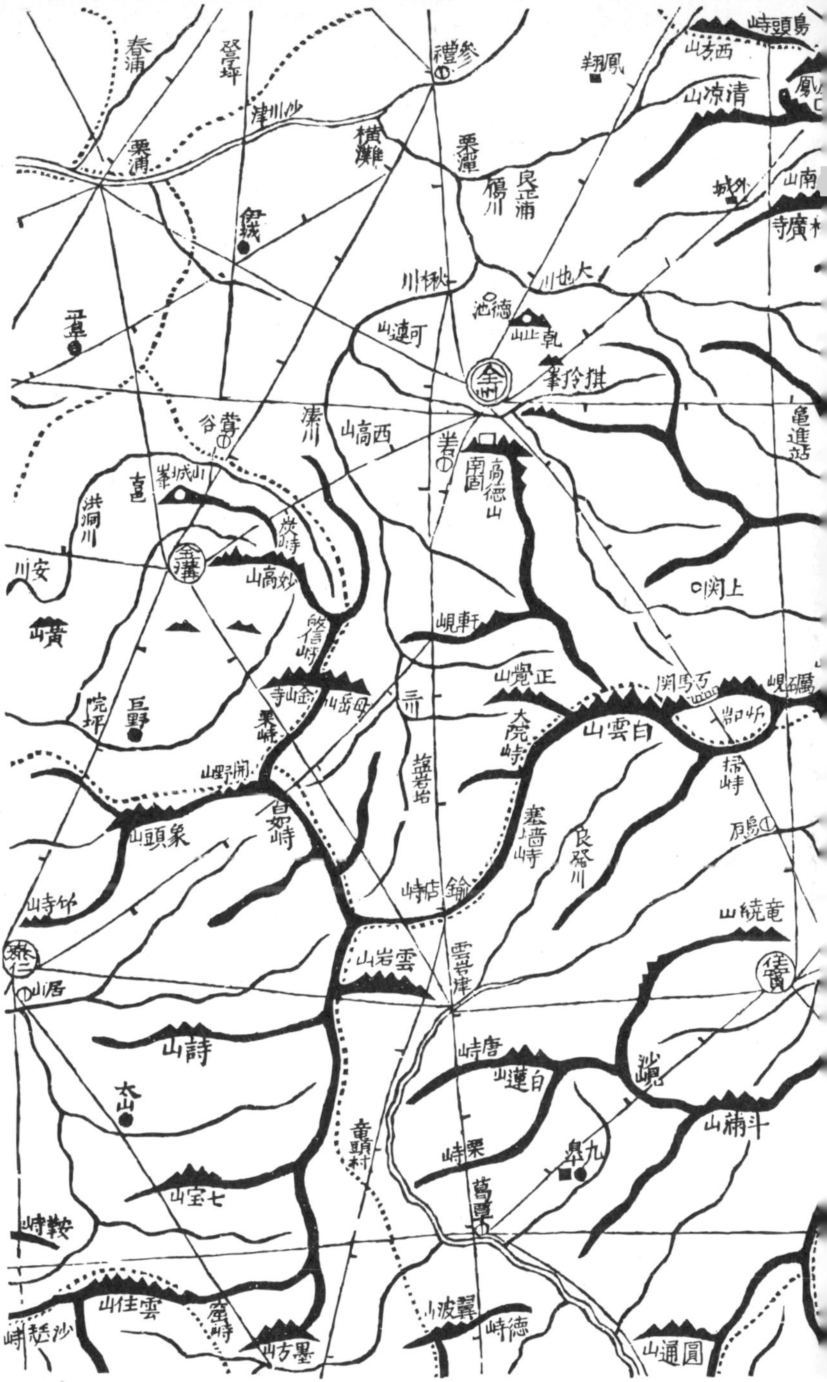

春浦
參禮
鳳翔
淸涼山
沙川津
栗浦
橫灘
栗灘
良正浦
鶴川
大也川
楸川
德池
可連山
全州
西高山
高德山
金溝
炭峙
妙高山
洪洞川
安川
黃山
軒峴
金山寺
母岳山
正覺山
院坪
巨野
白雲山
大院峙
栗峙
象頭山
竹寺山
泰仁
居山
雲岩山
雲岩津
任實
詩山
唐峙
白蓮山
九皐
葛覃
七宝山
太山
鞍峙
雲住山
德峙
圓通山

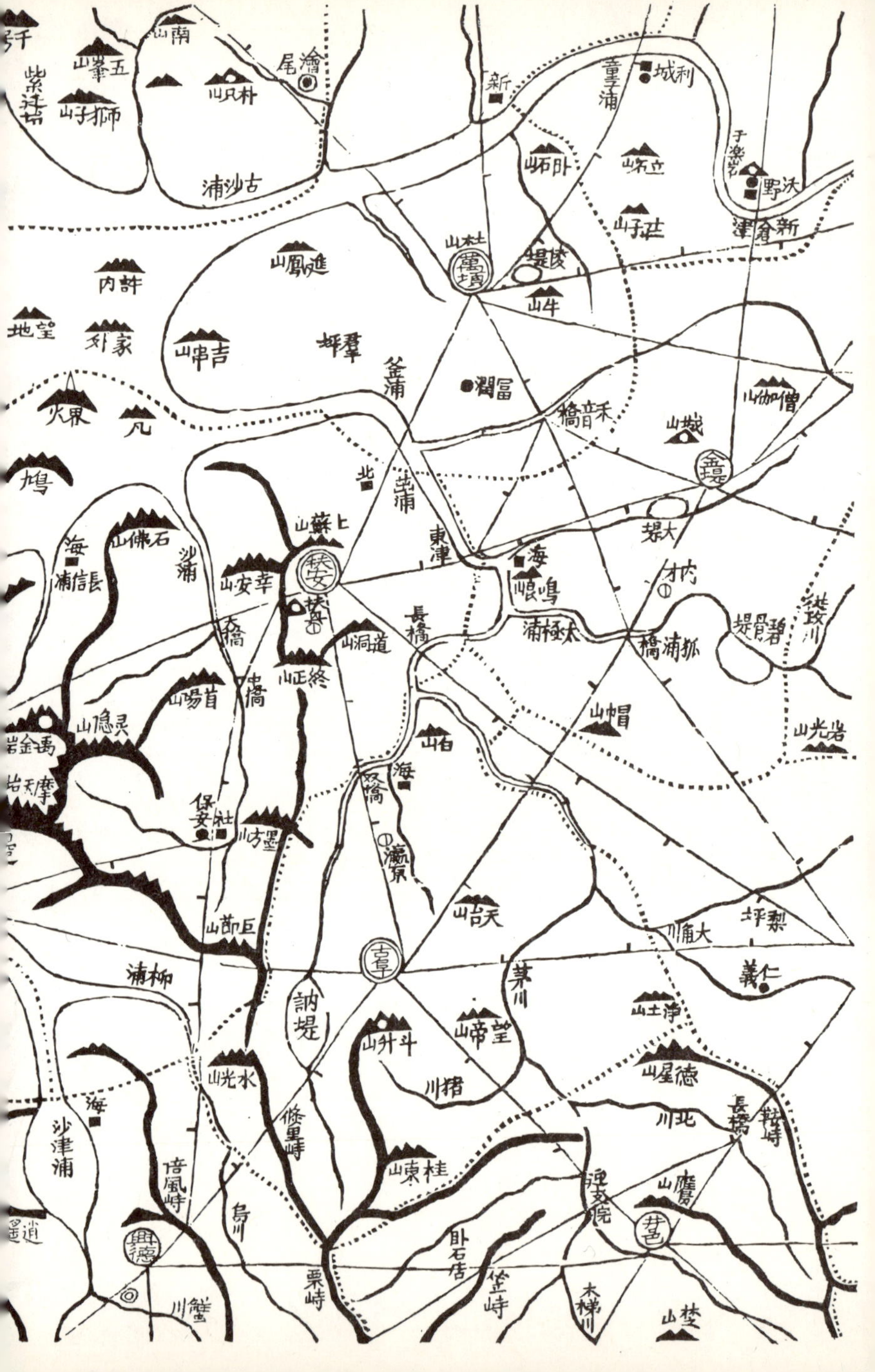

南山
五峯山
獅子山
朴只山
檜尾
古沙浦
新
童子浦
利城
臥石山
立石山
沃野
新倉津
萬頃
牛山
進鳳山
許內
望地
吉串山
釜浦
富潤
禾音橋
僧伽山
金堤
大堤
凡
鳩
石佛山
長信浦
沙浦
上蘇山
扶安
幸安山
東津
海
太極浦
長橋
道洞山
大橋
中橋
首陽山
保安
社
帽山
白山
双橋
天台山
大角川
梨坪
仁義
光岩山
抓浦橋
碧骨堤
古阜
柳浦
訥堤
茅川
望帝山
淨土山
斗升山
水光山
德星山
猪川
北川
長橋
沙津浦
倍風峙
烏川
桂東山
井邑
臥石店
粟峙
笠峙
木梯川
楚山
興德

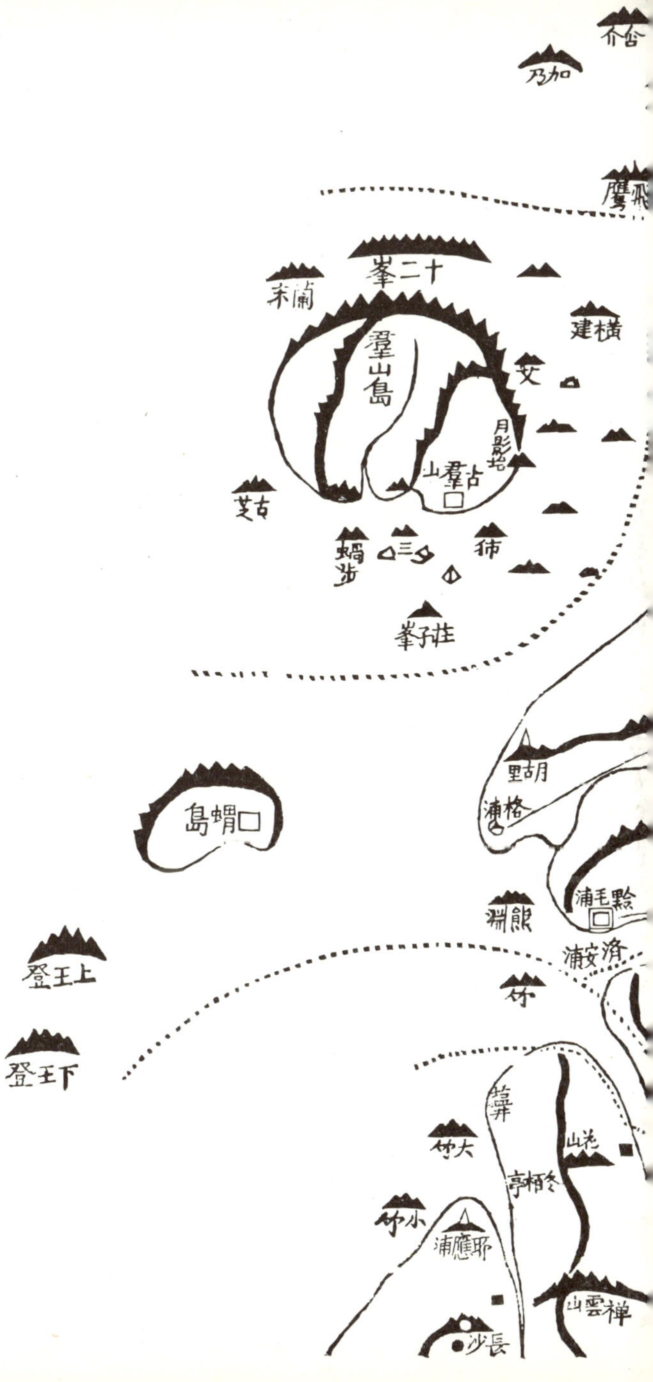
十二峯
蝟山島
古羣山
月影岑
加乃
橫建
胡里
格浦
黔毛浦
濟安浦
帽島
上王登
下王登
大竹
小竹
禪雲山

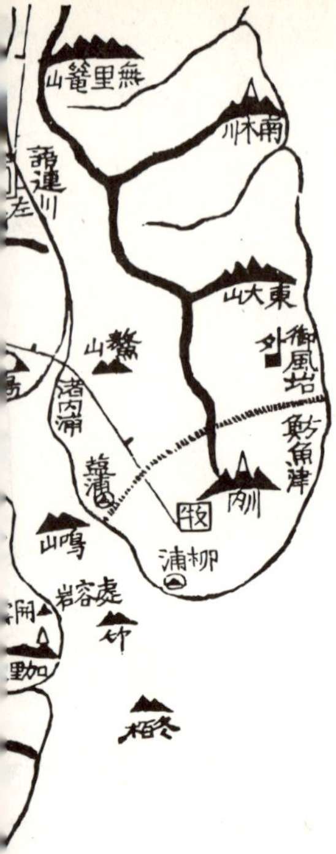

無里菴山
南木川
東大山
外
御風坮
鰲山
渚內浦
內川
牧
柳浦
鳴山
處容岩
竹
冬柏

十八ー一 蔚山・彦陽・梁山

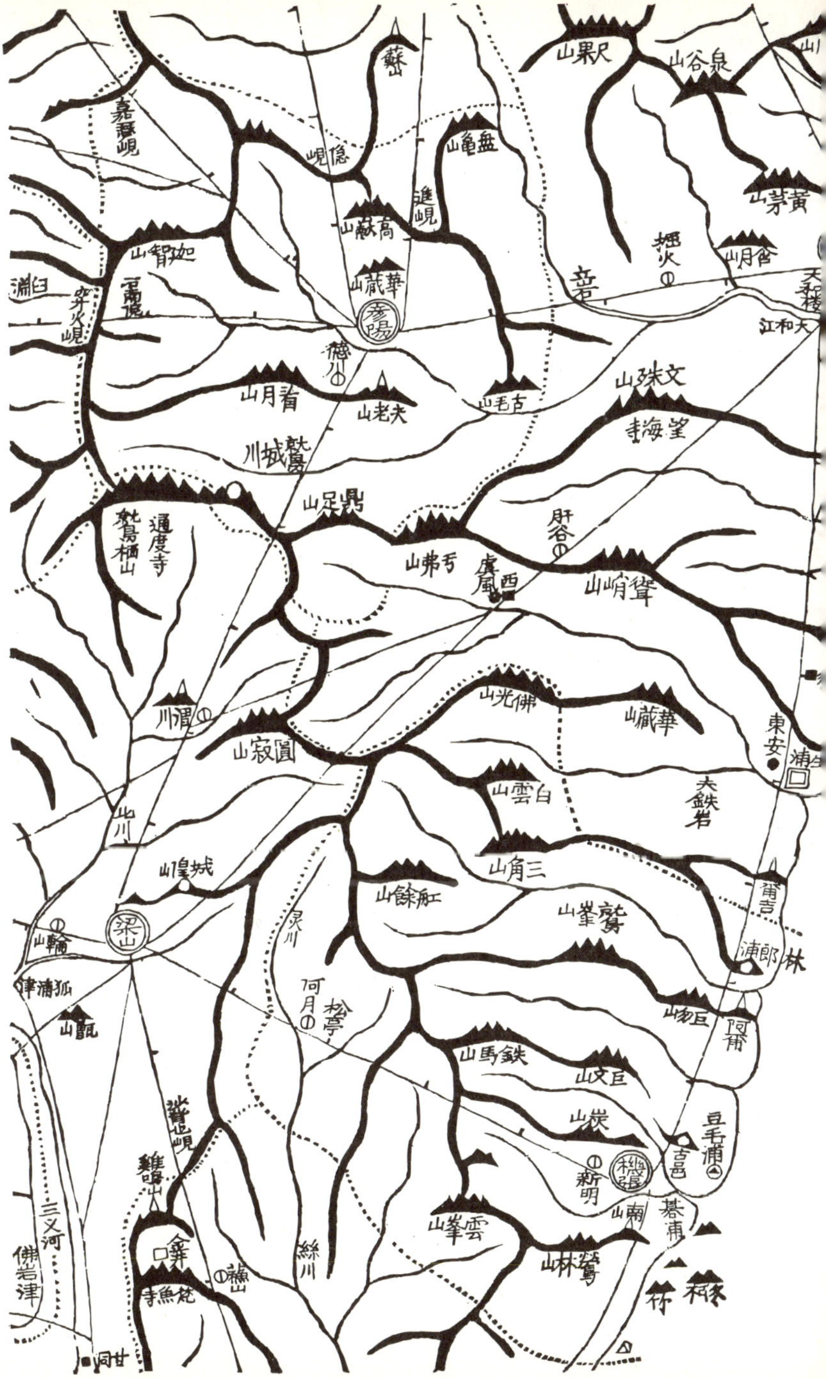

南山
下南
能峴
烏峴
若耶溪
沙峴
巨淵
榆川
烏岳
盆項
華岳山
大德
高岩山
牛嶺山
載岳山
載岳川
東
下東
北
東閣
城隍
南樓
凝川
萬魚山
姑射山
慈氏山
無訖峴
天台岩山
甘勿里山
金洞
守山堤
孫哥津
三浪浦
鵲旨
洛沙
海陽江
守山
黃山江
食山
簾山
太山
飛音山
雪
金谷
馬峴
德山
新橋川
自如
露峴
羅田峴
東院津
省法
神魚山
鳳林山
進禮城
盆山
金海
南
安民
漕轉
栗川
海
長福山

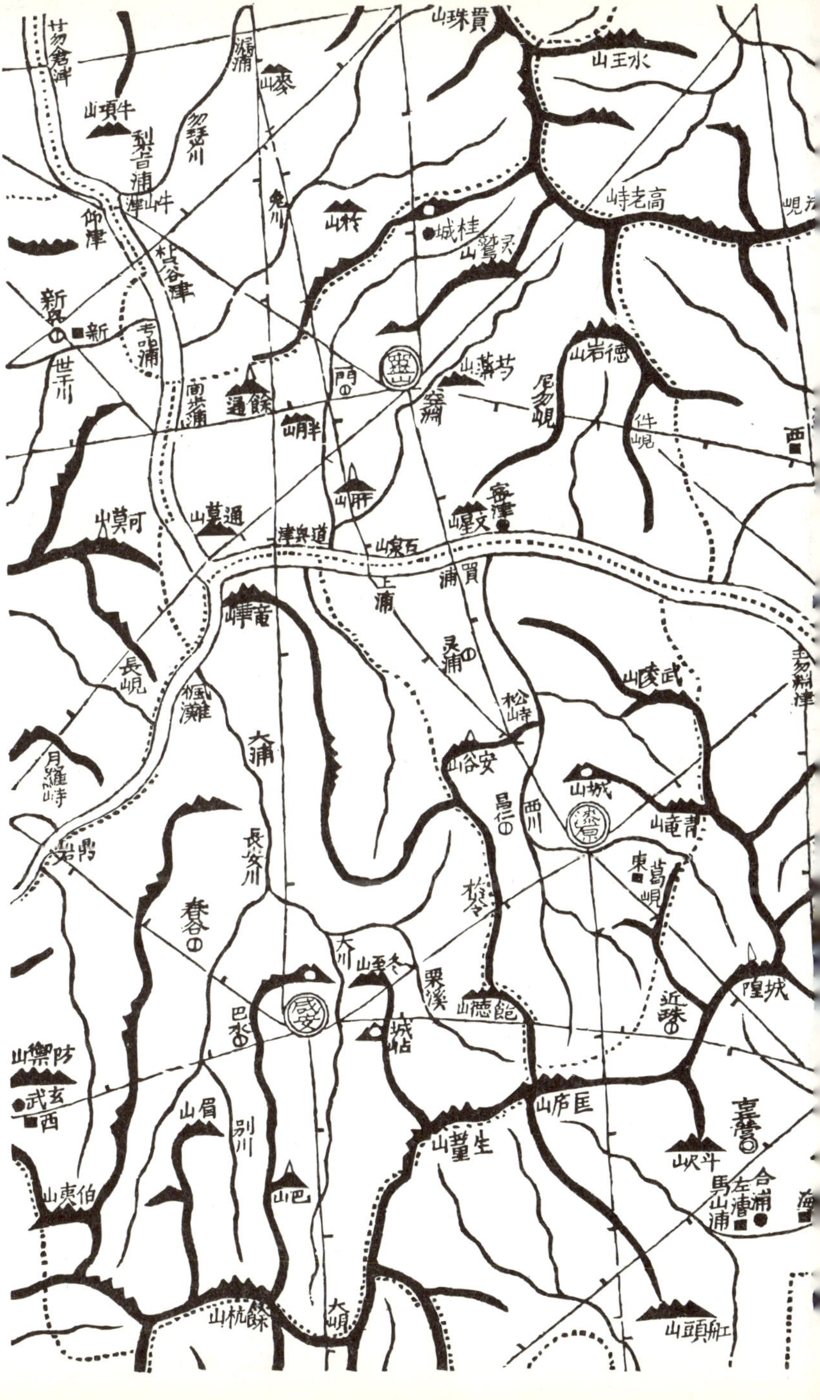
貫珠山
水王山
牛項山
梨旨浦
牛山津
高老峙
桂城
靈山
德岩山
新反
世干川
餘通
長峴
月羅峙
可莫山
通葛山
道興津
石泉山
文星山
買浦
武陵山
安谷山
城山
漆原
青龍山
葛峴
咸安
春谷
大川
栗溪
能德山
城隍
近珠
防禦山
玄武
匡房山
董生山
斗尺山
伯夷山
巴山
馬山浦
左漕
合浦
餘航山
大峴
舡頭山

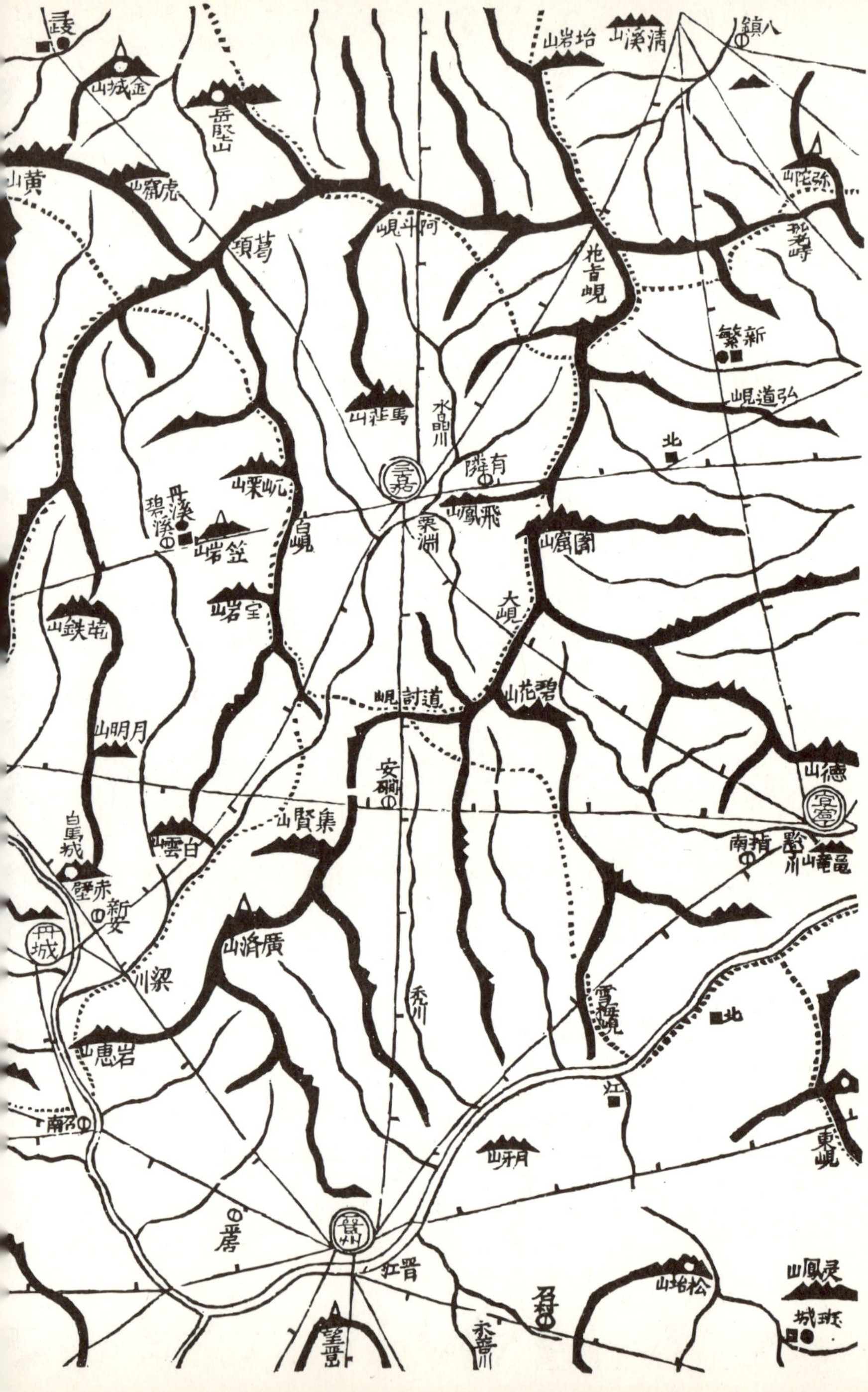

淸溪山
台岩山
金城山
岳堅山
黃山
虎窟山
葛項
阿斗峴
彌陀山
花音峴
新繁
弘道峴
北
馬莊山
水晶川
有隣
三嘉
栗岾山
丹溪
碧溪
笠岩山
白峴
飛鳳山
栗淵
大峴
宝岩山
道討峴
碧花山
月明山
安磵
德山
宜寧
集賢山
龜巖山
白雲山
白馬城
赤壁
新安
丹城
廣濟山
梁川
秀川
雪梅峴
北
岩惠山
江
東峴
月牙山
晉州
晉江
召村
松台山
班城

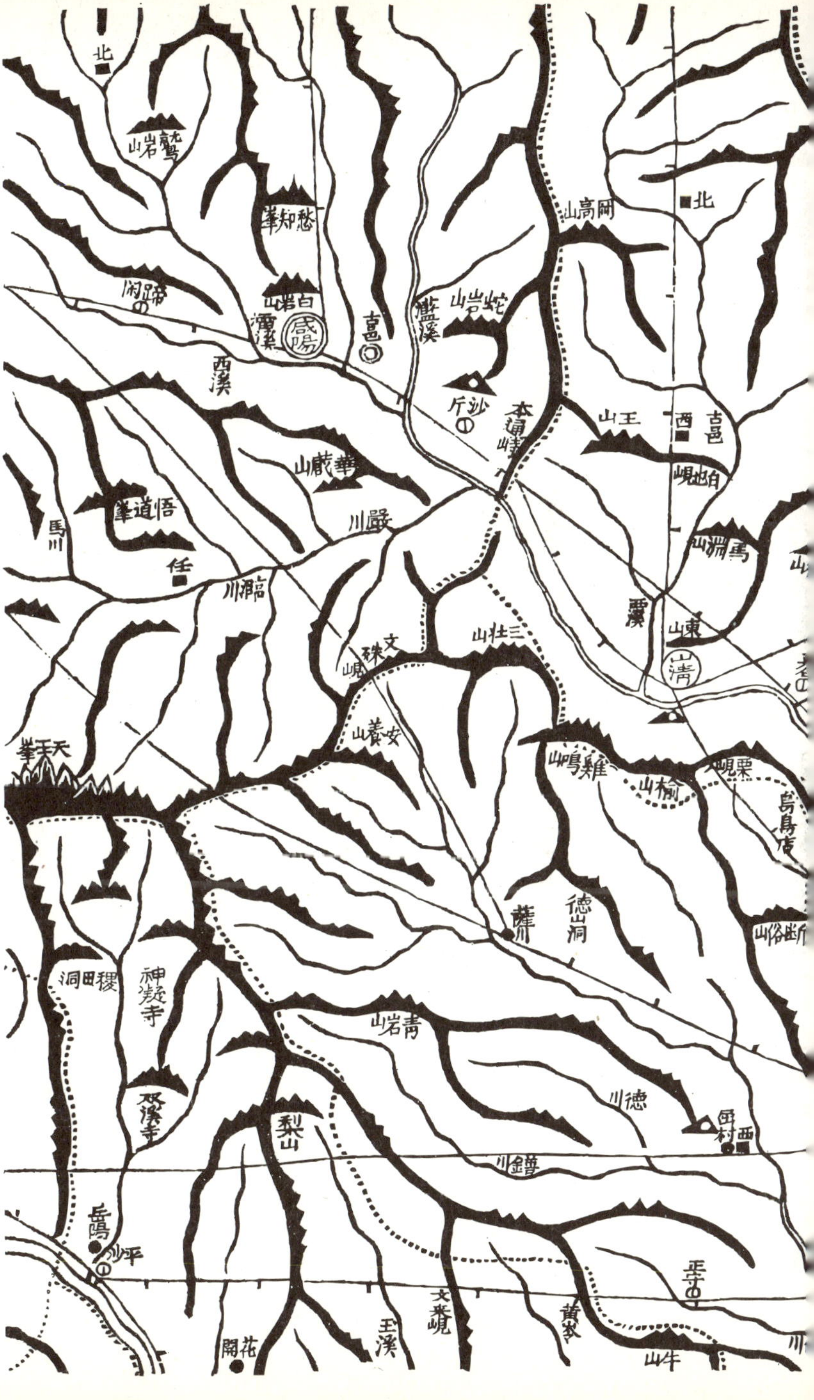
北
鷲岩山
愁知峰
白岩山
咸陽
西溪
蛇岩山
高岡山
北
王山
吉邑
華藏山
悟道峰
馬川
任
三壯山
安養山
天王峰
雞鳴山
德山洞
神凝寺
青岩山
梨山
德川
岳陽
牛山

南原
雲峰
谷城
求禮
鳴猪峙
楓岳
東道
百工山
柳峙
女院峙
源川
鄭峙
楓川
來接山
宗相寺
黃岑洞
般若峯
智異山
南栗峙
中津
清溪山
西溪山
天德山
南川
犬首山
鳴綠院
通明山
華嚴寺
燕谷寺
鳳城山
飛來山
華藏山
大荒川
丙方山
五鳳山
石柱
竜王淵
水落山
界峙
洞里山
栗峴

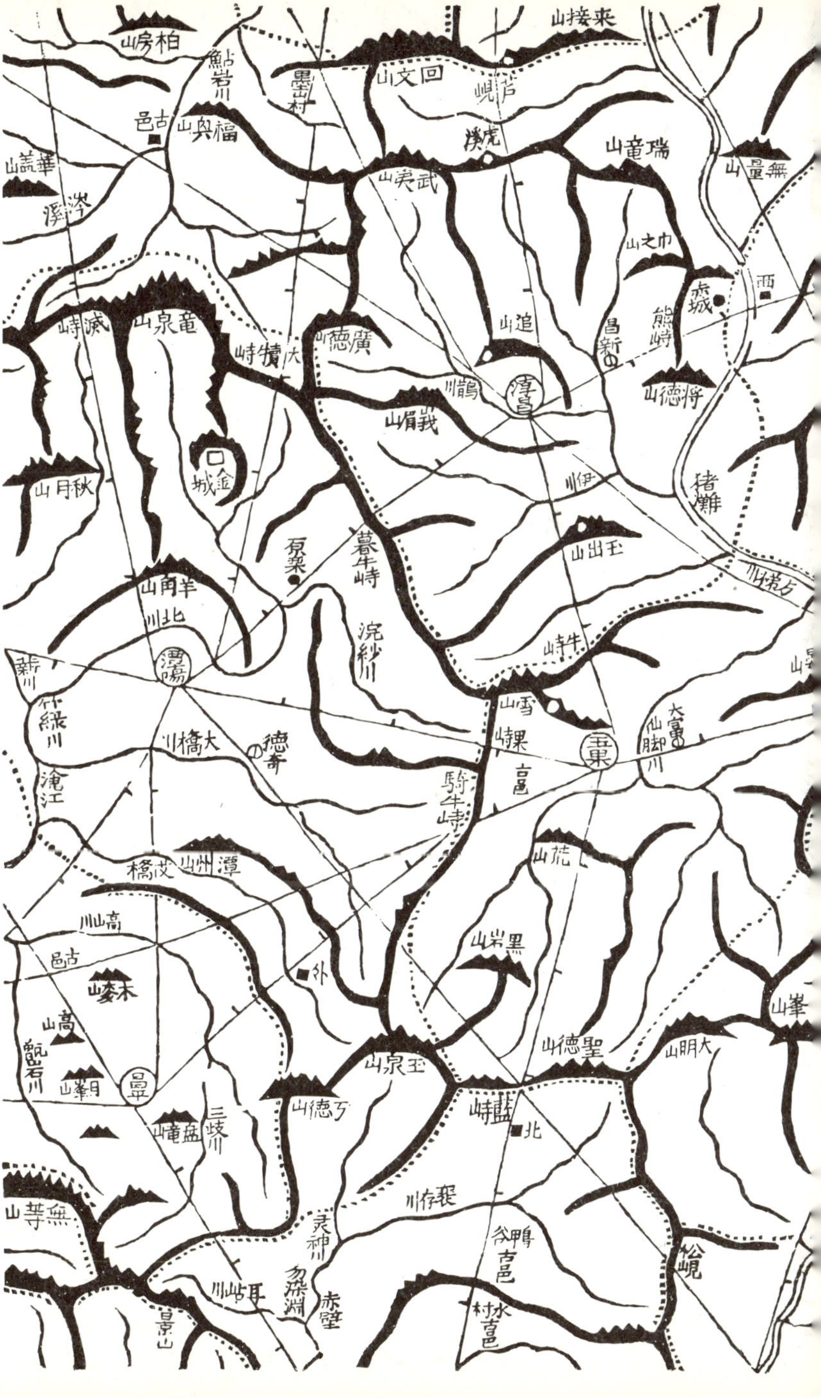
柏房山
來接山
回文山
福興山
古邑
瑞童山
無量山
武夷山
龍泉山
廣德山
秋月山
將德山
羊角山
北川
潭陽
淳昌
王出山
牛峙
暮牛峙
浣紗川
雪山
竹綠川
淹江
大橋川
騎牛峙
潭州山
杖橋
高山川
古邑
黑岩山
聖德山
大明山
玉泉山
萬德山
三岐川
無等山
耳岾川
赤壁

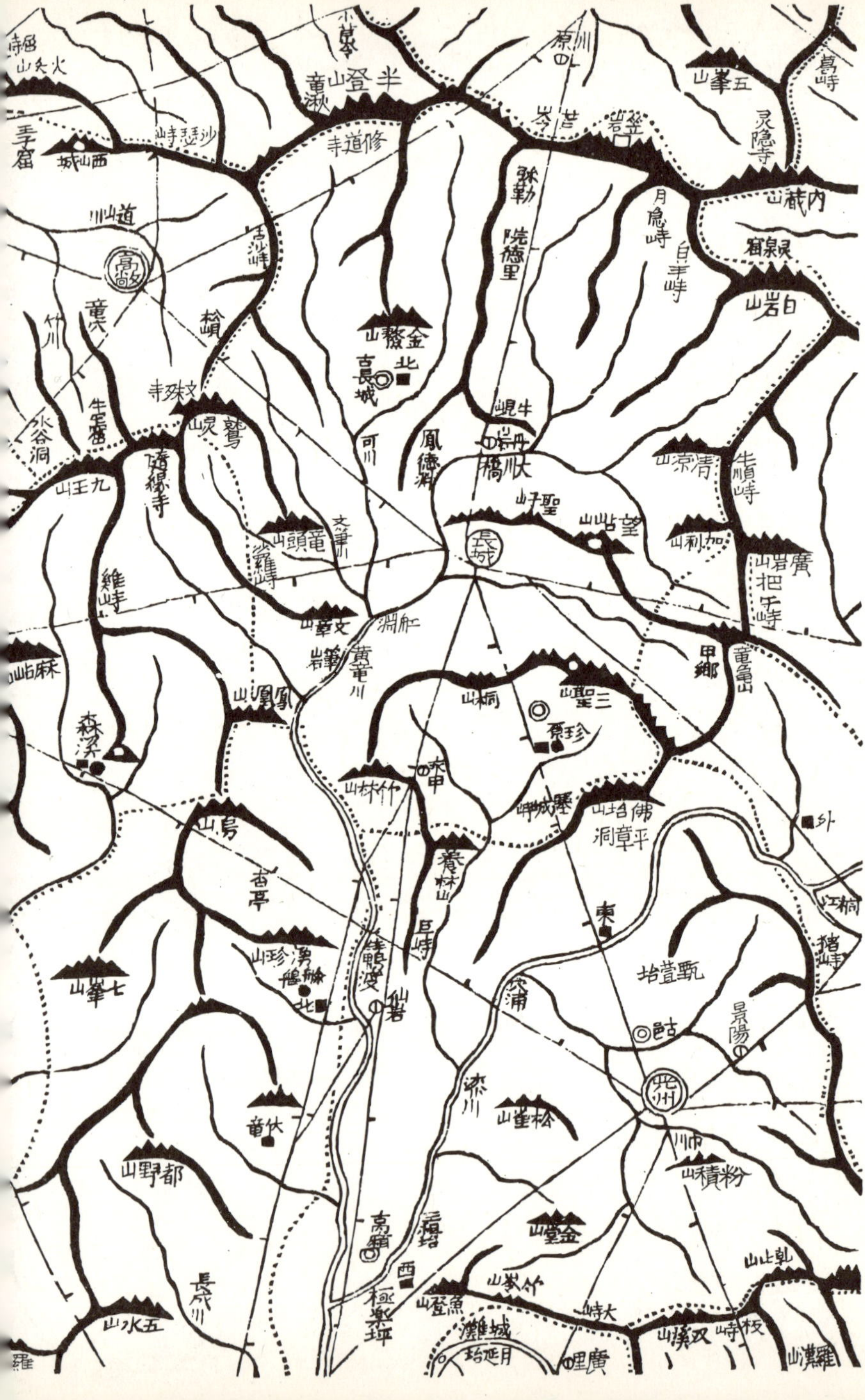

半登山
五峯山
內藏山
白岩山
修道寺
西山城
高敞
金盤山
文殊寺
九王山
長城
望山
加利山
清凉山
廣岩山
文章山
龍頭山
三聖山
珍原
竹林山
佛台山
平章洞
鳥山
杏亭
七峯山
伏龍
都野山
五水山
光州
粉積山
金堂山
極樂坪
双溪山
城灘
廣里
東
西
北
外
黃龍川

十八－五 光州・長城・靈光

古里浦
石橋浦
弘農山
德林山
九行山
待統峙
法聖
西湖
德山
大西湖
流沙
古道島
七山
九水山
臥牛山
箕山
臨淄
也毛
次音山
三角山
陸昌
沙外
向化
君將山
兩稅
海際
向化津
母岳山
加里
金城山
城山
酒缸浦
咸平
高山
紺岳山
鼓峙

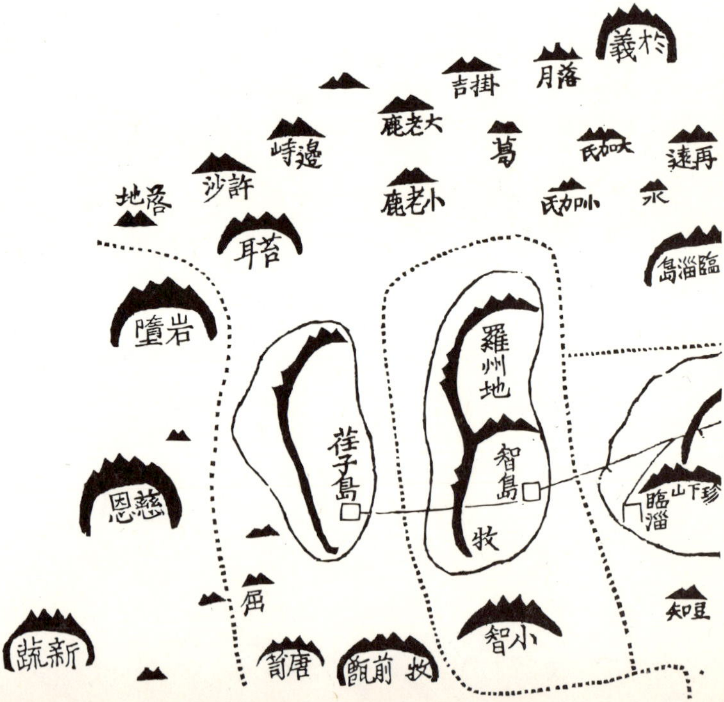

於義
落月
掛吉
大老鹿
葛
大加氏
再遠
邊峙
許沙
落地
小老鹿
小加氏
永
苫耳
臨淄島
岩墮
羅州地
荏子島
智島
牧
慈恩
珍下山
臨淄
屈
豆知
新疏
唐笥
牧前甑
小智

十九ー一 東萊

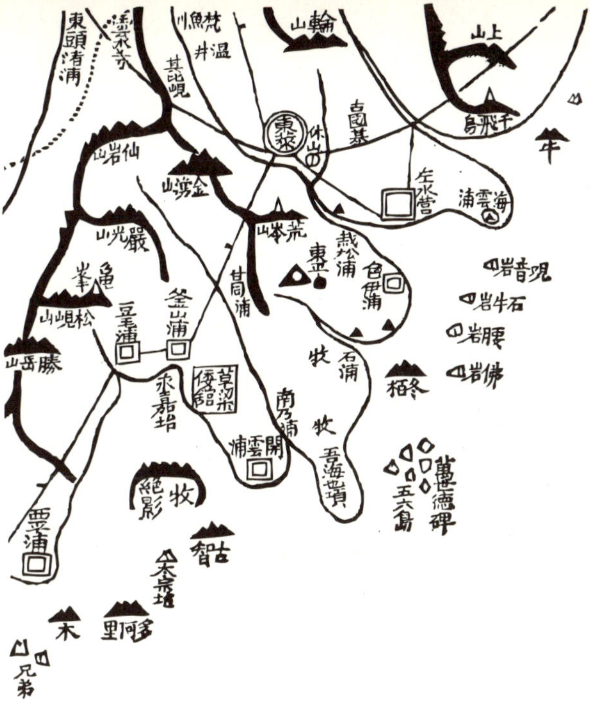
東萊
輪山
上山
梵魚川
溫井
休山
千飛島
左水營
海雲浦
仙岩山
荒嶺山
嚴光山
栽松浦
色伊浦
觀音岩
石牛岩
腰岩
佛岩
冬栢
釜山浦
豆毛浦
松峴山
勝岳山
草梁倭館
牧
石浦
開雲浦
絶影
萬世德碑
五六島
古智
多阿里
木
兄弟

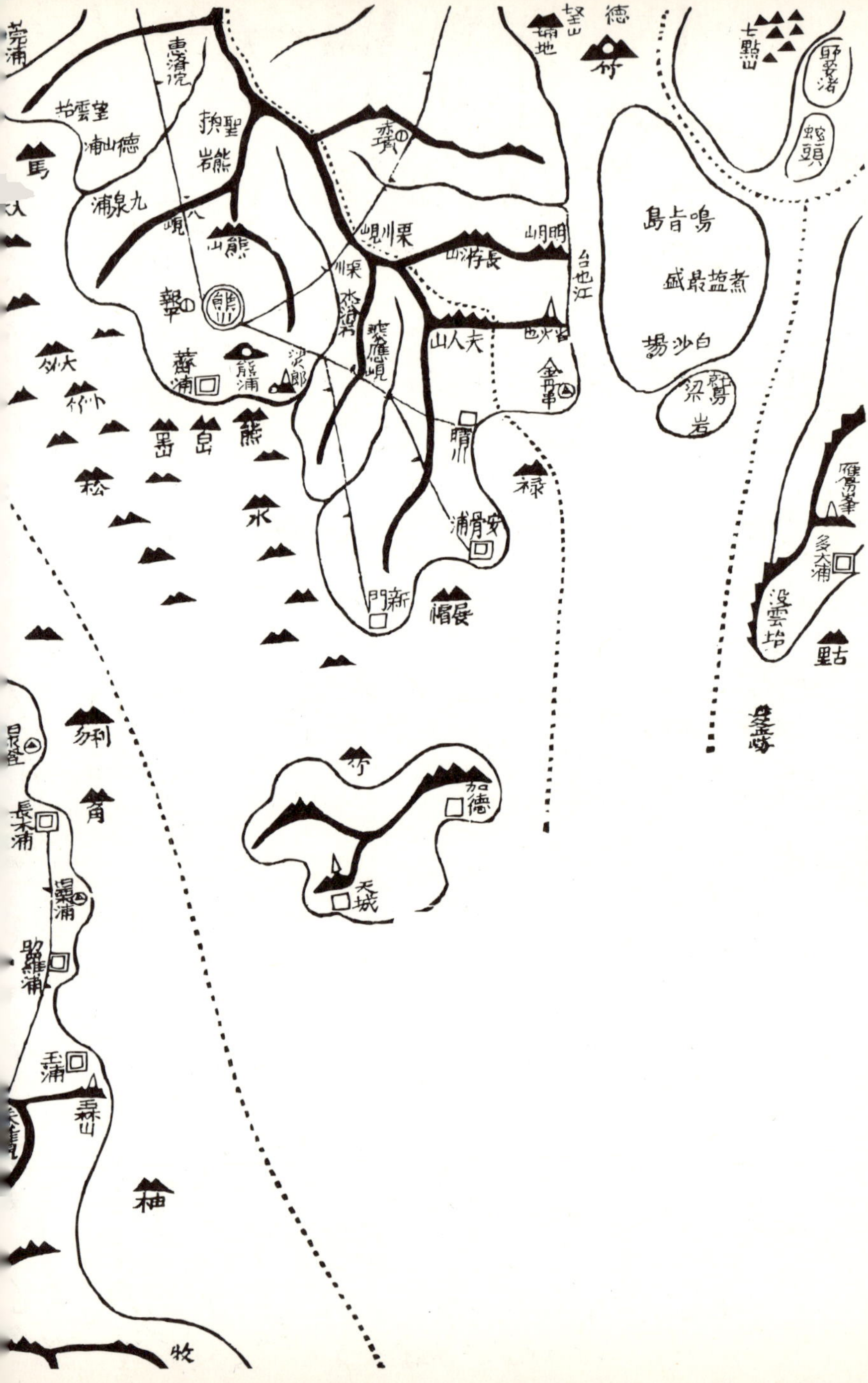

德
竹
七點山
鳴旨島
煮塩最盛
白沙場
熊川
熊山
九泉浦
德山浦
栗川峴
夫人山
安骨浦
新門
長眉
加德
天城
長木浦
玉浦
多大浦
沒雲台
古里
馬
松
柚
牧

十九—二 鎭海·固城·熊川

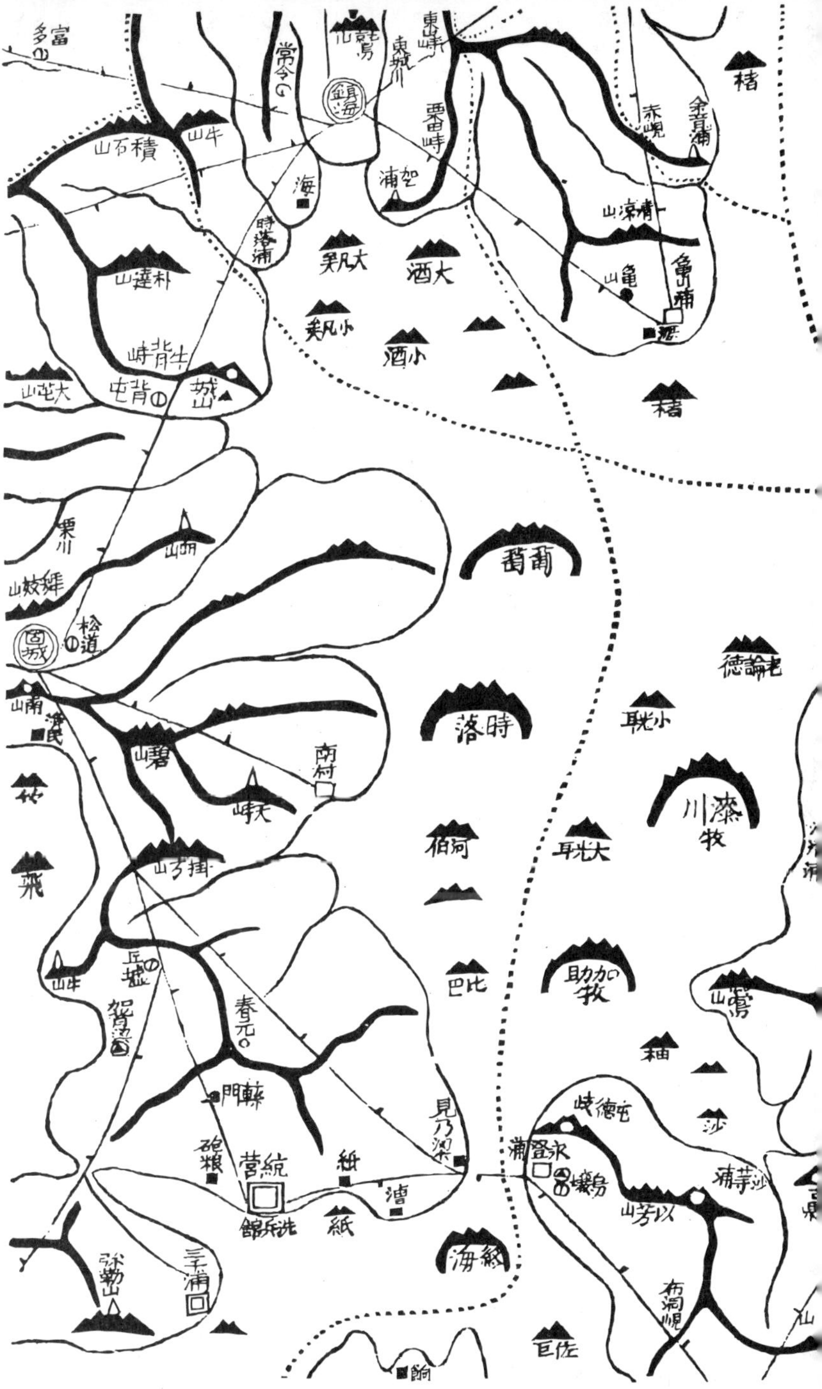

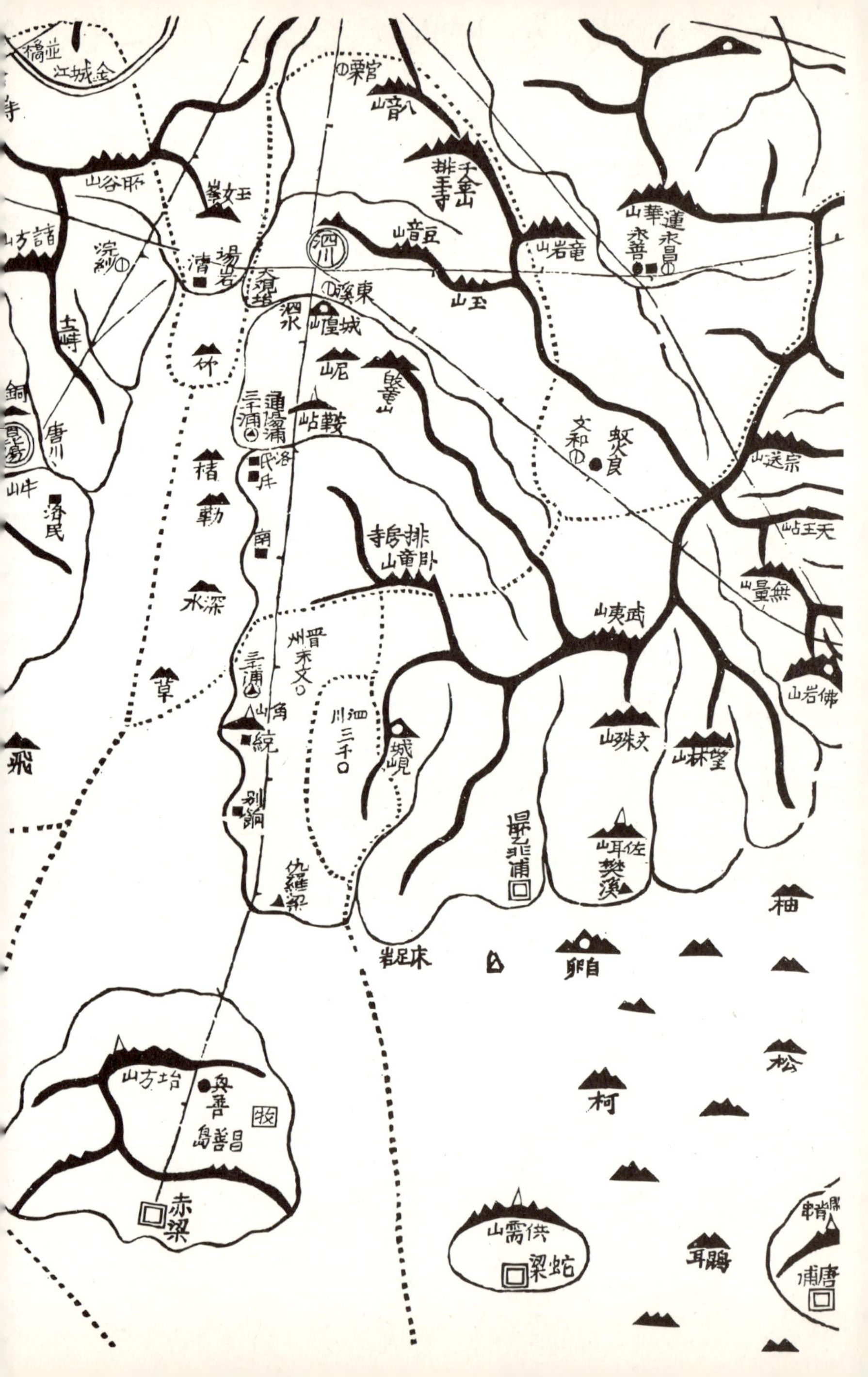

金城江
八音山
泗川
東溪
城隍山
豆音山
玉山
竜岩山
蓮華山
宗送山
天王站
無量山
佛岩山
卧龍山
排鳥寺
武夷山
文殊山
望林山
佐耳山
樊溪
晉州
三千浦
赤梁
昌善島
牧
蛇梁
供需山
唐浦
洛民
唐川
柚
松
柯

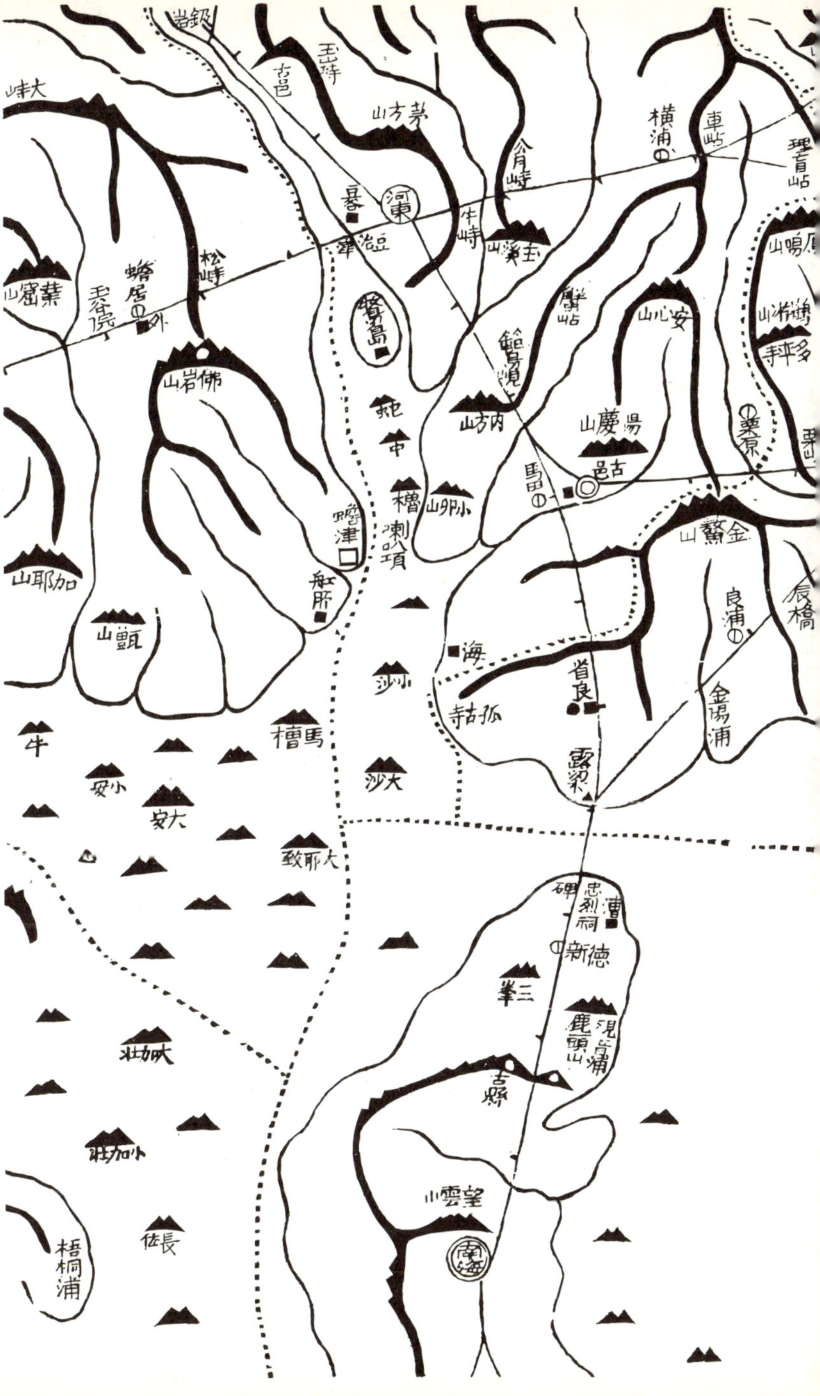

河東
南海
古邑
佛岩山
加耶山
金鰲山
望雲山
安心山
忠烈祠
新德
三峯
梧桐浦
金陽浦
良浦
大安
小安
大沙
小沙
馬檣
露梁

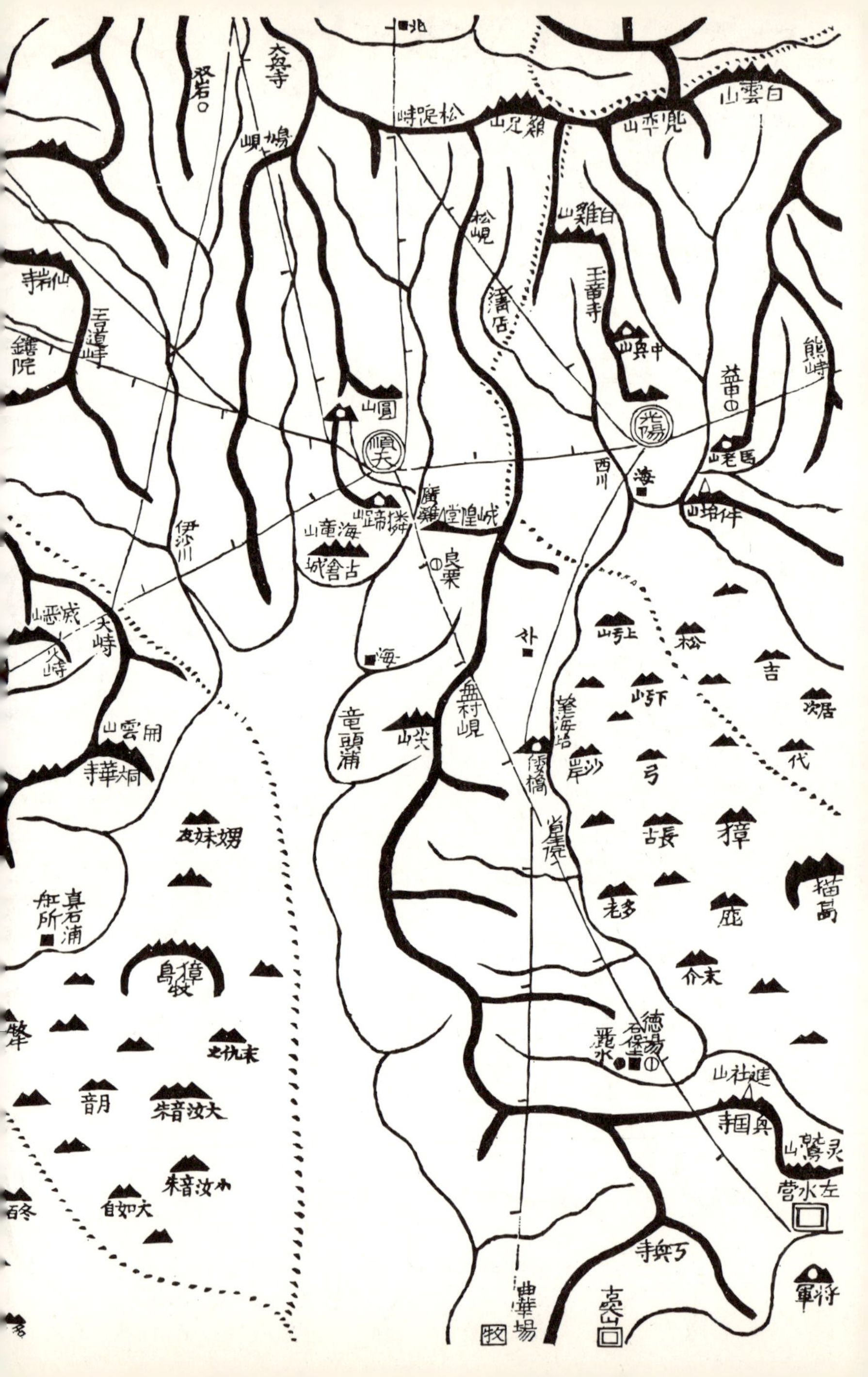

北
松院峙
鷄足山
兜率山
白雲山
白鷄山
松峴
玉龍寺
中興山
熊峙
仙岩寺
圓山
順天
光陽
馬老山
西川
海
城隍堂
廣灘
麟蹄山
海龍山
古倉城
良栗
伊沙川
天峙
火峙
海
上弓山
松
吉
下弓山
次居
竜頭浦
尖山
無村峴
代
沙岸
弓
開雲山
桐華寺
娚妹
長古
獐
貓島
多老
鹿
真石浦
船所
牧獐島
末介
德揚
石堡
麗水
進社山
興國寺
靈鷲山
左水營
音月
大汝音朱
小汝音朱
大如自
將軍
曲華場
牧

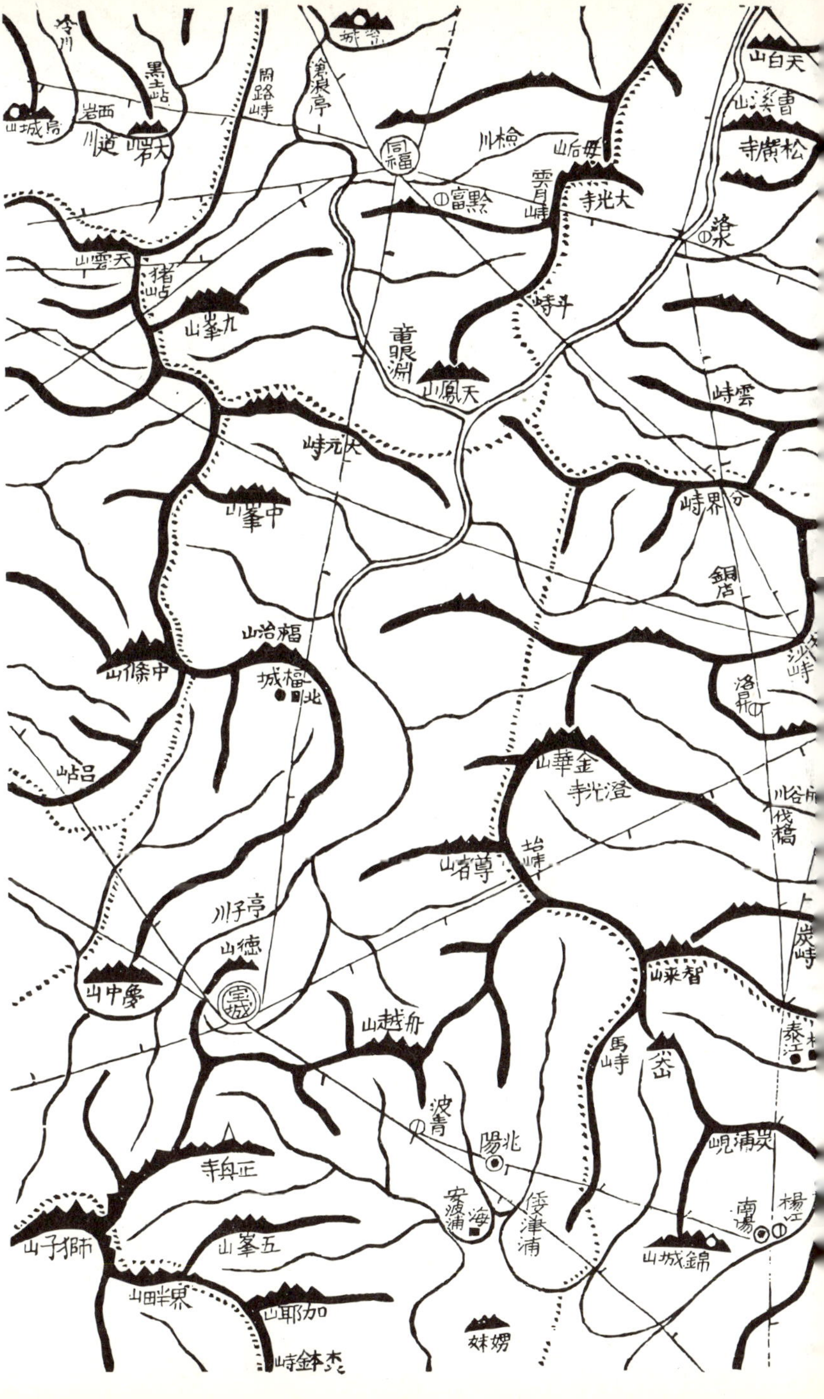
冷川
黑土峙
西岩
道川
問路峙
同福
檜川
天白山
曹溪山
松廣寺
母后山
雲月峙
大光寺
洛水
天雲山
猪峙
九峯山
斗峙
天鳳山
天元峙
中峯山
雲峙
分界峙
銅店
福治山
中條山
呂峙
金華山
澄光寺
尊者山
谷川
伐橋
亭子川
德山
夢中山
寶城
舟越山
智來山
炭峙
泰江
馬峙
青波
北陽
安渡浦
海
倭津浦
正興寺
五峯山
獅子山
加耶山
錦城山
南陽
楊江

錦城山
羅州
新院
青岩
青橋
南平
城山
烏山
花堤
錦江
回浦
歌謠山
伏岩
新安
安老
魚川
猪浦川
鐵冶
九峯山
日封山
元亭
德龍山
雙溪寺
高也峙
兵營
道康
修仁山
火峙
長興
遂寧
碧沙
中寧山
億佛山
錯頭山
龍頭山
熊峙
和順
石泉山
楓山
綾州
鳳尾山
金鰲山
倭城
望海山
笠橋
迦智山
寶林寺
碧玉山
夫山
報恩山
寶城
舟橋川
通路
汭陽江
眠峙
石梯院

十九-五 羅州·靈岩·長興

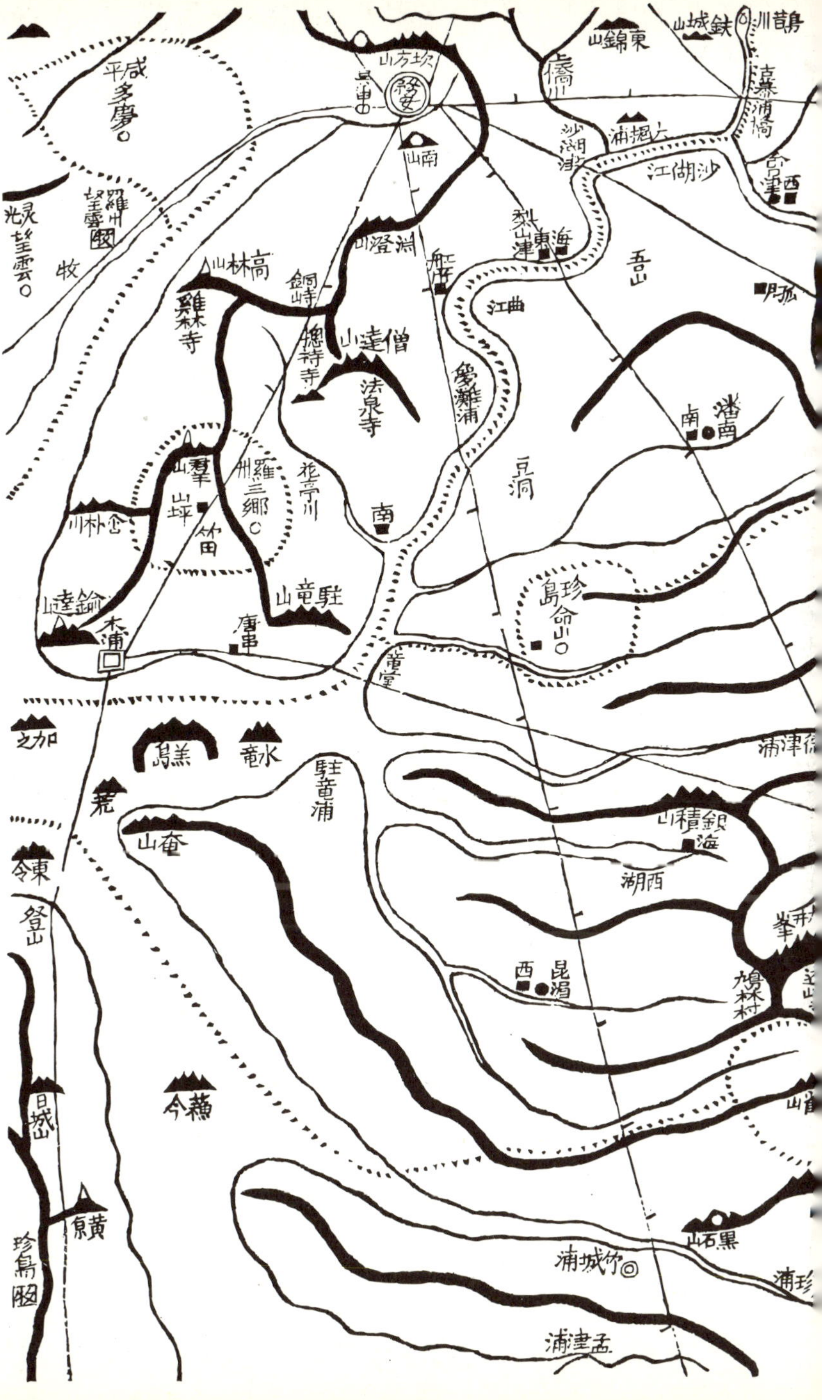
坎方山
務安
咸平
多慶
羅州
望雲
牧
高林山
雞林寺
銅峴
僧達山
法泉寺
摠持寺
南山
澄潭山
東錦山
鐵城山
六掘浦
沙湖江
沙湖津
海東
梨山津
江曲
夢灘浦
吾山
豆洞
珍島
南
花亭川
羅三鄉
駐竜山
錦達山
木浦
加之
水竜
羔島
駐竜浦
奄山
東令
銀積山
海
西湖
昆湄
西
鳩林村
黑石山
竹城浦
孟津浦
黃原
珍島

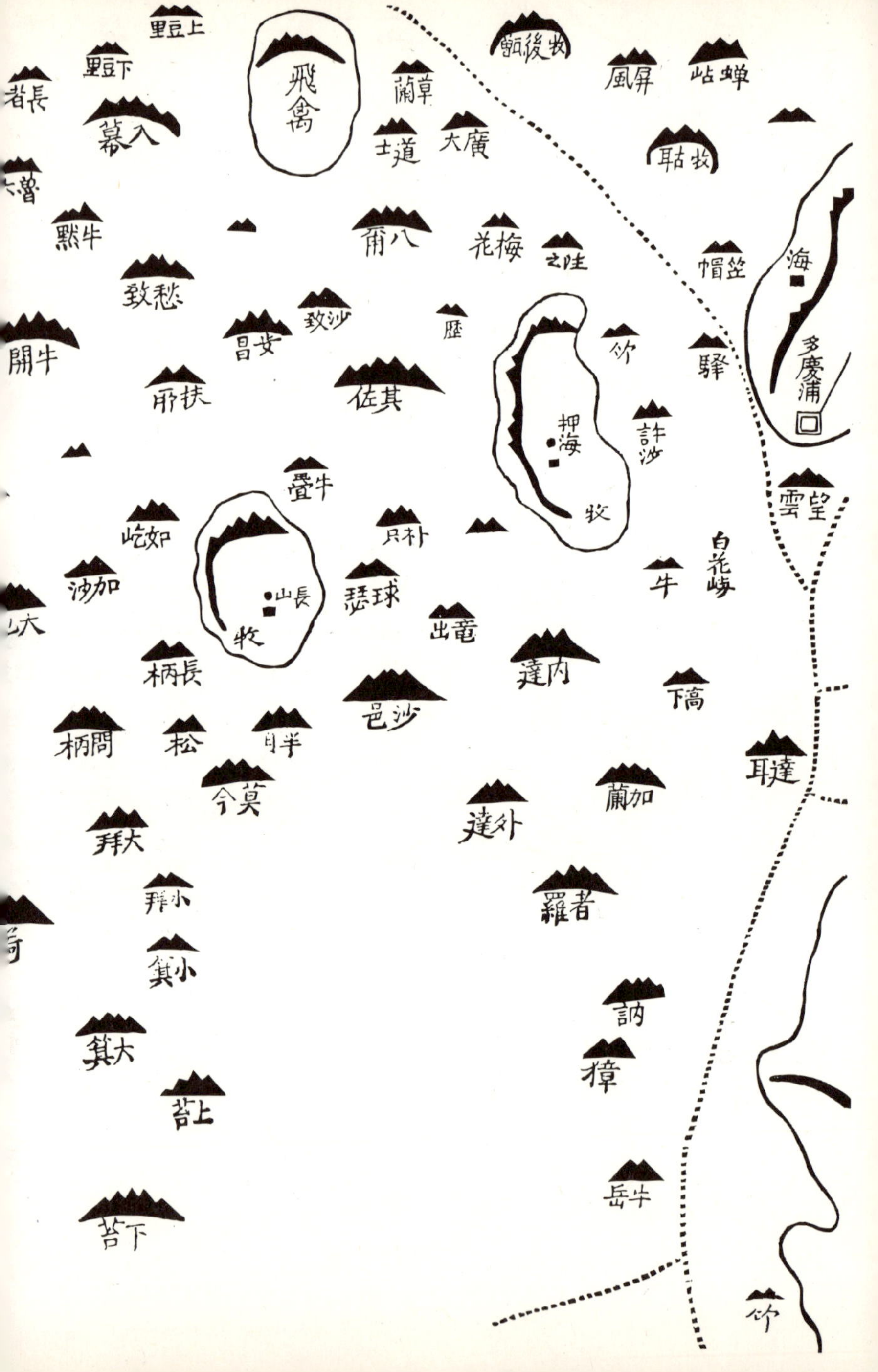

里豆上
里豆下
者長
幕入
飛禽
蘭草
士道
大廣
甑後牧
風屏
岾蟬
耟牧
黙牛
甬八
花梅
之陸
帽笠
海
多慶浦
致愁
致沙
昌安
歷
開牛
邢扶
佐其
竹
驛
押海
許沙
牧
疊牛
雲望
屹如
只朴
白花峙
牛
沙加
山長
牧
琵球
出竜
達内
柄長
下高
邑沙
柄問
松
目半
令莫
耳達
蘭加
達外
拜大
羅者
拜小
箕小
訥
箕大
獐
苔上
岳牛
苔下
竹

大黑山
黑山島
本牛耳島
小牛耳
景致
紅衣
可佳

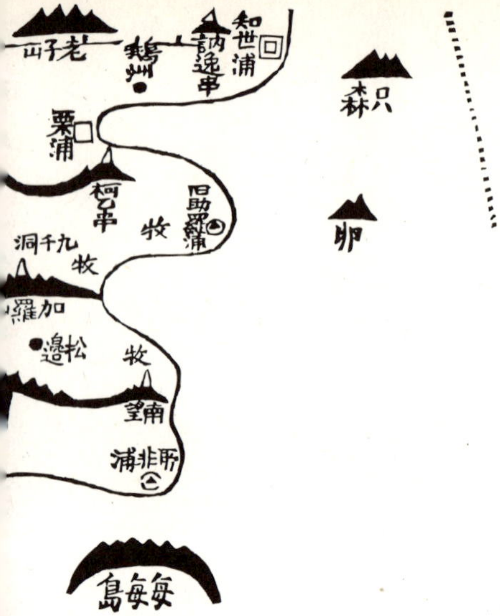
老子山
知世浦
訥逸串
栗浦
柯乙串
助羅浦
牧
九千洞
牧
加羅
松邊
牧
南望
所非浦
每每島

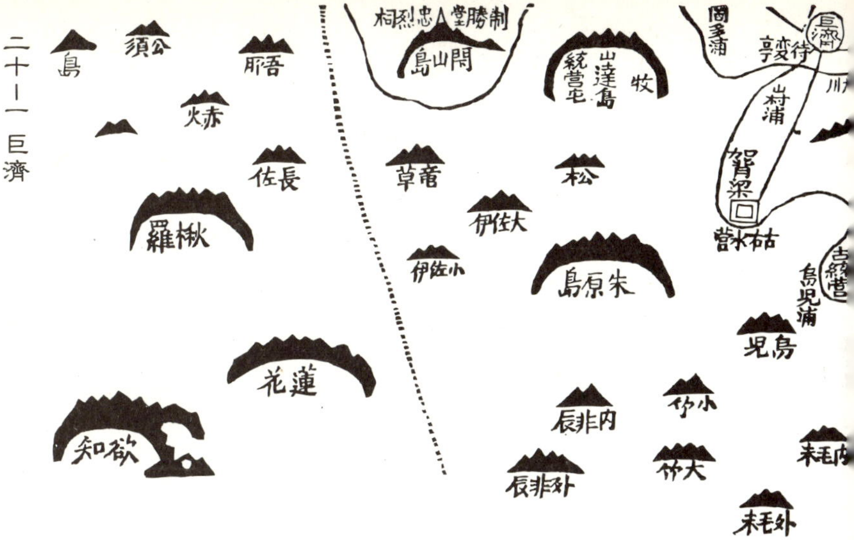
二十一 巨濟
島
須公
所吾
火赤
佐長
羅楸
花蓮
知欲
祠烈忠 堂勝制
島山閑
牧
達島
統營屯
草菴
松
伊佐大
伊佐小
島原朱
亭變待
巨濟
山村浦
賀梁
兒島
島兒浦
辰非内
辰非外
竹大
末毛外

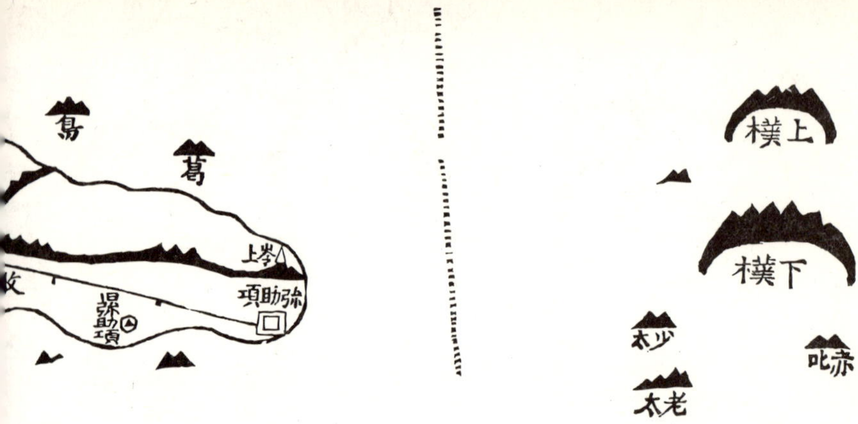
葛
葛
上岑
弥助項
弥助項
上樸
下樸
少太
老太
赤吡

突山島
牧
防踏
松
蓋
多里
大伊只
小伊只
大乃發
小乃發
大橫着
小橫着
巨磨島
松封山
平山浦
平山
錦山
牛峴
蘭浦
曲浦
竹
麻
沙
岩門
槽
世尊
石
尚州浦
山封

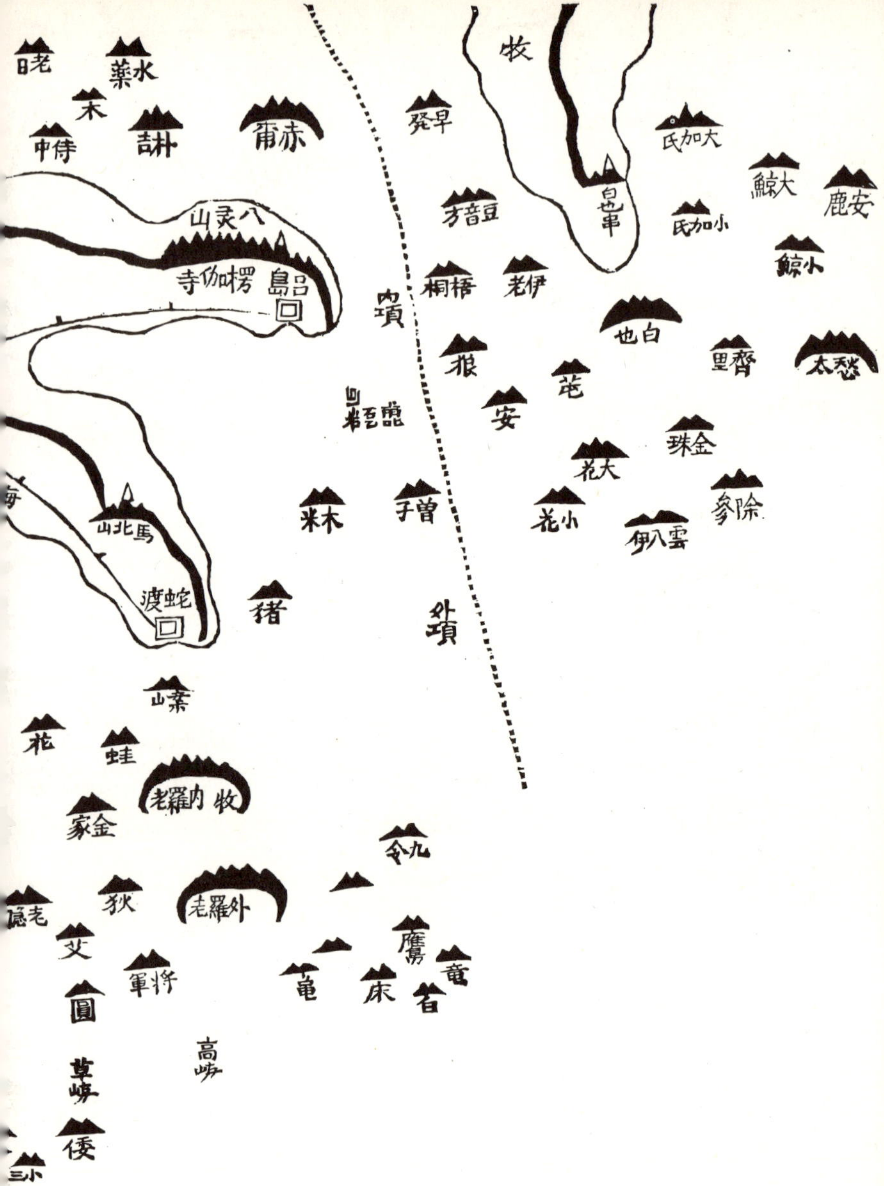
水藥
赤甫
八灵山
呂島
內項
外項
伊老
白也
安鹿
大鯨
小鯨
金珠
大花
小花
雲八伊
曾子
林木
蛇渡
馬北山
牧
內羅老
外羅老
金家
鷹

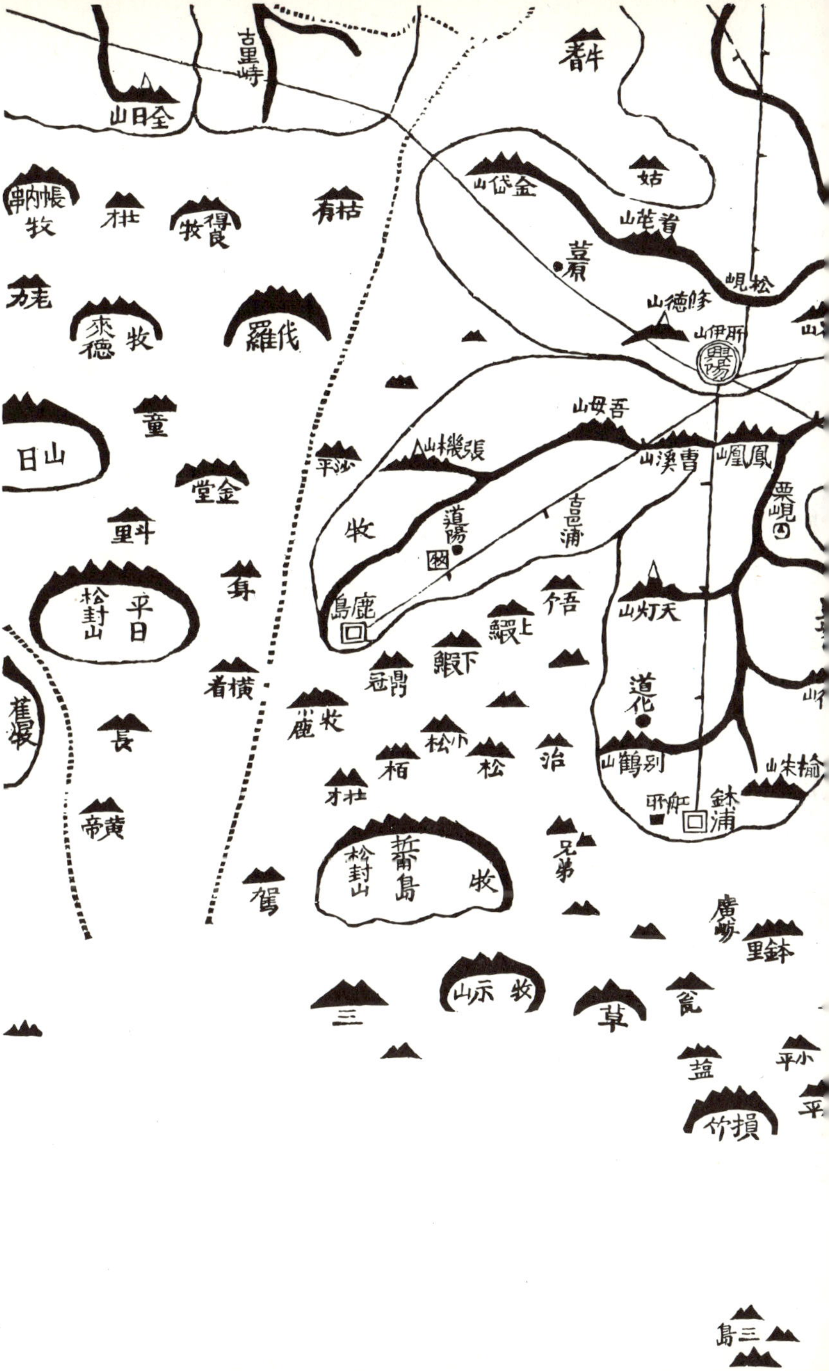
古里峙
全日山
金岱山
松峴
修德山
所伊山
興陽
吾母山
張機山
曹溪山
鳳凰山
栗峴
道陽
古邑浦
鹿島
天灯山
道化
別鶴山
鉢浦
楡朱山
上蝦
下蝦
小鹿 牧
小松
松
柘
兄弟
松封山
鉢里
三
草
損竹
三島
帳內牧
得良牧
來德 牧
伐羅
日山
童
金堂
斗里
松封山 平日
長
黃帝
平沙
牧

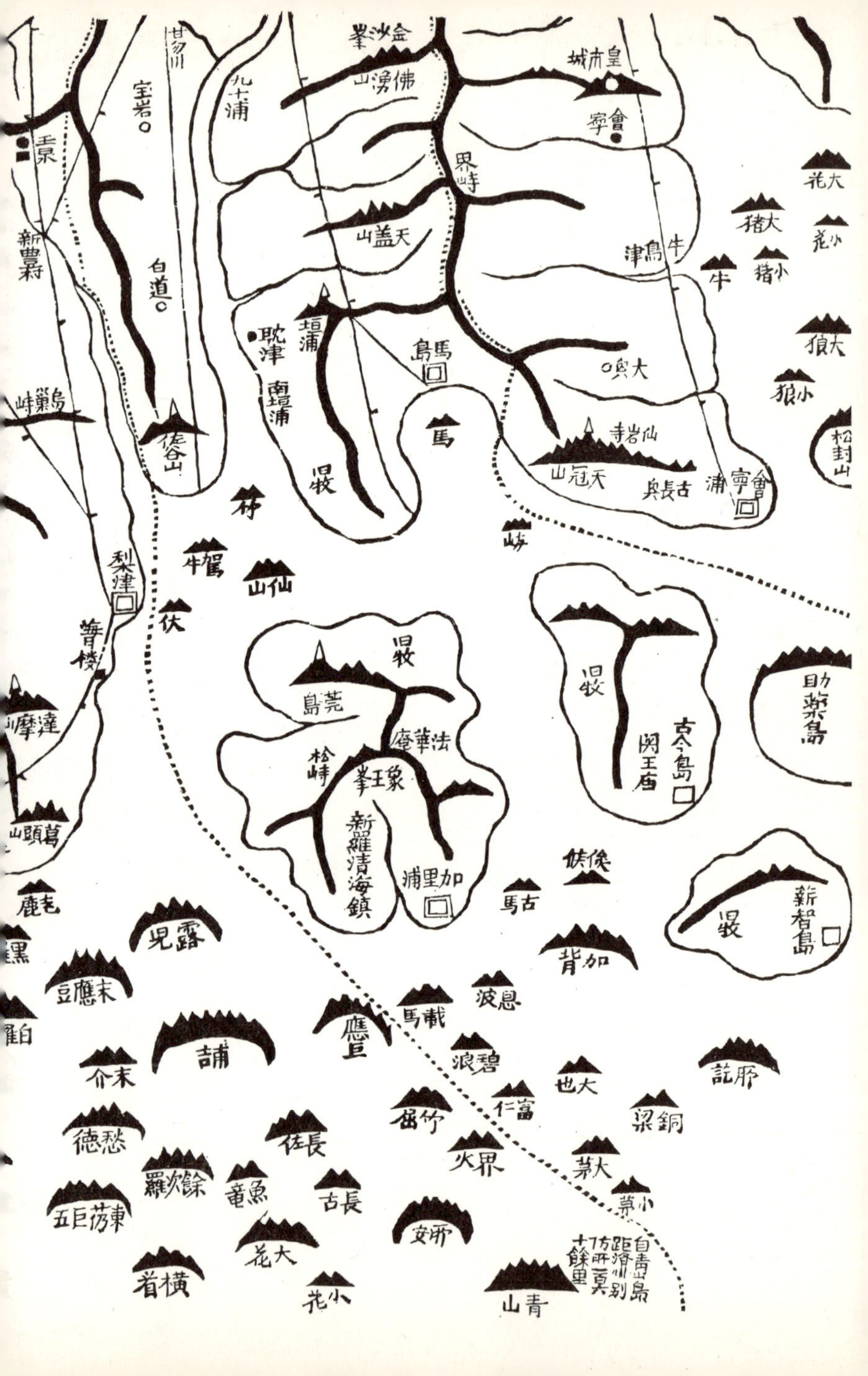

金沙峯
佛湧山
皇市城
會寧
甘勿川
宝岩
九十浦
玉泉
界峙
天盖山
牛島津
大花
大猪
小花
小猪
牛
新豐村
白道
垣浦
耽津
南垣浦
馬島
大猿
小猿
巢島峙
倭谷山
馬
仙岩寺
天冠山
古長興
會寧浦
松封山
梨津
仙山
伏
達摩山
莞島
法華庵
松峙
象王峯
新羅清海鎮
加里浦
古今島
關王廟
助藥島
葛頭山
古馬
新智島
露兒
加背
末應豆
息波
載馬
碧浪
末介
大也
富仁
德愁
銅梁
長佐
界火
大茅
小茅
羅次餘
古長
大花
橫看
小花
青山
自青山島距濟州別刀方所眞十餘里

右水營
羊
燕
鹿津
鳴梁項
立岩
碧波亭
古珍島
竜藏城
僉察山
海牧
冬栢亭
義新
金甲島
女貴山
轎門
道藏寺
玉梅山
黃原
南利
三枝院
松
甘排
粟
甲島
金
狗子
金甲
茅
燕子
孿湖
竹山
居岩山
南郭山
海南
石峙
珍島
寺浦
夫所
澄伊
立岩
海
館頭
玉山
綠山
德陰山
仙隱山
白防山
古海南
路梁
竹青
內等
小茅只
火
餘只
左只

金骨山
大沙邑串
嘉興
富智山
珍島
加川
廣岩川
上堂串
臨淮
智力山
知士島
坪島
牧
牧
牧
中山
南桃浦
高士
三才
竹項
下馬
滿才
孟骨
東串之
石南

二十一五 珍島

上楸子
餘鼠
距濟州魚登浦百五十餘里
下楸子
堂浦
斜鼠
水勢壯滂
岩石錯列
知道
草蘭
嵒骨屹然
愁德
清路
大火脫
石壁削立
距朝貢川一百餘里
兩島之間
波濤洶湧

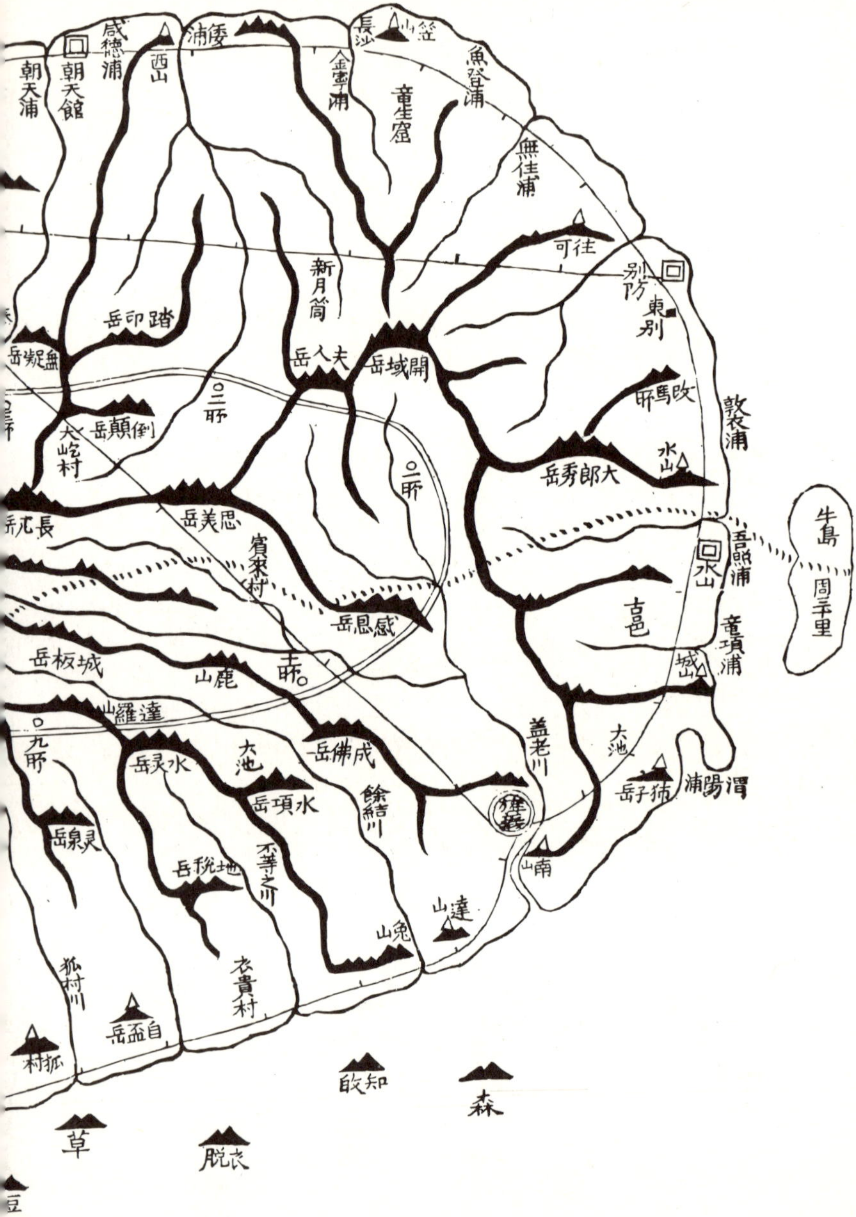

朝天浦
朝天館
咸德浦
西山
浦倭
長沙
金寧浦
童生窟
魚登浦
無住浦
可往
別防
東別
新月筒
岳印踏
岳入夫
岳域開
岳顛倒
大屹村
二所
岳馬敀
敦衣浦
水山
岳秀郎大
牛島
周三里
岳美思
長
賓來村
旌義
吾照浦
水山
岳息感
古邑
城山
童項浦
岳板城
山鹿
山羅達
九所
岳泉水
大池
岳佛成
蓋老川
大池
岳子猪
浦陽渭
岳項水
餘結川
岳泉灵
南山
岳稅地
不等之川
山達
山兔
狐村川
衣貴村
岳孟自
村狐
敀知
森
草
脫衣

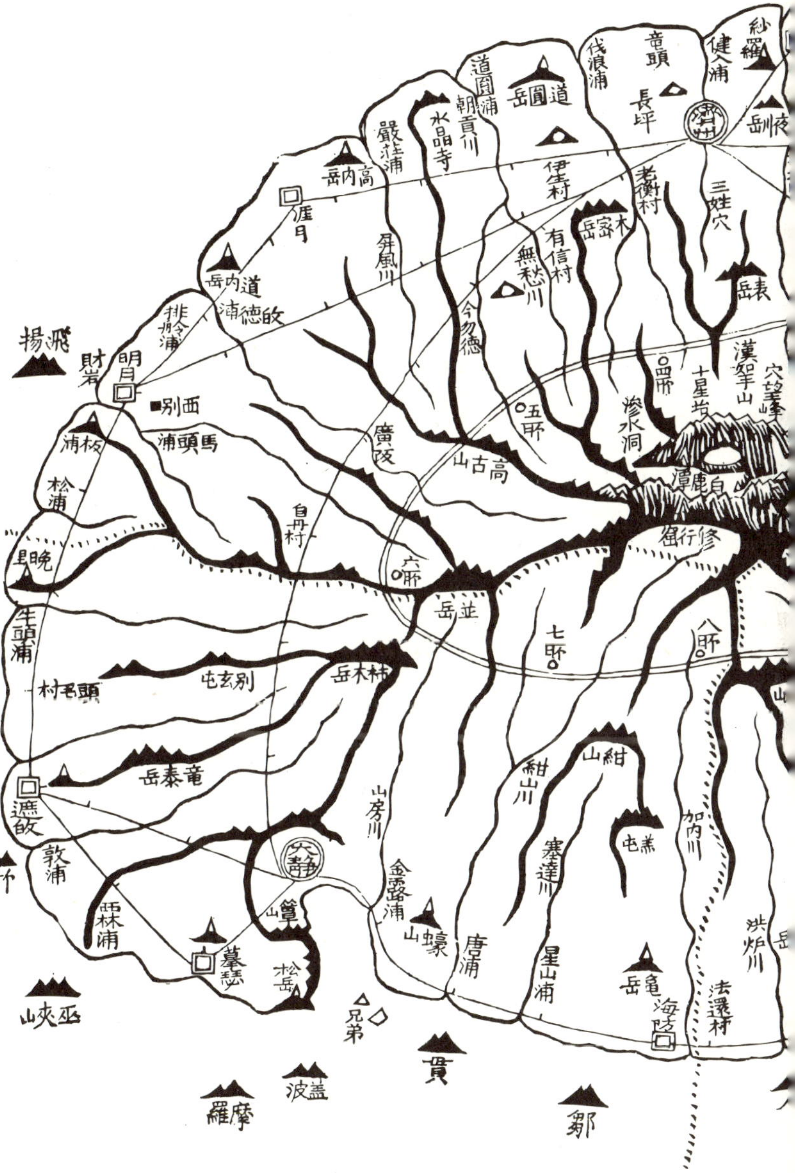
紗羅
健入浦
竜頭
伐浪浦
長坪
道圓浦
道圓岳
朝貢川
水晶寺
嚴莊浦
高內岳
伊生村
老衡村
三姓穴
木密岳
有信村
無愁川
涯月
昇風川
道內岳
故德浦
排檢浦
飛揚
財岩
明月
西別
板浦
馬頭浦
今勿德
五所
品所
參水洞
漢拏山
十星坮
高古山
廣陂
白鹿潭
修行窟
松浦
晚里
自丹村
六所
並岳
七所
八所
牛頭浦
別玄屯
杮木岳
頭毛村
竜泰岳
遮歸
紺山川
紺山
山房川
蕪屯
寒達川
加內川
敦浦
竹
大靜
金露浦
唐浦
洪炉川
西林浦
簞山
蠔山
星山浦
法還村
摹瑟
松岳
亀岳
海陸
兄弟
虎夾山
貫
波蓋
羅摩
鄒

• 이 책의 특징

1. 〈대동여지도〉 원판 축쇄본

〈대동여지도〉 1861년 신유본 디지털 원판을 60%로 축소하여 〈대동여지도〉 본래의 모습을 되살렸다.

2. 원본대로 우철로 제책

〈대동여지도〉 원본과 같게 오른쪽으로 넘기는 우철로 제책하였다.

3. 우산도와 삼도 추가

〈대동여지도〉에 누락된 독도인 우산도와 거문도인 삼도를 추가하였다.

4. 쪽 표제 표시

지도의 좌측 상단에 해당 지도의 층 – 면수와 지도명을 표시한 쪽 표제를 넣었다.

5. 〈대동여지도〉 색인도 수록

22층 최대 8면으로 구성된 120면의 지도를 쉽게 찾아볼 수 있도록 〈대동여지도〉 색인도를 수록하였다.

• 대동여지도 읽기

1. 지형의 표현

산줄기와 산

산줄기는 백두대간은 가장 굵게, 그 다음 정맥, 지맥 순으로 굵기를 달리해 표현하였다. 산은 특징을 살려 이름난 산은 봉우리에 바위를 덧그리고, 그 밖의 산들은 봉우리만 3개 이상 두드러지게 묘사하였다.

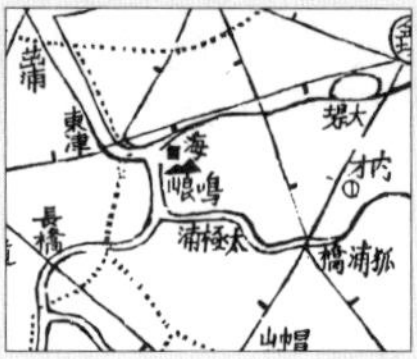

물줄기와 못

하천은 쌍선과 단선으로 구분하고, 쌍선 하천은 조선시대에 배가 다닐 수 있는 강을 뜻한다. 못은 자연 호수와 인공 못으로 구분하여 명칭을 달리했다.

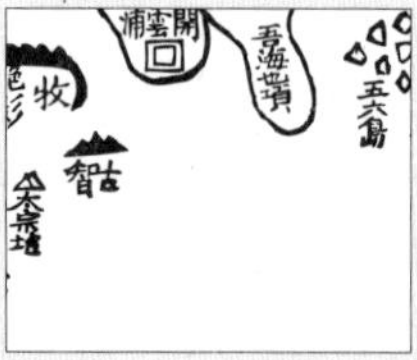

섬과 바위섬

큰 섬은 육지와 같은 산줄기를 그리고, 작은 섬은 해안선과 작은 산줄기를, 아주 작은 섬은 산봉우리 2~5개만 묘사하였다. 바위섬은 돌조각 모양으로 1개 또는 여러 개로 묘사하였다.

2. 도로

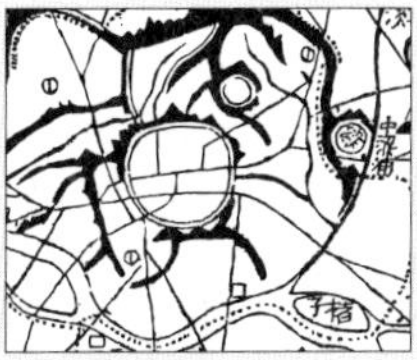

도로는 모두 직선이고, 간선도로에는 일정한 간격으로 눈금을 그려 한 눈금의 거리가 10리이다. 지형에 따라 눈금의 간격이 달라져 평지에서는 넓어지고 산지에서는 좁아진다. 조선시대에는 한양을 기점으로 1대로 의주, 2대로 경흥, 3대로 평해, 4대로 동래, 5대로 봉화, 6대로 강화, 7대로 수원, 8대로 해남, 9대로 충청수영, 10대로 통영에 이르는 10대로가 있었다.

3. 지도표

영아(營衙)

군영에 관한 일을 하는 관아로 병영, 수영, 감영, 행영 등이 있다.

읍치(邑治) 무성 유성

전국 334개 군현의 소재지로 유성이면 쌍선 원, 무성이면 단선 원으로 표시하고 고을 이름을 표기하였다.

성지(城池) 산성 관성

적을 방어하기 위하여 쌓은 성으로, 산성과 관성이 있다.

진보(鎭堡) 무성 유성

방어를 위해 쌓은 진지로, 유성이면 쌍선 사각형, 무성이면 단선 사각형으로 표시하였다.

창고(倉庫) 무성 유성

식량이나 병기 등을 저장하는 곳으로 유성과 무성으로 구분한다.

목소(牧所) 牧 場屬

관용이나 군용의 말을 기르던 목장으로, 네모 안에 '牧' 자를 쓴 것은 종6품 감목관이 관장하는 목장이다.

고현(古縣) 유성 구읍지 유성

폐지된 부 · 목 · 군 · 현의 소재지로 유성, 무성, 구읍지 유성 등 세 가지로 구분한다.

고진보(古鎭堡) 유성

옛 진보로 유성과 무성으로 구분한다.

역참(驛站)

간선도로에 약 30km 간격으로 설치되어 공무 여행자에게 말과 숙식을 제공하는 곳이다.

방리(坊里)

하급 지방행정구역의 명칭으로 지금의 읍 · 면 · 동에 해당된다.

능침(陵寢) 원내 능호

임금이나 왕비의 무덤으로, 원 내에 능호의 첫 글자를 적었다.

봉수(烽燧)

횃불과 연기로 변방의 긴급한 상황을 중앙에 신속하게 알리는 통신 제도이다.

고산성(古山城)

옛 산성이나 폐지된 산성이다.

파수(把守)

변방의 초소나 궁궐문, 도성의 성곽을 지키는 군인을 말한다.

경계(境界)

전국 334개 군현의 경계와 74개에 이르는 월경지의 경계를 점선으로 표시하였다.

도편 최선웅

1969년 국내 최초의 산악전문지인 〈월간 등산〉(현재의 〈월간 산〉)을 창간했으며, 1974년 지도 제작에 입문해 (주)매핑코리아 대표이사, 〈계간 고지도〉 편집장을 거쳐 현재 한국지도학회 부회장, 한국고지도연구학회 이사, 한국영토학회 이사, 한국산악회 자문위원 한국지도제작연구소 대표로 활동 중이다.

저서로는 《해설 대동여지도》, 《한글 대동여지도》, 《2009년도 중학교 사회과부도》, 《전국 유명 등산지도 200산》, 《100명산 수첩》, 《백두대간 수첩》, 《한 권으로 보는 그림 한국지리 백과》, 《한 권으로 보는 그림 세계지리 백과》, 《한눈에 펼쳐보는 대동여지도》 등이 있고, 현재는 〈월간 산〉과 〈공간정보 매거진〉에 고지도 칼럼을 연재하고 있다.

인쇄 - 2019년 2월 12일
발행 - 2019년 2월 19일
지도 - 고산자 김정호
도편 - 최선웅
발행인 - 허진
발행처 - 진선출판사(주)
편집 - 이미선, 권지은, 최윤선
디자인 - 고은정, 구연화
총무 · 마케팅 - 유재수, 나미영, 김수연
주소 - 서울시 종로구 삼일대로 457 (경운동 88번지) 수운회관 15층
대표전화 (02)720-5990 팩시밀리 (02)739-2129
홈페이지 www.jinsun.co.kr
등록 - 1975년 9월 3일 10-92

※책값은 커버에 있습니다.

ISBN 978-89-7221-582-0 03980